HEFT **13**

FORTSCHRITTE DER WASSERCHEMIE

UND IHRER GRENZGEBIETE

Herausgegeben

im Auftrage der Chemischen Gesellschaft

in der Deutschen Demokratischen Republik

von J. KAEDING

Mit 93 Abbildungen und 30 Tabellen

AKADEMIE-VERLAG · BERLIN

1971

Erschienen im Akademie-Verlag GmbH, 108 Berlin, Leipziger Straße 3–4

Lizenznummer: 202 · 100/491/71
Gesamtherstellung: VEB Druckerei „Thomas Müntzer", 582 Bad Langensalza
Bestellnummer: 2123/13 · EDV-Nr.: 761 454 4
ES 20 M 1/20 E 7/20 F 1
40,–
Printed in German Democratic Republic

INHALTSVERZEICHNIS

I. Originalarbeiten und Fortschrittsberichte

II. Buchbesprechungen

TABLE OF CONTENTS

I. Original Works and Progress Reports

II. Book Reviews

СОДЕРЖАНИЕ

I. Оригинальные работы и реферативные обзоры

II. Рецензии на книги

I. ORIGINALARBEITEN UND FORTSCHRITTSBERICHTE

U. Behrens, G. Klappach

Deutsche Akademie der Wissenschaften zu Berlin
Institut für technische Chemie, Leipzig

Abwässer als Rohstoff für mikrobielle Proteinsynthesen

Herrn Prof. Dr. Ing. Dr. h.c. E. Leibnitz
zum 60. Geburtstag gewidmet

Zusammenfassung: Abwässer, die sich biologisch reinigen lassen, können hinsichtlich ihrer Nutzung als Kohlenstoffquellen für eine mikrobielle Proteinsynthese in drei Typen unterteilt werden: Konzentrierte saure oder leicht säuerbare Abwässer, konzentrierte alkalische Abwässer und verdünnte (normale) Abwässer. Der erste Typ läßt sich meist ohne Schwierigkeiten verhefen. Im großtechnischen Maßstab werden seit Jahrzehnten die Abläufe land- oder forstwirtschaftlicher Verarbeitungsbetriebe genutzt. In Abwässern des zweiten Typs wachsen wegen ihrer Alkalität hauptsächlich Bakterien. Zur Konzentrierung und Waschung von Bakteriensuspensionen können aus wirtschaftlichen Gründen die für die Futterhefeindustrie entwickelten Grundoperationen nicht verwendet werden. Mit anderen Methoden, wie Flotation und Flockung, konnte bisher der für eine wirtschaftliche Trocknung notwendige Konzentrierungsgrad noch nicht erreicht werden. Zum dritten Abwassertyp werden die kommunalen und die meisten industriellen Abwässer gerechnet. Werden diese Abwässer nach dem Belebtschlammverfahren gereinigt, fällt die Biomasse als Belebtschlamm an, der durch Separation oder Filtration nicht entwässert werden kann. Durch die Schlammkonditionierung, ein Verfahren, bei dem der Belebtschlamm bei etwa 200° längere Zeit erhitzt wird, wird ein filterfähiges Produkt erhalten. In diesem Verfahren wird eine Möglichkeit gesehen, die bisher erfolglosen Bemühungen um die Erschließung des Belebtschlammes als Proteinquelle einer wirtschaftlichen Lösung zuzuführen.

Summary: Wastewaters, which are treatable by biologic purification can be subdivided in three types of carbon-source for a microbic protein synthesis: Concentrated acid ore easily acidable wastewater, concentrated alkaline wastewater and diluted (normal) wastewater. The first type mostly without difficulties is convertable into yeast. In technical scale for tens of years the wastes of agricultural or forestrial manufacturing works are used. In wastes of the second type grows on account of its alkalinity mainly bacteria. For concentration and washing of bacteria suspensions for economical reasons the basic operations which were developed for feed yeast industry are not useable. With other methods, p. e. flotation or flocculation the necessary concentration degree for economic drying could not be obtained. To the third wastewater type classes with the domestic and the most industrial wastes. By purification of this wastewaters in activated sludge process results biomass as activated sludge, which is not dewaterable by separation or filtration. By sludge conditioning, a process on which activated sludge is heated for a longer time by nearly 200°, results a filterable product. This process is a possibility to make the activated sludge accessible as protein-source in an economic solution.

Резюме: Очищаемые биологически сточные воды в отношении их использования в качестве источников углерода для микробиологического синтеза протеинов можно подразделить на три типа: концентрированные кислые или слегка окисляемые сточные воды, концентрированные щелочные сточные воды и разжиженные нормальные сточные воды. Первый тип в большинстве случаев дрожжевать не трудно. В крупнотехническом масштабе уже в течение десятилетий используются стоки предприятий сельского и лесного хозяйства. В сточных водах второго типа в силу их щелочности нарастают главным образом бактерии. Разработанные для промышленности кормовых дрожжей основные операции не могут быть использованы для концентрации и промывки бактериальных суспензий по экономическим соображениям. Такими методами, как флотация и коагуляция, нельзя было достичь до сих пор степени концентрации, необходимой для рентабельной сушки. К третьему типу сточных вод причисляют городские сточные воды и большинство промышленных сточных вод. При очистке названных сточных вод методом активного ила получается биомасса в виде активного ила, не обезвоживаемого путем сепарации или фильтрации. Методом концидионирования ила, при котором активный ил в течение длительного времени подвергается тепловой обработке до примерно 200°, получается фильтруемый продукт. В этом методе видят возможность рентабельного освоения активного ила в качестве источника протеинов, оказывавшегося до сих пор при ином подходе безуспешным.

Die biologische Abwasserreinigung ist im Prinzip eine mikrobielle Biomassesynthese (Proteinsynthese), die sich von bekannten technischen Biomassesynthesen, wie der Produktion von Futterhefe, nur dadurch unterscheidet, daß bei der Abwasserreinigung Prozeßbedingungen gewählt werden, die den größten Reinigungsgrad garantieren, während bei der Produktion von Futterhefe solche gewählt werden, die die höchste Produktivität, nämlich in kürzester Zeit möglichst viel Biomasse zu bilden, gewährleisten.

Die Wachstumskurve von Mikroorganismen — also auch die von Belebtschlamm — zeigt, daß nach einer Phase maximalen Wachstums die Wachstumsgeschwindigkeit zunehmend abnimmt. Die Konzentration des assimilierbaren Substrates ist jetzt so niedrig, daß die Wachstumsgeschwindigkeit von ihr abhängig wird. Derartige konzentrationsabhängige Reaktionsgeschwindigkeiten werden durch die Gleichung einer Hyperbel dargestellt. Die mathematischen Funktionen, die solchen Kurven zugrunde liegen, sind aus der Enzymkinetik als MICHAELIS–MENTEN-Gleichung und bei der Kinetik von Adsorptionsvorgängen als Adsorptionsisotherme bekannt. Für den Fall der Abhängigkeit der Wachstumsgeschwindigkeit von Mikroorganismen von der Substratkonzentration gilt:

$$\mu = \mu_{\max} \frac{S}{K_s + S}$$

wobei μ = spezifische Wachstumsgeschwindigkeit, $\mu_{\max}$ = maximale spezifische Wachstumsgeschwindigkeit, S = Substratkonzentration, K_s = Saturationskonstante ist.

Bei relativ hoher Substratkonzentration im Fermentor ist der Ausdruck $\frac{S}{S + K_s} = 1$; d. h. $\mu = \mu_{\max}$. Bei zunehmender Verringerung der Substratkonzentration wird $\frac{S}{S + K_s} < 1$, somit $\mu < \mu_{\max}$. Bei Biomassesynthesen wird man darum bemüht sein, das Substrat nur bis zu einer Restkonzentration auszunützen, die noch nicht die Wachstumsgeschwindigkeit limitiert, um Bedingungen zu erhalten, wo μ nahe $\mu_{\max}$ ist. Derartige Prozeßbedingungen gewährleisten zwar die für Biomassesynthesen angestrebten hohen Raum–Zeit-

Ausbeuten, führen aber zwangsläufig zu einer ungenügenden Ausnutzung der Substrate.

Bei einer biologischen Abwasserreinigung muß hingegen mit einer Beeinflussung der Wachstumsgeschwindigkeit gerechnet werden, wenn die Konzentration des Substrates im Ablauf sehr klein gehalten werden soll. Während bei der Biosynthese von Futterhefe relativ kleine Verweilzeiten von nur etwa 4 h angewandt werden, sind bei biologischen Reinigungsanlagen Verweilzeiten von 12···24 h keine Seltenheit.

Bei einigen wenigen Abwässern hat die biologische (Teil-)Reinigung bereits ganz den Sinn einer Wertstoffgewinnung angenommen. In vielen Ländern werden Sulfitablaugen, Schlempen, Molke und andere Abwässer, die bei der Verarbeitung pflanzlicher oder tierischer Produkte anfallen, als Rohstoff für die Produktion von Futterhefe genutzt.

Besonders in den letzten beiden Jahrzehnten wurde der mikrobielle Abbau für zahlreiche organische Verbindungen nachgewiesen. Es gibt kaum eine wasserlösliche organische Verbindung, die nicht als Kohlenstoffquelle für eine Mikroorganismenart dienen kann. Bedeutsam waren die Arbeiten von Leibnitz u. Mitarb. sowie Rieche u. Mitarb. über die Assimilation von Abfallprodukten der chemischen Industrie, besonders von Phenolen, durch Hefen. Von beiden Arbeitskreisen wurde die Möglichkeit der Verwertung derartiger Abwässer, die z. B. Phenole und flüchtige Fettsäuren enthalten, für eine Produktion von Futterhefe im Labor- und kleintechnischen Maßstab untersucht. Mayberry, Prochazka, Payne sowie Payne, Prochazka, Mayberry und Prochazka, Mayberry, Payne züchteten Bakterien auf vielen Abfallprodukten der organisch-chemischen Industrie (z. B. Glykole, langkettige Alkohole und Benzoesäure) und bestimmten Ausbeute und Wachstumsgeschwindigkeit. Die Autoren wiesen so Wege zur Verwertung entsprechender industrieller Abwässer als Rohstoff für eine Biomassesynthese.

Die Ergebnisse der biochemischen Forschung weisen aus, daß assimilierbare organische Substanzen durch unterschiedliche Mechanismen oxydativ zu wenigen bestimmten, niedermolekularen Verbindungen gespalten bzw. umgewandelt werden, aus denen dann nach allgemein gültigen Prinzipien über die Synthese der Bausteine der Aufbau der Zellsubstanz erfolgt. Eine Hefe, die z. B. auf einem Essigsäuremedium kultiviert wurde, unterscheidet sich in ihrer Zusammensetzung von der gleichen Hefe, die auf einem phenolhaltigen Medium oder einem glukosehaltigen Medium (soweit keine substratspezifischen Produkte gebildet werden) kultiviert wurde, nur unwesentlich. Dies gilt besonders für den essentiellen Teil der Zelle, der qualitativen und quantitativen Aminosäurezusammensetzung des Proteins. Die in der Literatur häufig gegenübergestellten Werte, die quantitative Unterschiede im Gehalt an Protein und Aminosäuren von auf verschiedenen Substraten gezüchteten Hefen ausweisen, bedürfen einer kritischen Deutung. Die Ergebnisse stammen meist aus unterschiedlichen Quellen; die Methode der Züchtung, Abtrennung und Trocknung der Hefe fand keine Berücksichtigung. Eine Hefe, die in einem synthetischen Medium gezüchtet und mit einer Becherzentrifuge abgetrennt und mehrfach gewaschen wird, hat zwangsläufig einen höheren Rohproteingehalt ($N \times 6{,}25$) als eine Hefe, die unter technischen Bedingungen auf Basis von Sulfitablauge produziert wurde. Enthält die zur Trocknung geführte Hefesahne noch substantielle Mengen anorganischer und organischer Verunreinigungen, so werden diese an die Hefe „angetrocknet". Auch das Speichervermögen für bestimmte Salze (Ionen) durch Mikroorganismen kann beträchtlich sein. So zeigte AUGST (Abb. 1), daß bei einem Überangebot von Phosphat der Phosphatspiegel in der Hefezelle stark ansteigt. Derartige Vorgänge fanden auch Eingang in die Abwasserreinigung. So beschrieben LEVIN und SHAHEEN ein Verfahren, bei welchem durch Erhöhung des Sauerstoffspiegels im Belebtschlammbecken die Phosphationen weitgehend aus dem Abwasser herausgenommen und durch die Mikroorganismen gespeichert werden.

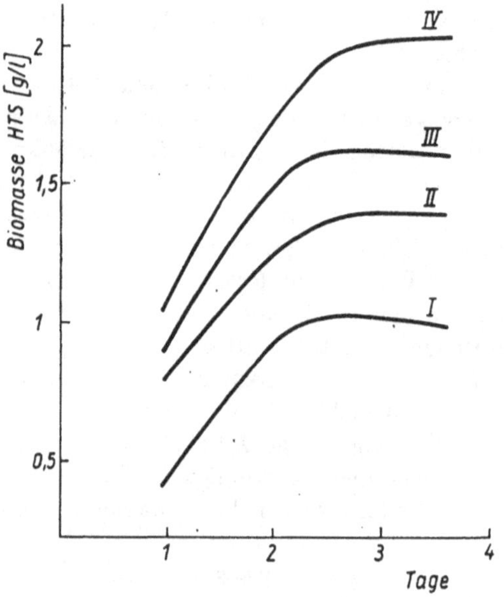

Abb. 1. Wachstumskurven von einer Hefe bei verschiedenen Phosphatkonzentrationen
Kurve I: C:P = 1/90, Glührückstand 31%
Kurve II: C:P = 3/90, Glührückstand 45%
Kurve III: C:P = 15/90, Glührückstand 38%
Kurve IV: C:P = 42/90, Glührückstand 58%

Weiterhin muß bemerkt werden, daß Ermittlung und Errechnung des Rohproteins auf Erfahrungen der Pflanzenchemie zurückgehen. Mikroorganismen enthalten neben echtem Protein noch beträchtliche Mengen an Nukleinsäuren und protein- und aminosäureartige Verbindungen in den Zellwandstrukturen, die vielfach einer biologischen Verwertung widerstehen. In Tab. 1 sind einige aus Literaturangaben stammende Werte gegenübergestellt.

Unter Berücksichtigung der auf methodische Unterschiede zurückführbare Streuung des Rohproteingehaltes läßt sich für Hefen ein relativ einheitlicher Wert, der bei 50% liegt, ansetzen (vgl. Tab. 1). Anders bei Belebtschlämmen (vgl. Tab. 1). Ihre Zusammensetzung wird stark beeinflußt durch die anorganischen und organischen Inhaltsstoffe des Abwassers sowie auch durch die

Tabelle 1
Zusammensetzung von Futterhefen und Belebtschlämmen

Rohstoff Biomasse	Futterhefe				Belebtschlamm		
	Melasse	Melasse	Sulfit-ablauge	Sulfit-ablauge	Fettsäure oxydation	Schwel-wasser	komm. Abwasser
zitiert in	(1)	(1)	(1)	(2)	(3)	(3)	(3)
Rohprotein	47,0	51,0	50,0	55,0	11,0	59,0	40,0
Feuchtigkeit	7,7	2,2	5,9	6,0	–	–	–
Phosphor	1,8	1,9	2,1	8,0	1,5	1,4	2,0
Asche	7,7	9,3	9,5	8,0	63,0	14,0	24,0

(1) L. UNDERKOFLER u. R. HICKEY „Industrial Fermentations“ Chemical Publishing Co˙ New York 1954

(2) R. MATELESS u. S. TANNENBAUM „Single Cell Protein“ The M.I.T. Press Massachusetts Inst. of Technology 1968

(3) E. LEIBNITZ u. BEHRENS u. G. SCHULZ, Wasserwirtsch.-Wassertechn. **10** (1960), 63

Technologie. Ein hoher Aschegehalt kann sowohl durch einen entsprechend hohen anorganischen Verschmutzungsgrad als auch durch endogene Veratmung der organischen Zellmasse hervorgerufen werden. Ganz aus dem Rahmen fällt der Belebtschlamm vom Abwasser einer Fettsäureoxydationsanlage mit einem extrem hohen Asche- und einem dementsprechend extrem geringen Rohproteingehalt. Vorteilhafte Ergebnisse wurden mit dem Belebtschlamm von Abwässern einer Braunkohlenkokerei (Schwelwasser) erhalten. Sein Gehalt an Asche und Rohprotein ist gegenüber dem der Hefe leicht angehoben. Dieser Belebtschlamm kann der Gruppe der Futterhefen zugeordnet werden. Fütterungsversuche mit diesem Belebtschlamm waren erfolgversprechend (SATTLER).

Es gibt einige gewichtige Gründe, warum industrielle Abwässer bislang nicht im technischen Maße für eine mikrobielle Biomassesynthese herangezogen wurden.

– Ein Abwasser ist immer ein Mischsubstrat. Es enthält häufig eine Vielzahl organischer Verbindungen, die jeweils nur in sehr geringer Konzentration vorliegen. Durch den Abbau mit einer bestimmten Mikroorganismenart, z. B. mit einer Hefe, wird nur ein kleiner Teil des assimilierbaren Substrates verbraucht, dementsprechend bleibt die Biomassekonzentration klein.
– Industrielle Abwässer enthalten meist beträchtliche Mengen anorganischer Salze und nicht oder schwer assimilierbare organische Substanzen. Diese Verunreinigungen müssen durch Waschungen, d. h. durch mehrfache Separation bei Zugabe von Frischwasser, von unerwünschten Fremdstoffen beseitigt werden. Durch ihre Größe lassen sich gegenwärtig nur Hefen unter technischen Bedingungen ökonomisch separieren.
– Für Verhefungen muß, um eine Infektion durch Bakterien zu vermeiden, die Fermentation bei einem pH-Wert zwischen 4 und 5 durchgeführt werden. Das Abwasser muß daher leicht sauer oder leicht ansäuerbar sein.

Unter diesen Gesichtspunkten sind die Abwässer einteilbar in drei Typen

I. Konzentrierte saure oder leicht säuerbare Abwässer
II. Konzentrierte alkalische Abwässer
III. Verdünnte Abwässer.

I. Verwertung konzentrierter saurer oder leicht säuerbarer Abwässer

Typische Vertreter sind die bereits genannten Abwässer von Verarbeitungsbetrieben für land- und forstwirtschaftliche Produkte (Tab. 2). Kennzeichnend ist das Vorhandensein von einer oder wenigen Substanzen in relativ hoher Konzentration, z. B. bei der Molke die Lactose und bei der Schlempe die Milchsäure und die Essigsäure. Ihre tierische oder pflanzliche Provenienz jedoch ist für eine Verhefung irrelevant. Der Versuch, die Abwässer der Paraffinoxydation zu verwerten, mißlang im wesentlichen deswegen, weil von den beiden in relativ hoher Konzentration auftretenden Verbindungen, der Ameisen- und der Essigsäure, nur die letztere gut assimilierbar ist, so daß im kontinuierlichen Versuch die Ameisensäurekonzentration hoch ist und das Wachstum der Hefe inhibiert.

Tabelle 2
Zusammensetzung von Abwasser des Typs I (konzentriert, sauer oder leicht säuerbar)

Sulfitablaugen			
Nadelholzablaugen		Laubholzablaugen	
2···3,5% Gesamtzucker		3···4% Gesamtzucker	
Mannose	30···40%	Xylose	50%
Glucose	30···35%	Arabinose	15···20%
Galactose	10%	Methylpentosen	10%
Xylose	15%	Uransäuren	10%
Arabinose	5%	Mannose	10%
Melasseschlempe		Molkereiabwässer	
Milchsäure	2%	Molke	
Glycolsäure	1%	Protein	0,75%
Essigsäure	0,5···0,7%	Fett	0,23%
Bernsteinsäure	0,1%	Laktose	4,3 %
Glycerin	0,5%	BSB_5	32000 mg O_2/l
Fructose (häufig	0,7···0,8%	Buttermilch	
Äpfelsäure (zeitweise)	0,1%	Protein	3%
Kestose (zeitweise)	0,5%	Fett	0,3%
Oxalsäure (zeitweise)	0,2···0,3%	Laktose	3,8%
Aminosäuren	0,2···0,4%	BSB_5	64000 mg O_2/l

Bei der diskontinuierlichen mikrobiologischen Fermentation von Substratgemischen ist mehrfach nachgewiesen worden, daß das Substrat zuerst verbraucht wird, das in reiner Form mit der größten Geschwindigkeit assimiliert wird (Andreyev). Einzelne Verbindungen werden in einer bestimmten Reihenfolge nacheinander abgebaut. Diese Erscheinung ist unter dem Begriff Polyauxie bekannt. Bei der kontinuierlichen Fermentation muß demnach, wenn alle Komponenten des Gemisches abgebaut werden sollen, die Durchflußgeschwindigkeit von der Assimilationsgeschwindigkeit der Komponenten bestimmt werden, die am langsamsten abgebaut wird. Bei Erhöhung der Durchflußgeschwindigkeit erhöht sich zunehmend die Konzentration der Substanzen, deren Assimilationsgeschwindigkeit kleiner ist als die der eingestellten Durchflußgeschwindigkeit (vgl. Tab. 3 und 4).

Für eine rationelle Hefeerzeugung werden kurze Verweilzeiten gefordert, daher muß wegen des Polyauxieeffektes oftmals eine ungenügende Ausnutzung

Tabelle 3
Einfluß der Durchflußgeschwindigkeit D auf die Assimilation der Inhaltsstoffe einer Melasseschlempe durch eine Hefe

D (t^{-1})	Essigsäure (%)	Milchsäure (%)	Glykolsäure (%)
0,10	100	100	80
0,14	100	100	80
0,15	100	100	50
0,17	100	90	0
0,18	100	50	0
0,20	Zusammenbruch des Fließgleichgewichts		

des Substrates in Kauf genommen werden. Eine Verringerung des BSB_5 bis 75% kann durch eine Verhefung meist erzielt werden; als dann zweite Stufe zur völligen Reinigung muß ein konventionelles biologisches Verfahren herangezogen werden.

Die Abreicherung an Wasser und die Waschung der Hefesahne bereitet keine Schwierigkeiten. Hierfür sind Separatoren entwickelt worden, die etwa 50 m^3 Ablauf/h trennen. Durch die Separation soll eine Hefesahne erreicht werden, die möglichst 15% Trockensubstanz enthält, damit die anschließende Trocknung unter ökonomischen Bedingungen durchgeführt werden kann. Während sich auf dem europäischen Kontinent in neueren Anlagen Sprühtrockner zunehmend durchsetzen, werden in den Vereinigten Staaten noch Walzentrockner bevorzugt.

Eine Verwertung der Abwässer von Typ 1 als Kohlenstoffquelle für die Erzeugung von Futterhefe erscheint unter folgenden Bedingungen sinnvoll:

- Die Konzentration der assimilierbaren Inhaltsstoffe muß relativ hoch, im allgemeinen über 1 g/*l* sein.
- Die mengenmäßig am meisten auftretenden Inhaltsstoffe sollen möglichst von der gewählten Hefe mit etwa gleicher Geschwindigkeit assimilierbar sein.
- Die Zusammensetzung des Abwassers muß eine Fermentation im sauren Milieu, pH-Wert 4···5, erlauben.
- Die Abwassermenge muß so groß sein, daß die Futterhefe unter technologischen und ökonomischen optimalen Bedingungen produziert werden kann. Die unterste Produktionsgrenze dürfte bei 5···10 t/Tag liegen.

Tabelle 4
Einfluß der Durchflußgeschwindigkeit D auf die Assimilation der Inhaltsstoffe einer Sulfitablauge

D (t^{-1})	Essigsäure (%)	Xylose (%)
0,10	100	100
0,20	100	100
0,25	100	92
0,30	100	48
0,34	Zusammenbruch des Fließgleichgewichts	

II. *Verwertung konzentrierter alkalischer Abwässer*

Die Konzentration an organischen Verbindungen in diesem Abwassertyp ist zwar hoch genug, um eine Verhefung vorteilhaft durchzuführen, jedoch ist der Gehalt an Alkalien so groß, daß der für eine Verhefung erforderliche pH-Wert zwischen 4 und 5 nur noch durch einen nicht mehr vertretbaren Verbrauch an Säure eingestellt werden kann.

Typische Vertreter dieser Art sind die Abwässer der Braunkohlenpyrolyse, die meist als Schwelwässer bezeichnet werden. Diese Abwässer enthalten nach Entphenolisierung mindestens 10 g/*l* Fettsäuren, etwa 2···3 g/*l* Ammoniak, weniger als 100 mg/*l* einwertige Phenole und bis zu 1 g/*l* mehrwertige Phenole. Die biologische Reinigung dieses hochkonzentrierten, alkalischen Abwassers kann bei weitgehender Einsparung an Verdünnungswasser in Systemen durchgeführt werden, die einen hohen Sauerstoffeintrag bewirken. In der Deutschen Demokratischen Republik sind solche Verfahren als Intensivbiologie (M. RINGPFEIL, G. KLAPPACH, K.-H. MANGOLD, H. SCHMIDT) bekannt geworden. Bei einer intensivbiologischen Reinigung im alkalischen Milieu löst sich die Flokkenstruktur der Biomasse auf, der Artenreichtum, der für eine Belebtschlammflocke charakterisiert ist, verarmt. Nur noch wenige Bakterienarten, davon oftmals eine Art vorherrschend, bestimmen das biologische Geschehen. Diese Bedingungen sprächen für eine Gewinnung bakterieller Biomasse als Futterprotein.

Hierfür müssen im wesentlichen zwei Bedingungen erfüllt werden:

- Durch Wasserabreicherung muß eine „Bakteriensahne" mit etwa der gleichen Feststoffkonzentration erzielt werden wie bei einer Hefesahne (12···16%).
- Bedingt durch anorganische und besonders organische Verunreinigungen, welche hinsichtlich Geruch, Geschmack, Farbe und ihrer physiologischen Wirkung bedenklich sein können, müssen die Bakterien gründlich gewaschen werden.

Die Abtrennung von Bakterien durch Zentrifugalkräfte ist im Labor- oder kleintechnischen Maßstab mit sogenannten Bakterienzentrifugen ohne Schwierigkeiten möglich. Von Herstellerfirmen von Hefeseparatoren wird angegeben, daß die Leistung auf ein Zehntel sinkt, wenn in Wasser suspendierte Bakterien separiert werden sollen. Das bedeutet, daß bei der Gewinnung von bakterieller Biomasse zehnmal so viel Separatoren installiert werden müßten als für die Gewinnung einer gleichen Menge Hefe.

Die Sedimentationsgeschwindigkeit wird im wesentlichen von der Teilchengröße bestimmt. Sie nimmt mit dem Quadrat des Teilchendurchmessers zu. Für runde Hefen ist ein mittlerer Durchmesser von 5 μm und für runde Bakterien einer von nur 0,5 μm ansetzbar. Von WANG sind die Kosten für die Aufarbeitung einer Hefe- und einer Bakteriensuspension geschätzt worden. Selbst bei einer relativ großen Bakterienzelle sind die Gesamtkosten der Aufarbeitung fast achtmal größer als die für Hefen (Tab. 5). Unberücksichtigt bleiben in dieser Aufstellung die wahrscheinlich höheren Verluste an Biomasse im wäßrigen Separatorablauf.

Tabelle 5
Einfluß der Größe von Mikroorganismen auf die Separationskosten

	Durchmesser (μm)	Ausgangs-konzen-tration (g/l)	Investitions-kosten (cents/lb)	Betriebs-kosten (cents/lb)	Gesamt-kosten (cents/lb)
Hefe	5,5	20	0,35	0,16	0,51
Bakterie	2,0	20	2,63	1,21	3,84

Für eine Separation müssen die einzelnen Bakterienzellen zu größeren Einheiten geballt werden. Bakterien, wie auch viele andere Mikroorganismen, sind negativ geladen. Dieser Umstand wird seit langem in der Abwasserreinigung benutzt, um durch Zusatz von Eisen- oder Aluminiumsalzen die Absetzzeit biologischer Schlämme zu verkürzen und den Eindickungsgrad zu erhöhen. Für die Gewinnung von Futterprotein verbietet sich die Verwendung von Metallsalzen. In letzter Zeit wird eine breite Palette von Polyelektrolyten angeboten, die auch für die Schlammflockung benutzt werden können. Die durch Sedimentationshilfsmittel erreichbare Konzentration reicht bei weitem nicht für eine ökonomische Trocknung aus. Untersuchungen über die Stabilität der durch Sedimentationshilfsmittel erzielbaren mikrobiellen Agglomerationen in Hochleistungsseparatoren stehen noch aus.

Über die Flotation, die ebenfalls durch bestimmte Sedimentationshilfsmittel begünstigt wird, berichteten Leibnitz, Ringpfeil, Klöppel. Da Luftblasen, die die Flotation bewirken, ebenfalls negativ geladen sind, müssen die Bakterienzellen neutralisiert werden. Dies kann durch unterschiedliche Maßnahmen erreicht werden, z. B. durch Zusatz basischer Polyelektrolyte oder Erwärmen über 60°. Die besten Ergebnisse fanden die Autoren, wenn sie den Ablauf der „Intensivbiologie" auf einen pH-Wert zwischen 2 und 3 einstellten. Die Feststoffkonzentration betrug nach Flotation im abgetrennten Schaum zwischen 6 und 8%, das Abtrennungsergebnis war etwa 90%. Ob durch Waschung und Wiederholung der gesamten Prozedur eine höhere Konzentration erzielbar ist, wurde nicht untersucht. Der relativ hohe Verlust von 10% der bei zweimaliger Waschung auf etwa 25% ansteigen könnte, bleibt für die Gewinnung von bakterieller Biomasse aus intensivbiologischen Reinigungsanlagen ohne ökonomische Bedeutung, da in einer zweiten Stufe die Endreinigung dieses Abwassers durchgeführt werden muß.

Eine Nutzung der Biomasse in den Abwässern vom Typ II nach intensivbiologischer Reinigung als Futterprotein scheitert gegenwärtig noch an folgenden Unzulänglichkeiten:

- Die für die Separation von Hefen entwickelten Hochleistungsseparatoren verringern bei Bakteriensuspensionen die Durchsatzleistung um etwa 90%.
- Die Vergrößerung des Teilchendurchmessers durch Zusammenballung von Bakterien durch Flockungsmittel ist bekannt, jedoch das Verhalten dieser Agglomerationen in einem Hochleistungsseparator noch nicht untersucht worden.
- Die Anreicherung durch Flotation ist nicht ausreichend.

III. *Verwertung des Belebtschlammes bei der Reinigung verdünnter Abwässer*

Unter „verdünnten" Abwässern werden hier solche verstanden, deren Konzentration an abbaufähigen organischen Verbindungen nicht extrem hoch ist. Hierzu gehören die kommunalen und weitaus meisten industriellen Abwässer. Ihre Reinigung erfolgt durch ein Belebtschlammverfahren. Unter Berücksichtigung einer Schlammgewinnung scheiden Verfahren, die eine weitgehende oder totale Oxydation des Schlammes anstreben, aus.

Bekanntlich enthalten Belebtschlämme im abgesetzten Zustand noch etwa 95% Wasser. Ihre schleimige Konsistenz, durch Polysaccharide verursacht, bindet einerseits das Wasser sehr fest, so daß durch Zentrifugieren nur eine geringe Wasserabreicherung erreicht wird (Wassergehalt eines separierten Schlammes $>90\%$), verhindert andererseits eine Abtrennung durch Filtration. Für größere biologische Reinigungsanlagen besteht das Problem der Beseitigung dieser voluminösen, stark wasserhaltigen Belebtschlämme. Die ökonomische Lösung dieses Problems verlangt eine weitgehende Entwässerung des Belebtschlammes.

Von Kupfer werden drei Möglichkeiten für eine Schlammeindickung diskutiert

- Zusatz von Elektrolyten
- Zusatz von Kalkmilch oder Asche und
- Koagulation des Eiweißanteiles durch Erhitzen.

Kupfer empfiehlt das dritte Verfahren, das als „Schlammkonditionierung" technisch ausgereift ist. Nach diesem Verfahren wird der abgesetzte Belebtschlamm etwa 2 h auf 200° erhitzt. Zeit und Temperatur sind von bestimmten Eigenschaften des Schlammes abhängig. Nach der thermischen Konditionierung ist die Struktur des Schlammes vollständig verändert, die Schleimstoffe sind zerstört, und der Eiweißanteil koaguliert. Der Feststoff sedimentiert sehr gut — das Abgesetzte enthält weniger als 60% Wasser — und läßt sich ohne Schwierigkeit nach der Sedimentation durch Filtration zu einem Kuchen von etwa 60% Trockengehalt weiter entwässern.

Von Ringpfeil wurden ähnliche Versuche beschrieben. Bei einer intensivbiologischen Reinigung konzentrierter, d. h. energiereicher Abwässer, flocken die Mikroorganismen nicht mehr. Der Einfluß von Elektrolyten, des pH-Wertes und der thermischen Behandlung wurden untersucht. Obwohl die Dauer der Erhitzung kürzer war und in Temperaturbereichen unter 100° gearbeitet wurde, ist eine befriedigende Sedimentationsgeschwindigkeit erreicht worden. Der Feststoff ließ sich durch Druckluftflotation ohne Schwierigkeit ausschäumen.

Für die Nutzung des in allen Industriestaaten in großen Mengen anfallenden Belebtschlammes als Proteinquelle scheint das Verfahren der Schlammkonditionierung eine Basis zu bieten, von der aus das Problem mit einiger Aussicht auf Erfolg bearbeitet werden könnte. Die irreversible Koagulation des Eiweißes der Biomasse durch Erhitzen führt zu sehr stabilen Agglomerationen, die mit großer Wahrscheinlichkeit durch die notwendigen Waschungen mittels Separatoren oder Filter nicht zerstört werden. Es erscheint müßig, Spekulationen über die erzielbare Qualität des Endproduktes anzustellen. Über den Einfluß der Temperatur auf die biologische Wertigkeit des Proteins, über die erzielbare Reinheit des Produktes und über andere Fragen können durch Laborversuche hinreichend genaue Aussagen erhalten werden.

Eine andere Möglichkeit der Nutzung von Bioschlamm ist die Gewinnung von relativ hochwertigen Produkten. In den fünfziger Jahren wurde die Gewinnung des Vitamins B_{12} aus Abwasserschlämmen oder Nutzung dieser Schlämme selbst als vitamin-B_{12}-haltiges Futtersupplement von vielen Forschungsstellen intensiv bearbeitet. Die Weiterentwicklung der technischen B_{12}-Synthese durch Hochleistungsstämme führte zu drastischen Preisreduktionen, die den Verfahren der Gewinnung aus Abwasserschlämmen keine ökonomische Chance ließen. Diese Entwicklung muß beispielhaft verstanden werden. Die Mikroorganismen eines Belebtschlammes enthalten und bilden viele Verbindungen, die durch Verfahren der technischen Mikrobiologie produziert werden. Es erscheint verlockend, für diese oder jene Verbindung die aufwendige technisch-mikrobiologische Synthese durch eine Aufarbeitung des wertlosen Belebtschlammes zu ersetzen. Es ist jedoch unwahrscheinlich, daß eine gezielte Anreicherung des gewünschten Produktes durch Maßnahmen im Belebtschlammbecken oder durch eine besondere Nachbehandlung des Schlammes erfolgt. Weiterhin verursacht die „Nährlösung" Abwasser wegen ihrer Schmutzstoffe erhebliche Schwierigkeiten und somit Kosten bei der Reinigung des gewünschten Produktes. Ein mikrobielles Verfahren mit einem ausgewählten Hochleistungstsamm in einer Nährlösung, die den Anforderungen einer optimalen Synthese des gewünschten Produktes entspricht, ist das Verfahren der Wahl. Ein Belebtschlamm kann nur zur Gewinnung solcher Produkte dienen, die er selbst in relativ großer Menge enthält und für die wenig Aussicht besteht, daß durch gezielte mikrobielle Synthesen mit Hochleistungsstämmen ihr Anteil an der Biomasse signifikant erhöht werden kann. Es gibt gegenwärtig nur ein Produkt, das diese Bedingungen erfüllt: Das mikrobielle Protein.

Eine Gewinnung von Belebtschlamm als Proteinquelle ist technisch noch nicht durchgeführt worden, sie erscheint unter Beachtung folgender Faktoren möglich:

- Die schleimige Konsistenz des Belebtschlammes verhindert eine effektive Separation oder Filtration. Dadurch kann er nicht unter ökonomischen Bedingungen gewaschen und konzentriert werden.
- Durch Erhitzen wird die Struktur des Belebtschlammes zerstört. In der Schlammkonditionierung liegt eine Möglichkeit zur Biomassegewinnung.
- Mikrobielles Protein ist als Massenprodukt gegenwärtig die einzige Substanz, deren Gewinnung aus Belebtschlamm lohnend wäre.

Literatur

ANDREYEV, K. P.: Sci. Repts. Ist. Super. Sanità (Roma) 1 (1961), 260

AUGST, E.: Über die Verhefung von unvollständig entphenoliertem, fettsäurehaltigen Schwelwasser mit *Rhodotorula glutinis*. Diplomarbeit. Math.-nat. Fakultät der Karl-Marx-Universität Leipzig, 1961

KUPFER, R.: Münchener Beiträge zur Abwasser-, Fischerei- und Flußbiologie — Schlammkonditionierung, Bd. 13, 1968

Leibnitz, E. U. Behrens und M. Sikora: Wasserwirtsch.-Wassertechn. **9** (1959), 342
Leibnitz, E. and R. Schulz: Continuous Cultivation of Microorganisms (2nd Symposium Prag (1962). P. H. Cechosl. Acad. Sci., 1964, 287
Leibnitz, E., M. Ringpfeil und E. Klöppel: Fortschritte der Wasserchemie **5** (1967), 189
Levin, G. V. and D. G. Shaneen: Biotechn. Bioeng. 1967, 457
Mayberry, W. R., G. I. Prochazka and W. I. Payne: Applied Microbiology **15** (1967), 1332
Payne, W. I., G. I. Prochazka and W. R. Mayberry: J. Gen. Microbiol. **45** (1967), 6
Prochazka, G. I., W. R. Mayberry and W. I. Payne: Ind. Microbiol. **8** (1967), 167
Rieche, A.: Wasserwirtsch.-Wasserwirtsch. **2** (1960), 53
Rieche, A., G. Hilgetag, A. Martin, M. Lorenz and M. Thonke: Continuous Cultivation of Microorganisms (2nd Symposium, Prague 1962), P. H. Cechosl. Acad. Sci. 1964, 287
Ringpfeil, M.: Fortschritte der Wasserchemie **6** (1967), 21
Ringpfeil, M., G. Klappach, K.-H. Mangold und H. Schmidt: Fortschritte der Wasserchemie **3** (1965), 209
Sattler, K.: Wissenschaftl. Z. d. Karl-Marx-Universität Leipzig **11** (1962), 201
Wang, D.: Single Cell Protein The M.J.T. Press Massachusetts Inst. of Technology 1968, 217

Manuskripteingang: 5. 12. 1969

Anschrift der Verfasser:

Dr. U. Behrens, Dr. G. Klappach, Institut für technische Chemie, 705 Leipzig, Permoserstraße 15, DDR (Deutsche Akademie der Wissenschaften zu Berlin)

U. Behrens, E. Anton

Deutsche Akademie der Wissenschaften zu Berlin
Institut für technische Chemie, Leipzig
VEB Chemische Werke Buna, Schkopau

Zur Kinetik der biologischen Abwasserreinigung

Herrn Prof. Dr. Ing. Dr. h.c. E. Leibnitz
zum 60. Geburtstag gewidmet

Zusammenfassung: Das Belebtschlammverfahren ist ein Sonderfall einer mikrobiellen Biomassesynthese. Als solche kann es nach der Monod'schen Theorie, die von Herbert weiter ausgebaut wurde, berechnet werden. Durch diskontinuierliche Abwasserreinigung nach dem Belebtschlammverfahren wurden zwei deutlich voneinander abgesetzte Wachstumsstufen für den Belebtschlamm ermittelt. Im Gegensatz hierzu war der Verlauf der Substratabbaukurven ungebrochen. Die hieraus ermittelte Wachstumsgeschwindigkeit und der aus den Biomassekurven ermittelte Ausbeutekoeffizient konnten bei der kontinuierlichen Kultivation bestätigt werden. Hierbei wurde ein Abbau von nur 50···60% erzielt. Durch Schlammrückführung erhöhte sich die Leistung signifikant. Methodische Unzulänglichkeiten erlaubten keine quantitativen Messungen bei Schlammrückführung. Es wird der Bau eines „Abwasserfermentors" vorgeschlagen. Die Optimierung eines Belebtschlammverfahrens entzieht sich der Berechnung aus Werten, die durch kinetische Messungen erhalten werden. Durch Variation von Verweilzeit und Schlammbelastung in (transportablen) Technikumsfermentoren kann ein Verfahren für die biologische Reinigung eines Abwassers optimiert werden. Unzureichend sind die Kenntnisse über die mikrobiologischen Vorgänge. Die Ausweitung der Hydrobiologie besonders auf bakteriologische Untersuchungen wird vorgeschlagen.

Summary: The acitvated sludge process is a special case of microbic biomass synthesis. It is calculaable by the theory of Monod, which was improved by Herbert. By discontinuous wastewater purification by activated sludge process two distinct contrasted steps of growth were ascertained. Opposite to this the course of substrate digestion curve was not interrupted. The at this ascertained growth velocity and from the biomasscurves ascertained yield coefficient could be corroborated during continuous cultivation. On this occasion a digestion of only 50···60% was obtained. By sludge return the capacity increased significant. Methodical inaccessibilities did not permit quantitative metering of sludge return. The construction of a "wastewater fermentor" is proposed. The optimation of activated sludge process withdraws a calculation from values, which results from kinetical calculations. By variation of detention time and sludge load in (transportable) pilot-fermentors a method for biological purification of wastewater can be optimated. The knowledges about microbiologic events are insufficient. The enlargement of hydrobiology especially to bacteriological investigations is proposed.

Резюме: Метод активного ила является частным случаем микробиологического синтеза биомассы. В качестве такового его можно вычислять исходя из теории Monod, которой Herbert дал дальнейшее развитие. Периодической очисткой сточных вод методом активного ила установлены — в ясном разграничении друг от друга — два этапа роста активного ила. Однако, ход кривых разложения субстрата остался целым. Установленная на данной основе быстрота роста и исчисленный из хода кривых биомассы коэффициент выхода подтверждались при беспрерывной культивации. При этом распад доходил лишь до 50···60%. При восстановлении ила продуктивность повысилась на уровне достоверности. Недостатки методики исключают количественные измерения при восстановлении ила. Предлагается создание „ферментора сточных вод". Оптимизация метода активного ила не поддается вычислению на основании показателей, полученных кинетическими измерениями. Варьированием времени пребывания и илонагрузки в (переносных) ферменторах техникумов можно оптимизировать метод биологической очистки сточных вод. Данных о микробиологических процессах недостаточно. Преддагается расширение гидробиологии, в особенности на бактериологические исследования.

Einleitung

Das Belebtschlammverfahren ist im Prinzip eine kontinuierliche Fermentation zur Synthese von Mikroorganismen, wobei die assimilierbaren organischen Verunreinigungen des Abwassers als Kohlenstoffquelle genutzt werden (BEHRENS, KLAPPACH). Die Vermehrung von Mikroorganismen, meist als Biomassesynthese bezeichnet, erfolgt nach einer bestimmten kinetischen Gesetzmäßigkeit, die sich aus der Beziehung zwischen Wachstumsgeschwindigkeit und der Substratkonzentration ableitet, wobei bei einer bestimmten Substratkonzentration die Wachstumsgeschwindigkeit von dieser abhängig wird. Den grundlegenden mathematischen Ausdruck entwickelte 1942 MONOD. Er übertrug die für die Enzymkinetik bedeutsame Beziehung von MICHAELIS-MENTEN auf das Bakterienwachstum:

$$\mu = \mu_{max} \frac{S}{K_s + S} \tag{1}$$

Hierin sind

μ	spezifische Wachstumsgeschwindigkeit
μ_{max}	maximale spezifische Wachstumsgeschwindigkeit
S	Konzentration des (limitierenden) Substrates
K_s	Saturationskonstante (sie entspricht derjenigen Substratkonzentration bei der $\mu = 1/2\,\mu_{max}$)

Die Gleichung ist die einer Hyperbel, deren asymptotisch verlaufender Ast einer nicht durch das Substrat limitierten Wachstumsgeschwindigkeit entspricht ($\mu \cong \mu_{max}$). Der K_s-Wert ist abhängig von der Mikroorganismenart und vom Substrat. Er ist im allgemeinen sehr klein. Er beträgt Bruchteile eines Milligrammes oder wenige Milligramme. Es darf jedoch nicht übersehen werden, daß auch relativ hohe K_s-Werte bestimmt wurden, so für die Hefe *Torulopsis utilis* mit der Kohlenstoffquelle Xylose $K_s = 300$ mg/l (MOSER).

Für die biologische Abwasserreinigung sind die Größen für S und K_s von Bedeutung. In einem Abwasser ist S die Konzentration an abbaubarer organischer Substanz (bei kontinuierlicher Betriebsweise ist S die aktuelle Konzentration). Ist der Wert für S sehr groß, kann K_s vernachlässigt werden, und es wird $\mu = \mu_{max}$. Bei sehr geringer Substratkonzentration wird nach (1) die spezifische Wachstumsgeschwindigkeit limitiert. Ebenso wird sie bei hohen K_s-Werten signifikant erniedrigt.

Bei kontinuierlichem Betrieb ist die Verweilzeit (Θ) das Verhältnis zwischen Volumen des Fermentors (V) und der Geschwindigkeit mit der das Medium zu-

und gleichzeitig abgeführt wird (F). Der reziproke Wert der Verweilzeit ist die Verdünnungsgeschwindigkeit (D). Der Zuwachs $\frac{dx}{dt}$ ist die Differenz zwischen der Wachstumsgeschwindigkeit (μX) und der Geschwindigkeit, mit der das Substrat mit den Organismen abläuft:

$$\frac{dX}{dt} = \mu X - DX \tag{2}$$

In einem Fließgleichgewicht (steady state), wie es bei kontinuierlicher Kultivation eingehalten wird, bleibt die Biomassekonzentration konstant $\left(\frac{dX}{dt} = 0\right)$. Es wird dann aus (2):

$$\mu = D = \frac{1}{\Theta} = \frac{F}{V} \tag{3}$$

Die biologische Abwasserreinigung hat zum Ziel, im Auslauf eine möglichst geringe Substratkonzentration zu haben. Aus den vorangestellten kinetischen Betrachtungen ist bereits ableitbar, daß in vielen Fällen, insbesondere dann, wenn ein konzentriertes Abwasser zu reinigen ist, ein zweistufiges Verfahren von Vorteil ist. In einer ersten Stufe erfolgt ein intensiver Abbau nach den Bedingungen $\mu = \mu_{\max} = D$. Für eine derartige erste Stufe ist, um die Möglichkeit einer maximalen Verdünnungsgeschwindigkeit auszunützen, was nach (3) das geringste Beckenvolumen erfordert, ein hoher Sauerstoffeintrag notwendig. Hierzu sind im letzten Jahrzehnt wirksame Belüftungseinrichtungen konstruiert worden (Dietrich). In sehr vielen Fällen unterscheiden sich leistungsfähige biologische Abwasserreinigungsanlagen in ihren Belüftungssystemen kaum oder nicht mehr von den Fermentoren, wie sie für aerobe Prozesse in der technischen Mikrobiologie benutzt werden (Hospodka).

Die Monod'sche Gleichung (1) gilt für einen einzelligen Mikroorganismus, der auf einer Kohlenstoffquelle wächst. Abwässer sind jedoch Mischsubstrate, und die biologische Reinigung wird von einer Mischpopulation, häufig in einer Belebtschlammflocke lose und willkürlich agglomeriert, durchgeführt. Eine für kinetische Auswertungen notwendige genaue Biomassebestimmung ist wegen der unterschiedlichen Zusammensetzung, Größe und Dichte der Belebtschlammflocken sowie ihrer heterogenen Verteilung im Reaktor häufig nicht durchführbar. Auf die Möglichkeit, an Stelle der Biomassebestimmung die Konzentration einer Leitsubstanz zu messen, wiesen Behrens und Klappach hin.

Die Bestimmung der spezifischen Wachstumsgeschwindigkeit erfolgt aus der aus einer diskontinuierlichen Kultivation erhaltenen Wachstumskurve, wobei auf der Abszisse die Zeit und auf der Ordinate der natürliche Logarithmus der Substratkonzentration aufgetragen wird. Im sogenannten logarithmischen Teil der Wachstumskurve hat bei dieser halblogarithmischen Auftragung die Kurve die Gestalt einer Geraden, der Anstiegswinkel $\operatorname{tg} \alpha$ entspricht der spezifischen Wachstumsgeschwindigkeit μ.

$$\operatorname{tg} \alpha = \mu = \frac{\ln X_2 - \ln X_1}{t_2 - t_1} = 2{,}3 \frac{\log X_2 - \log X_1}{t_2 - t_1}\,. \tag{4}$$

Entsprechend läßt sich die Geschwindigkeit der Substratabnahme bestimmen:

$$\mu_s = 2{,}3 \frac{\log S_1 - \log S_2}{t_2 - t_1} \tag{5}$$

An dieser Stelle sei darauf verwiesen, daß die Gleichsetzung von $\mu = \mu_s$ nicht ganz korrekt ist, da das abgebaute Substrat $(S_0 - S)$ zur hieraus gebildeten Biomasse X über den Ausbeutekoeffizienten $Y \left(= \frac{dX}{s}\right)$ in Beziehung steht und Y im Verlauf der Wachstumskurve nicht konstant bleibt:

$$X = (S_0 - S) \cdot Y\,. \tag{6}$$

Der Wert für den Ausbeutekoeffizienten Y ist abhängig von der Mikroorganismenart und vom Substrat. Für die bekannte Futterhefe *Candida utilis* beträgt die Ausbeute bei Glukose etwa 50% (Gew./Gew.), bei Essigsäure nur etwa 35%. Es ist von vornherein zu erwarten, daß vom Mischsubstrat Abwasser im Verlauf des diskontinuierlichen Abbaues bzw. bei Veränderung der Verdünnungsgeschwindigkeit D bei kontinuierlichem Abbau unterschiedliche Ausbeutekoeffizienten erhalten werden. Hinzu kommt noch, daß durch unterschiedliche Wachstumsgeschwindigkeiten der einzelnen Mikroorganismen in einem Mischsubstrat Polyauxieerscheinungen auftreten, die an Stelle einer stetig verlaufenden Wachstumskurve einen gebrochenen Kurvenverlauf verursachen (Behrens).

Die Substratkonzentration im Fermentor (= Auslauf) ist aus (1) errechenbar, wenn D für μ eingesetzt wird

$$S = K_s \frac{D}{\mu_{max} - D} \tag{7}$$

Die Ermittlung von μ_{max} und K_s für die biologische Reinigung von Abwässern aus einer diskontinuierlichen Wachstumskurve scheidet aus den oben genannten Ursachen in den meisten Fällen aus.

Durch eine kontinuierliche Kultivation — z. B. in einem Laborfermentor — lassen sich die Beziehungen zwischen D und S hinreichend genau ermitteln.

Bei der Synthese von Biomasse wird die Leistungsfähigkeit eines mikrobiellen Verfahrens durch die Produktivität P gekennzeichnet:

$$P = X \cdot D\,. \tag{8}$$

Auch auf die Abwasserreinigung läßt sich der Begriff der Produktivität anwenden. Da hierbei in einer möglichst kurzen Zeiteinheit möglichst viel Substrat abgebaut werden soll, ist der Ausdruck Effektivität E angebrachter:

$$E = (S_0 - S) \cdot D \tag{9}$$

Die höchste Produktivität stimmt mit der besten Substratausnutzung nicht überein. Aus Abb. 1 geht hervor, daß bei der höchsten Produktivität die Substratkonzentration schon beträchtlich angestiegen ist.

Durch Rückführung der Biomasse (Schlammrückführung) erhöht sich die Biomassekonzentration im Fermentor und somit auch die Produktivität und entsprechend die Effektivität. Es gilt die Beziehung:

Zuwachs = Wachstum + Rückführung − Auslauf

$$\frac{dX}{dt} = X_1 \qquad + Fr \cdot X_0 \qquad - (F_0 + F) \cdot X_1 \tag{10}$$

Hierin sind

X_0 Biomasse im Rückgeführten
X_1 Biomasse im Fermentor
Fr Durchflußgeschwindigkeit des rückgeführten Mediums
F_0 Durchflußgeschwindigkeit des frischen Mediums.

Wird das Volumenverhältnis Fr/F_0 mit a und das Konzentrationsverhältnis X_0/X_1 mit b bezeichnet und ist bei gleichbleibender Rückführung die Biomassekonzentration im Fermentor konstant, d. h $\frac{dX}{dt} = 0$ (Gleichung 10), dann ist:

$$D = \frac{\mu}{1 - a(b - 1)} \tag{11}$$

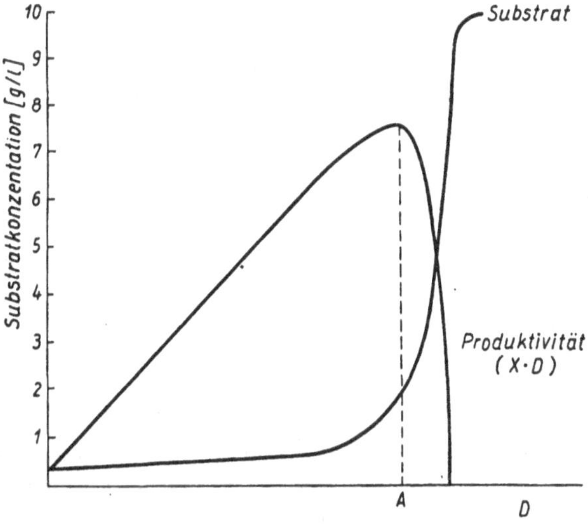

Abb. 1. Beziehung zwischen Produktivität und Substratkonzentration
D = Verdünnungsgeschwindigkeit
X = Biomassekonzentration
A = Wert für D bei maximaler Produktivität

Bei Rückführung ist $D > \mu$. Somit wird durch Rückführung die Verdünnungsgeschwindigkeit erhöht, was zu einer Einsparung an Beckenvolumen führt. Wird die Verdünnungsgeschwindigkeit nach Rückführung nicht erhöht, erhöht sich der prozentuale Abbau. Eine Schlammrückführung ist, soweit die Belüftungsvorrichtungen einen ausreichenden Sauerstoffeintrag gewährleisten, auf jedem Fall vorteilhaft.

Die Kinetik der biologischen Abwasserreinigung wird seit mehr als vierzig Jahren untersucht (Zusammenfassung: Eckenfelder und O'Connor. Die Autoren zeigen an vielen Beispielen die Möglichkeit der Berechnung von Prozeßparametern für eine kontinuierliche biologische Reinigung aufgrund kinetischer

Messungen bei diskontinuierlicher Kultivation. Soweit es sich um Berechnungen für die logarithmische Wachstumsphase handelt, sind die von den genannten Autoren abgeleiteten Formeln im Prinzip mit den von MONOD und HERBERT entwickelten Beziehungen identisch, wie von ANTON nachgewiesen wurde. In den letzten Jahren wurden von HARTMANN und Mitarb. reaktionskinetische Untersuchungen zum BSB-Abbau durchgeführt. So kommt WILDERER zu dem Ergebnis, daß die Geschwindigkeit der Stoffumsätze beim biologischen Abbau von Abwässern durch die langsamste Teilreaktion bestimmt wird und für diese die MICHAELIS-MENTEN-Beziehung gültig ist.

Ergebnisse und Diskussion

Die kinetischen Untersuchungen wurden an einem Abwasser eines großen chemischen Werkes der Deutschen Demokratischen Republik durchgeführt. Der BSB_5 dieses Abwassers liegt im allgemeinen bei 400 mg O_2/l. Die organischen Inhaltsstoffe bestehen neben einigen aromatischen Verbindungen im wesentlichen aus kurzkettigen aliphatischen Oxydationsprodukten, wie Säuren und Aldehyde. Charakteristisch für das Abwasser sind sein Gehalt an Tensiden, wodurch eine intensive Belüftung erschwert wird und sein relativ hoher Aschegehalt (Abdampfrückstand bei 105 °C) von über 2 g/l, wobei Calcium den Hauptanteil ausmacht. Der BSB_5 — wie auch der Anteil der einzelnen Inhaltsstoffe — kann, bedingt durch Veränderungen oder Störungen in der Produktion der verschiedenen Betriebsteile des Werkes, starken Schwankungen unterliegen.

In diskontinuierlicher Kultivation wurden die für die graphischen Darstellungen und kinetischen Berechnungen benötigten Werte für den Substratabbau und den Biomassezuwachs ermittelt (Tab. 1). Abb. 2 zeigt einen atypischen Verlauf der Wachstumskurve.

Zwei deutlich voneinander abgesetzte Wachstumsstufen — Geraden in der halblogarithmischen Darstellung — sind erkennbar (Diauxie). Nach einer Inkubationszeit von etwa 3 h beginnt die erste logarithmische Wachstumsstufe, durch die der Hauptanteil des Schlammzuwaches erzielt wird. Die spezifische Wachstumsgeschwindigkeit ist relativ klein, $\mu = 0{,}05\ h^{-1}$, die Generationszeit g entsprechend etwa 13,5 h. In der zweiten logarithmischen Wachstumsstufe ist $\mu = 0{,}02$, entsprechend g etwa 31 h. Nach dieser Phase fällt die Schlammkonzentration stark ab, was auf eine Autoxidation (endogene Atmung) zurückzuführen ist. Das Verhältnis der Dauer und des Schlammzuwachses zwischen den beiden Stufen ist nicht konstant. Veränderte Betriebsbedingungen können beträchtliche Verschiebungen dieses Verhältnisses hervorrufen. Die Feststellung, das Abwasser enthielte zwei Substrattypen, wovon die eine leicht und die andere schwer abbaubar wäre, befriedigt nicht. Der Verlauf der Wachstumskurve ist nicht nur gebrochen; beide Stufen sind zeitlich (etwa 4 h) voneinander stark abgesetzt. Zur Deutung dieser Vorgänge ist in Abb. 3 zu der Biomassekurve der Anteil des Glührückstandes aufgetragen. Bemerkenswert ist, daß am Ende der ersten logarithmischen Wachstumsstufe der Glührückstand deutlich ansteigt. Dieses kann damit erklärt werden, daß die Mikroorganismenarten, die den Abbau in der ersten Stufe durchführen, nicht im Stande sind, die verbleibenden

Tabelle 1

Diskontinuierlicher Versuch

Jeweils 150 m*l* Abwasser wurden in einem 250 m*l* Erlenmeyerkolben mit 15 m*l* abgesetzten frischen Belebtschlamm beimpft. Die Belüftung erfolgte durch ein Glasrohr, das bis zum Boden des Kolbens geführt war. Der pH-Wert betrug etwa 8,5, die Temperatur etwa 18°. In stündlichen Abständen wurde jeweils der Inhalt eines Kolbens für die analytischen Bestimmungen benutzt. Es wurde bestimmt: Der Belebtschlamm (X) als Trockensubstanz (105 °C); der Glührückstand von X (600 °C) und die organische Substanz (S) als BSB_5.

t	X mg/l	Glührückstand mg/l	S (BSB_5) mg O_2/l	$S_0 - S$ mg O_2/l	Schlammbelastung S/X
0	449 (X_0)	43	263 (S_0)	0	0,58
1	449	47	248	15	0,55
2	456	48	238	25	0,52
3	463	48	210	53	0,45
4	484	50	—	—	—
5	504	50	137	126	0,27
6	536	55	115	147	0,21
7	545	60	91	172	0,17
8	568	64	71	192	0,13
9	577	64	56	207	0,1
10	577	64	50	213	0,09
11	577	65	46	217	0,08
12	590	66	42	221	0,07
13	603	67	42	221	0,07
14	570	68	42	221	0,07
15	505	67'	29	234	0,06
16	507	68	8	255	0,02

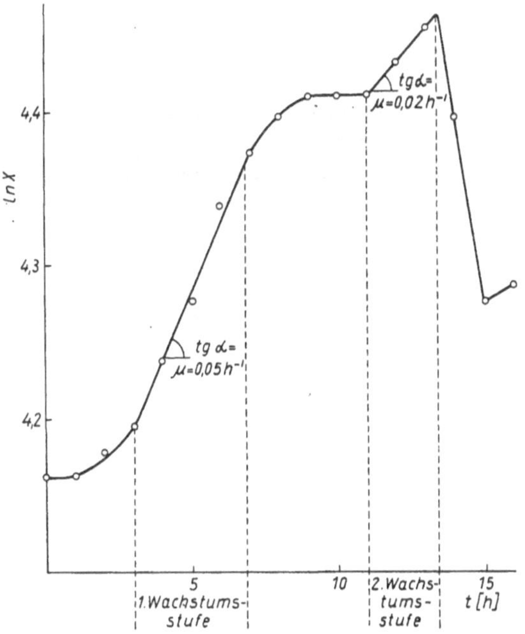

Abb. 2. Wachstumskurve des Belebtschlammes

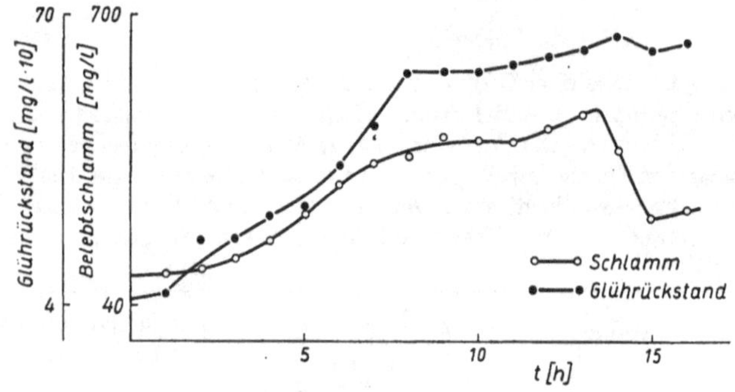

Abb. 3: Verhältnis zwischen Schlammenge und Anteil des Glührückstandes (Die Werte für den Glührückstand wurden mit dem Faktor 10 multipliziert)

organischen Verunreinigungen zu assimilieren. Für diese Mikroorganismen wird zwangsläufig die endogene Atmung wirksam. Biogenes organisches Substrat des Schlammes wird oxydiert, dadurch erhöht sich das Verhältnis Asche: Biomasse. Der relativ lange zeitliche Abstand zwischen beiden logarithmischen Wachstumsstufen läßt sich durch die Notwendigkeit der Vermehrung anderer Mikroorganismenarten, die zur Assimilation der verbleibenden organischen Substanz fähig sind, erklären. Möglich ist auch eine Hemmung der Aufnahme dieser Substanzen durch das in der ersten Stufe abgebaute Substrat. Auch könnte dieses Substrat die Entwicklung der Mikroorganismen, die den Abbau in der zweiten Stufe durchführen, inhibieren. Ein Befund aus der Arbeit von ANTON stützt die Hypothese, daß unterschiedliche Mikroorganismen für den diauxischen Verlauf der Wachstumskurve verantwortlich sind. ANTON untersuchte im Warburggerät die mikrobielle Oxydation der Abwässer der verschiedenen Kanäle (sogen. Nebensammler). Das Abwasser eines Nebensammlers wurde einmal mit stäbchenförmigen Bakterien, das andere Mal mit Kokken beimpft (Abb. 4). Die erste logarithmische Abbaustufe verlief bei beiden Versuchen gleichartig. Während bei dem Versuch mit kokkoiden Bakterien keine weitere Oxydation mehr stattfand, wurde in dem Versuch mit den stäbchenförmigen Bakterien nach einer längeren Ruhephase eine zweite Oxydationsstufe festgestellt.

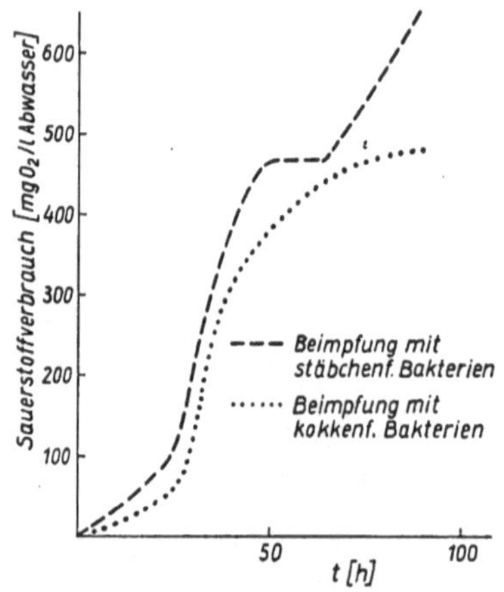

Abb. 4: Biologische Oxydation eines Abwassers

Abb. 5 zeigt die Beziehungen zwischen Substratabbau, Substratabnahme und Schlammzuwachs. Im Gegensatz zur Schlammzuwachskurve zeigen beide substratbezogene Kurven einen ungebrochenen Verlauf. Eine Erklärung kann aus den kinetischen Messungen allein nicht gegeben werden. Auf die Problematik des Substratabbaues, welcher zur Biomassebildung über den Ausbeutekoeffizienten in Beziehung steht, wurde schon in der Einleitung verwiesen. Im Verlauf des Wachstums einer Mischpopulation auf einem Mischsubstrat werden zwangsläufig lytische Prozesse auftreten. Jeweils die Organismen, die ihr spezifisches Substrat aufgebraucht haben, werden neben der endogenen Atmung einer verstärkten enzymatischen Auflösung unterworfen sein. Dieser Vorgang, der zur Aus-

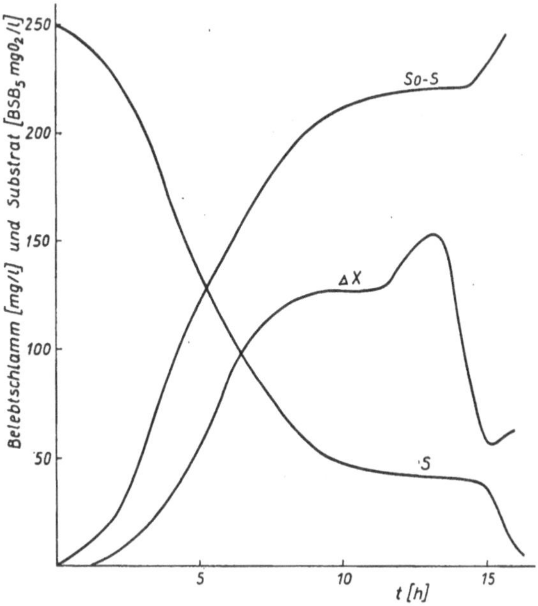

Abb. 5: Beziehung zwischen Substratabbau (S), Substratabnahme (So-S) und Schlammzuwachs (ΔX)

scheidung biogener organischer Verbindungen in das Abwasser führt, wird besonders stark in der Periode des Populationswechsels zwischen der ersten und der zweiten logarithmischen Wachstumsstufe sein. WESTON erklärt das Vorhandensein eines nicht mehr „abbaubaren" BSB_5 in Abwasserreinigungsanlagen ebenfalls mit der Ausscheidung organischer Verbindungen durch die Mikroorganismen der Belebtschlammflocke.

Unter Berücksichtigung dieser Ergebnisse ist es angebracht, ähnlich wie bei hochkonzentrierten Abwässern, die reaktionsbestimmende Geschwindigkeit aus der Substratkurve zu berechnen (Gleichung 5). Allerdings gilt dann die so ermittelte Reaktionsgeschwindigkeit nur für den logarithmischen Bereich des Substratabbaues für eine Reaktion 0. Ordnung. Zwischen 3 und 9 h verläuft die Kurve für S geradlinig. Mit aus diesem Kurvenabschnitt entnommenen Werten wurde $\mu_s = 0{,}22\ h^{-1}$ entsprechend die Verweilzeit $\Theta = 4{,}5$ h bestimmt.

In Tab. 2 sind die ermittelten Werte auf dem diskontinuierlichen Versuch zusammengestellt.

Tabelle 2

Kinetische Werte aus diskontinuierlicher Kultivation ermittelt

Erste Wachstumsstufe:	$\mu = 0{,}05\ h^{-1}$	$g = 14\ h$
Zweite Wachstumsstufe:	$\mu = 0{,}02\ h^{-1}$	$g = 31\ h$
$Y\ (6-12\ h) = 0{,}60$	$Y\ (6-13\ h) = 0{,}62$	
$\mu_s = 0{,}22\ h^{-1}$, daraus $\Theta = 4{,}5\ h$		

Für die Versuche zur kontinuierlichen biologischen Reinigung wurde als Modell eines Belebtschlammbeckens ein Glasrohr von 66 mm Durchmesser verwendet, dessen Boden zur feinblasigen Belüftung von einer Fritte abgeschlossen wurde. Das Füllvolumen wurde durch ein Überlaufrohr auf 1,5 *l* eingestellt. Die Luftmenge betrug 70 *l*/h. Dem stark alkalischen Abwasser wurde Phosphorsäure zugesetzt; der pH-Wert sank dadurch auf 9···7,5. Die kontinuierliche Zuspeisung des Abwassers erfolgt aus Vorratsgefäßen mit einer Kolbendosierpumpe.

In den Vorratsgefäßen wurde ein relativ starkes mikrobielles Wachstum, bedingt durch mikroaerobe Bedingungen, beobachtet. Besonders stark traten stäbchenförmige Bakterien auf. Zur Vermeidung von Infektionen wurde während einer zweiten Versuchsreihe das Vorratsgefäß gekühlt.

Bei den Versuchen mit infiziertem Abwasser (Versuch I, Tab. 3) wurden bei Verweilzeiten von 8···4,5 h durchschnittlich 90% des BSB_5 abgebaut. Bei einer Verkürzung der Verweilzeit auf 4 h sank die Abbauleistung merklich (65%). Der Ausbeutekoeffizient betrug $Y = 0{,}60$ (Θ 8 – 5 h) bzw. $Y = 0{,}62$ ($\Theta < 5$ h). Diese Ergebnisse stimmen gut mit denen überein, die bei diskontinuierlicher Kultivation gefunden bzw. errechnet wurden (Tab. 2). In der Versuchsreihe mit sterilem Abwasser in dem Vorratsgefäß (Versuch II, Tab. 3) wurde nur ein Abbau von 50···60% erzielt. Jedoch erhöhte sich bei Verlängerung der Verweilzeit die Abbauleistung leicht, bei $\Theta = 6$ h wurden sogar 73% des BSB_5 abgebaut. Die unterschiedlichen Ergebnisse der Versuchsreihen I und II lassen den Schluß zu,

Tabelle 3

Kontinuierlicher Abbau (Belebtschlamm)

Versuch I: Rohwasser im Vorratsbehälter durch Bakterien infiziert (mikroaerobe Bedingungen)

Versuch II: Rohwasser durch Kühlen des Vorratsbehälters steril

(Alle Mengenangaben in mg/*l* als arithmetische Mittelwerte)

		Versuch I						Versuch II					
Θ h	D h^{-1}	Versuchsdauer h	S_0 BSB_5	S BSB_5	Abbau %	X	Y	Versuchsdauer h	S_0 BSB_5	S BSB_5	Abbau %	X	Y
8	0,13	231	284	15	90	149	0,61	190	362	167	54	121	0,62
6	0,17	147	249	17	92	144	0,60	174	486	131	73	220	0,62
5	0,20	513	350	20	94	205	0,60	290	502	209	58	182	0,61
4,5	0,22	72	417	50	88	228	0,62	–	–	–	–	–	–
4	0,25	313	368	129	65	148	0,62	223	463	237	49	140	0,62
3	0,33	–	–	–	–	–	–	769	349	171	51	110	0,62

daß in dem infizierten Vorratsbehälter (Versuch I) bereits Anteile der organischen Substanzen, die in der ersten Wachstumsstufe assimiliert werden, abgebaut werden (Abb. 2). Hierfür spricht weiterhin das Auftreten von stäbchenförmigen Bakterien in dem Vorratsbehälter, die für die zweite Wachstumsstufe charakteristisch sind (Abb. 4).

Die Ergebnisse der kinetischen Untersuchungen sowohl der diskontinuierlichen als auch der kontinuierlichen Versuche haben für eine praktische Anwendung auf Auslegung und Betrieb einer Belebtschlammanlage nur bedingten Wert. Parameter für z. B. einen 90%-igen Abbau des BSB_5 lassen sich, wie gezeigt wurde, aus den diskontinuierlichen Versuchen nicht ableiten. Durch Erhöhung der Verweilzeit bei kontinuierlicher Kultivation über 8 h hinaus würden Bedingungen ermittelt werden können, die den gewünschten Reinigungseffekt garantieren. Jedoch würde ein Verfahren mit Schlammrückführung das Verfahren der Wahl sein. Gleichung (11) weist aus, daß durch Rückführung der Biomasse die Leistung erhöht wird, jedoch ist diese Gleichung für kinetische Berechnungen eines Belebtschlammverfahrens nicht anwendbar. Die rückgeführte Biomasse muß die gleiche Aktivität haben wie die im Fermentor. Die Verweilzeit des Belebtschlammes in Absetzbecken ist jedoch groß genug, um den Belebtschlamm und seine Aktivität zu verändern. Auch die Belüftung des rückzuführenden Belebtschlammes wirkt ähnlich. Von Interesse sind hier die Beobachtungen von Andereyev über den Einfluß der Aktivität einer Hefekultur auf die Verweilzeit und die Produktivität.

Die Versuche zur Schlammrückführung wurden durch methodische Schwierigkeiten beeinträchtigt. Geeignete Vorrichtungen zur kontinuierlichen Förderung und genauen Dosierung relativ kleiner Mengen abgesetzten Belebtschlammes aus dem Laborfermentor standen nicht zur Verfügung. Auf eine kinetische Auswertung muß daher verzichtet werden. In Tab. 4 sind die Leistungen (Produktivität P und Effektivität E) der Versuchsreihen I und II) einer dritten Versuchsreihe mit Schlammrückführung gegenübergestellt. Die erwartete Überlegenheit des Verfahrens mit Schlammrückführung kommt deutlich zum Ausdruck. Aus dem oben erwähnten Grund ist ein quantitativer Vergleich der Ergebnisse des Versuches III mit denen der Versuche I und II nicht statthaft.

Folgerungen

Von dem hier untersuchten Abwasser können aus kinetischen Messungen bei diskontinuierlicher Kultivation keine Aussagen für die Auslegung und den Betrieb von Belebtschlammanlagen abgeleitet werden. Diese Feststellung dürfte auf die meisten Abwässer anwendbar sein, insbesondere dann, wenn diese verdünnt sind und/oder wenn diese viele assimilierbare Komponenten gelöst enthalten.

Die kinetischen Berechnungen, wie sie seit Monod besonders durch Novick, Szilard und Herbert, Elsworth, Telling sowie Herbert entwickelt wurden, geben jedoch wertvolle Aufschlüsse über das reaktionskinetische Verhalten des Abwassers beim biologischen Abbau. Diese sind nicht nur für wissenschaftliche

Tabelle 4

Vergleich der Produktivität P und Effektivität E ohne und mit Schlammrückführung

Die Ergebnisse der Versuche I und II wurden aus den Werten der Tab. 3 errechnet. Der Versuch III wurde mit Schlammrückführung gefahren.

Θ	Versuch I		Versuch II		Versuch III	
	P	E	P	E	P	E
8	0,02	0,03	0,02	0,02	–	–
6	0,02	0,04	0,04	0,06	–	–
5	0,04	0,07	0,04	0,06	0,05	0,09
4,5	0,05	0,08	–	–	–	–
4	0,04	0,06	0,04	0,06	0,07	0,11
3	–	–	0,04	0,06	0,1	0,16
2,5	–	–	–	–	0,1	0,16

Erkenntnisse von Interesse, sondern sind auch eine analytische Ergänzung für die Beurteilung eines Abwassers.

Durch kontinuierlichen biologischen Abbau des Abwassers nach dem Belebtschlammverfahren im Labormaßstab wurden kinetische Parameter, die durch diskontinuierliche Kultivation ermittelt wurden, bestätigt.

Eine Erhöhung der Effektivität wird durch Schlammrückführung erzielt. Laborversuche hierfür bedürfen einer Apparatur, die das Rückführen einer bestimmten Menge abgesetzten Schlammes ermöglicht. Mit einem derartigen „Abwasser-Fermentor", der mit den heutigen Mitteln der Labortechnik der Deutschen Demokratischen Republik herstellbar ist, ließen sich durch kontinuierliche Kultivationen bei Variation der Schlammbelastung Parameter für Auslegung und Betrieb einer Belebtschlammanlage gewinnen. Neben Abwasserfermentoren für den Laborbetrieb, mit etwa 10···20 *l* Fermentorvolumen, sollten im wesentlichen wegen der Notwendigkeit der Vor- und Nachbehandlung des Abwassers auch solche von einem Fermentorvolumen von wenigen hundert Litern als transportable Einrichtungen zur Verfügung stehen.

Zur Deutung reaktionskinetischer Vorgänge bedarf es vielfach mikrobiologischer Untersuchungen. Das Fehlen gleichwertiger Untersuchungen zur Veränderung der mikrobiellen, besonders der bakteriellen Flora, ist ein Mangel. Eine Ausdehnung der Hydrobiologie im Sinne der von Wetzel definierten „Technischen Hydrobiologie" auf die biologische Abwasserreinigung erscheint erforderlich.

Literatur

Anton, E.: Beiträge zur Ermittlung von Kenngrößen für die Projektierung einer biologischen Reinigungsanlage für industrielle Abwässer – Dissertation, Sektion Chemie, Karl-Marx-Universität Leipzig, 1969

Andreyev, K. P.: Sci. Repts. Ist. Super. Sanità (Roma) **1** (1961), 260

Behrens, U.: Fortschritte d. Wasserchemie **6** (1967), 9

Behrens, U., G. Klappach: Prediction of flow rates for continuous fermentation of phenolsolvan exstracted wastes from soft coal by activated sludge, Continuous Fermentation of Microorganisms. Proc. 2nd Symp. 1962, Publishing House ČSAV Prag, 1964

DIETRICH, K.: Die Abwassertechnik, Dr. A. Hüthig Verlag, Heidelberg, 1968
ECKENFELDER, W. W. and D. J. O'CONNOR: Biological Waste Treatment, Pergamon Press, 1961
HERBERT, D.: Some principles of continuous culture. Recent Progress of Microbiology, Stockholm, 1958
HERBERT, D., R. ELSWORTH and R. TELLING: J. Gen. Microbiol. **14** (1956), 601
HOSPODKA, J.: Industrial application of continuous fermentation, Theoretical and Methodological Basis of Continuous Culture of Microorganisms (Ed. by I. Málek a. Z. Fencl), Publishing House ČSAV, Prag, 1966
KLAPPACH, G.: Fortschritte d. Wasserchemie **9** (1968), 37
MONOD, J.: Recherches sur la Croissance des Cultures Bacteriennes. Hermann et Cie., Paris, 1942
MOSER, H.: The Dynamics of Bacterial Populations Maintained in the Chemostat. Carnegie Inst. Publ. No. 614, Washington, 1958
NOVICK, A. and L. SZILARD: Proc. Nat. Acad. USA **36** (1950), 708
WESTON, R. F., V. STACK and W. SITMAN: Mass Transfer Relationships in Biological Waste Treatment A.I.Ch.E. Annual Meeting 1960 (zit. in ECKENFELDER and O'CONNOR loc. cit.)
WETZEL, A.: Technische Hydrobiologie, Akad. Verlagsgesellschaft Geest u. Portig, Leipzig, 1969
WILDERER, P.: Die Enzymkinetik als Grundlage der BSB-Reaktion, Karlsruher Berichte zur Ingenieurbiologie, H 2, Universität Karlsruhe, 1969
Manuskripteingang: 20. 12. 1969

Anschrift der Verfasser:

Dr. U. BEHRENS, Inst. f. techn. Chemie (DAW), 705 Leipzig, Permoserstr. 15, DDR
D. C. E. ANTON, VEB Chemische Werke Buna, 4212 Schkopau, DDR

W. Winter, W. Starke, W. Krüger, E. Janetzki

Institut für Wasserwirtschaft, Berlin

Reinigungsmöglichkeiten für die Abwässer der Caprolactamproduktion

Zusammenfassung: Im labortechnischen Maßstab wurden die bei der Caprolactam-Produktion anfallenden Abwässer hinsichtlich ihrer Reinigungsmöglichkeiten untersucht und die wesentlichsten Ergebnisse in technologischen Schemata und Verfahrensbeschreibungen niedergelegt. Für die Anwendung ergaben sich die biologische Reinigung für die Restlaugeabwässer, das Ionenaustauschverfahren für die Ammonsulfatlauge oder die Immobilisierung. In Mitscherlich-Gefäßen durchgeführte Testversuche mit Hafer und Senf erwiesen auch die Möglichkeit der natürlich-biologischen Reinigung derartiger Abwässer durch Bodenbehandlung nach. Hierbei ist ein weitgehender Abbau der Abwasserschmutzstoffe im Boden sowie eine nachhaltige Stickstoffwirkung auf landwirtschaftliche Nutzpflanzen zu erwarten.

Summary: In laboratory technical measure the wastes, which results from Caprolactam production have been tested with regard to its purification possibilities. The important results are compiled in technological scemes and process descriptions. For the residual liquor the biological purification and for ammonsulphate liquor the ion exchange process or immobilization are possible. Tests in Mitscherlich – vessels with oats and mustard proved also the possibility of natural biologic purification of such wastewaters by soil irrigation. On this occasion a vast digestion of wastewater compounds in soil and a lasting nitrogen effect to agricultural plants can be expected.

Резюме: В лабораторных условиях изучали возможности очистки сточных вод производства капролактама. Главные результаты учтены в технологических схемах и в описаниях методов. Биологический сопсоб пригоден для очистки остаточных щелочных сточных вод, ионообменный метод — для щелочного раствора сульфата аммония или для иммобилизации. Проведенные в сосудах Митчерлиха опыты с овсом и горчицей выявили кроме того возможность естественной биологической очистки таких сточных вод почвенным способом. При этом ожидается значительный распад загрязнений сточных вод в почве и стойкое действие азота на сельскохозяйственные культуры.

1. Allgemeines

Bei der Caprolactamproduktion (Abb. 1) (Andreas) fallen drei verschiedene Abwassertypen an, die hier mit AI, AII, und AIII bezeichnet werden und deren wichtigste Beschaffenheitscharakteristiken in Tab. 1 zusammengestellt sind.

AI stellt einen braunen, nach dem Erkalten wachsartigen Destillationsrückstand dar, der vorwiegend aus Caprolactam und Oligomeren besteht. Diese Masse wird vor dem Erkalten im Betrieb mit Wasser verdünnt und im hochkonzentrierten flüssigen Zustand abgeleitet. Ohne Zugabe von Wasser erstarrt die Masse bei etwa +45 °C.

Die bei der Oximierung und Neutralisation anfallende etwa 42%ige Ammonsulfatlauge wird zur Düngemittelerzeugung genutzt. Die Abläufe hiervon werden als AII bezeichnet.

Die beim Produktionsprozeß anfallende Restlauge — mit AIII bezeichnet — stellt auf Grund der Zusammensetzung und Menge für wasserwirtschaftliche Belange die größte Belastung dar.

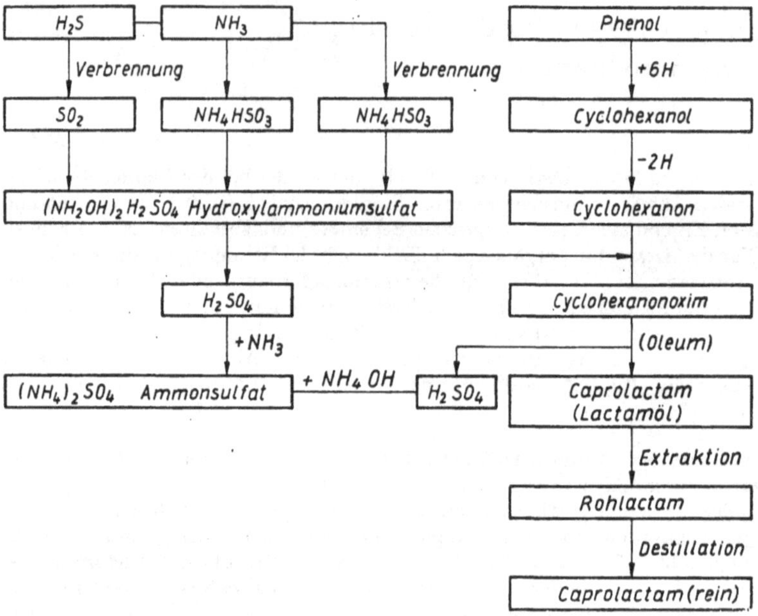

Abb. 1: Einfaches Schema zur Lactamherstellung aus Phenol

2. *Technische Reinigungsmöglichkeiten*

2.1. Experimentelle Untersuchungen

2.1.1. *Abwasser I*

Da der Destillationsrückstand im Verhältnis 1 + 1 mit Wasser verdünnt, ein außerordentlich hoch belastetes Abwasser — durchschnittlicher CSV–Cr von 470000 mg/l — dargestellt, ist es vom wasserwirtschaftlichen Standpunkt günstiger, den Rückstand durch Abkühlen erstarren zu lassen und danach zu verbrennen, als ihn in den wäßrigen Aggregatzustand zu überführen und eine aufwendige Reinigung anzuschließen. Die Möglichkeit der Verbrennung konnte im Labormaßstab bestätigt werden.

Eine Lagerung auf Halde ist unzweckmäßig, da sich die Masse AI relativ schnell im Wasser auflöst. Bei einem Versuch zeigte sich, daß sich 82 g, in 1 l Leitungswasser gebracht, nach 12 h bis auf 7 g gelöst hatten. Der CSV–Cr-Wert dieser Lösung betrug danach 86500 mg/l O_2.

Tabelle 1
Abwassercharakteristik

Abwasser I
feste bräunliche Masse
Hauptbestandteil: Caprolactam

Abwasser II	
CSV-Cr:	200 mg/*l* O_2
NH_4^+:	0,5 g/*l*
SO_4^{--}:	710 mg/*l*
pH-Wert:	3,9
Sink- und Schwebstoffe:	keine
Färbung:	farblos bis schwach gelblich
Klarheit:	klar
Geruch:	geruchlos
Abwasser III	
CSV-Cr:	80000···100000 mg/*l* O_2
CSV-Mn:	13000 mg/*l* O_2
BSB_5:	80000···100000 mg/*l* O_2
$BSBW_{24}$:	90000···100000 mg/*l* O_2
pH-Wert.	3,1···3,5
Sink- und Schwebstoffe.	keine
Färbung:	tiefbraun
Klarheit:	opalescierend, geringe Durchsichtigkeit, ohne Trübung
Geruch:	nach Trichloräthylen, nach kurzem Belüften oder längerem Stehen geruchlos
Abdampfrückstand:	133,5 g/*l*
Caprolactam:	40···50 g/*l*
Trichloräthylen:	Spuren
NH_4^+ (nach Kjeldahl)	13 g/*l*
SO_4^{--}:	29 g/*l*
NO_3^-:	160 mg/*l*
PO_4^{--} (gesamt):	250 mg/*l*
Cl^-:	600 mg/*l*

2.1.2. *Abwasser II*

Der Ablauf der Ammonsulfateindamßfung wies eine relativ erhöhte organische Verschmutzung (CSV–Cr — 200 mg/*l*) auf. Zur Eliminierung des Stickstoffanteils von durchschnittlich 0,5 g/*l* ist die Anwendung des Ionenaustausches am wirksamsten. Die nutzbare Volumenkapazität des Harzes ist relativ gering, so daß dieses Verfahren kaum in der Praxis zur Anwendung gelangen wird. Es ist somit am zweckmäßigsten, dieses Abwasser als Verdünnungswasser der biologischen Reinigung von Abwasser III zuzuführen. In einer Versuchsserie im Labormaßstab konnte bestätigt werden, daß die durch Zuführungvon AIII bedingte Erhöhung der Salzkonzentration — beispielsweise von ca 5 auf 7,8 g/*l* $(NH_4)_2SO_4$, wenn eine Verdünnung von 1:10 zu AIII vorgenommen wird — den Verlauf des biologischen Reinigungsprozesses nicht merklich beeinflußt.

Eine Stickstoffteileleminierung mittels Kalk und Belüftung des Wassers zwecks Ammoniakaustrieb mit nachfolgender Neutralisation mittels unbehandeltem Abwasser AII war nur in geringem Maße zu verzeichnen, da offensichtlich die Pufferwirkung des alkalischen Teils überwog.

2.1.3. *Abwasser III*

2.1.3.1. *Chemische Reinigung*

Für die chemische Reinigung wurden Verfahren zur Extraktion, chemischen Flockung und Sedimentation, Adsorption, Ionenaustausch sowie Oxydation auf ihre Einsatzmöglichkeiten untersucht.

Bei der Flüssig–Flüssig-Extraktion mit bestimmten Lösungsmitteln, die entsprechend der chemischen Verbindungen im Abwasser, ausgewählt wurden, konnten die organischen Inhaltsstoffe einschließlich des Farbanteils nicht eliminiert werden. Eine Überführung dieser Stoffe in die hydrophobe Phase gelang nicht.

Die Versuche zur Flockung und Sedimentation wurden mit einer besonders konstruierten Rührwerksapparatur, bestehend aus 6 1 *l* Meßzylindern, einem stufenlos regelbaren Getriebemotor und Balkenrührer, durchgeführt. Als Flockungsmittel dienten Aluminiumsulfat ($Al_2(SO_4)_3 \cdot 18\ H_2O$), Eisenchlorid ($FeCl_3 \times 6\ H_2O$) oder Magnesiumchlorid ($MgCl_2$), sowie für die pH-Wert-Korrektur Kalk bzw. Schwefelsäure. Zur Beschleunigung des Sedimentationsvorganges kamen anionische Substanzen, wie Polyacrylamid (oder aktivierte Kieselsäure) bzw. kationische Produkte wie Polyimine zum Einsatz. Die Zugabereihenfolge und -zeit der angewandten Chemikalien ließ sich einstellen und konnte zu jedem der sechs Versuche gleichzeitig zugegeben werden.

Da die Hauptbestandteile des zu behandelnden Abwassers überwiegend aus Caprolactam, Oligomeren und deren Zersetzungsprodukten bestanden, wurden vorerst Flockungsversuche mit Modellwässern mit jeweils 100 mg ε-Aminocapronsäure, Dimeres bzw. Hexameres in 1 *l* Wasser gelöst bzw. suspendiert, aus Gründen der Orientierung durchgeführt.

Nachstehend sind die wichtigsten Mittelwerte dieser Versuchsreihen dargestellt, wobei sich der Adsorptionseffekt, gemessen im pH-Bereich von 3,7···8,2, auf 100 mg/*l* eingesetzten Flockungsmitteln bezieht:

	Caprolactam	Dimeres	Hexameres
$Al_2(SO_4)_3 \cdot 18\ H_2O$	16%	25%	16%
$FeCl_3 \cdot 6\ H_2O$	21%	30%	15%
$MgCl_2$	5%	5%	2%

Trotz dieser relativ geringen Adsorptionsraten wurden Flockungsversuche mit dem Abwasser III unter Anwendung von maximal 10 g/*l* Flockungsmittel durchgeführt. Hierbei konnte der CSV-Cr, als Kriterium der Masse der organischen Inhaltsstoffe, nur bis auf maximal 10% vermindert werden. Die Sedimentation verlief stets verzögert. Die infolge der großen Niederschlagsmenge und des hohen Salzgehaltes zu erwartende Ausbildung einer stabilen Kompressionszone sollte durch Zugabe von Sedimentationsbeschleunigern (Polaycrylamid, Polyimin etc.) und langsames Rühren verhindert werden. Beide Verfahrensschritte ergaben nur eine geringfügige Beschleunigung des Sedimentationsvorganges.

Weitere Versuche des mit Chlor vorbehandelten Abwassers III unter Beibehaltung der gleichen Untersuchungsmethodik führten gleichfalls nur zu einer

10%igen Verminderung des CSV-Cr-Gehaltes im geflockten Abwasser. Versuche mit dem Ablauf aus der biologischen Reinigung zwecks Reduzierung der Restverschmutzung erbrachten einen durchschnittlichen Adsorptionseffekt von 13%.

Eine Aufhellung des tiefbraunen Original- und vorbehandelten Abwassers III war nicht zu verzeichnen. Durch Zugabe von Eisensalzen wurde die Farbe des Abwassers infolge Bildungen von Hydroxamverbindungen tiefblau. Umfangreiche Versuche über die Verwendbarkeit und Einsatzmöglichkeit von Pulver- und Kornkohlen mehrerer in- und ausländischer Typen ergaben bedeutungslose Reinigungseffekte und bestätigten somit Arbeiten verschiedenster Fachleute, daß mit Erhöhung des Polymerisations- bzw. Kondensationsgrades die Adsorptionsfähigkeit der Kohlen erheblich abnimmt.

Bei der Anwendung von Adsorptionsharzen der Typen EW bzw. ES konnte festgestellt werden, daß einem relativ guten Adsorptionseffekt von durchschnittlich 45% und einer Farbverminderung im behandelten Abwasser bis zu 95%, die relativ begrenzte Adsorptionskapazität von 150 g CSV-Cr pro 1 *l* Harz gegenüberstand. Nach mehreren Regenerationszyklen, beinhaltend ein Reaktionsgemisch von 10%iger Natriumchloridlösung mit 1%iger Natronlauge für 0,9 *l* Harz und anschließender Spülung mit 0,5%iger Schwefelsäure, verminderte sich die nutzbare Kapazität auf 120 g CSV-Cr/*l* Harz. Gleichzeitig ging der Entfärbungseffekt um 20% zurück. Der hohe Salzgehalt des Abwassers von 133,5 g/*l* trug wesentlich zur Verminderung der Adsorption der organischen Inhaltsstoffe an entsprechenden Adsorptionsharzen bei. Zur Teileliminierung wurde dem Adsorberharz ES ein Kationenaustauscher vom Typ KPS 200 vorgeschaltet. Die wesentlichsten Mittelwerte sind in Tab. 2 zusammengefaßt.

Tabelle 2
Mittelwerte von Adsorptions- und Ionenaustauschversuchen zum Abwasser III

Abwassermenge (*l*)	Adsorptions- und Ionenaustauscheffekt in %		
	Farbe	CSV-Cr	Salzgehalt
0,5	99	75,5	46,5
1,0	99	70	45
1,25	97	70	40
2,0	65	28,5	28,5
2,25	16	0,4	0,8

Durch den Einsatz eines Anionenaustauschers, dem Kationenaustauscher nachgeschaltet, erhöht sich der Entsalzungsgrad um 20%, der jedoch auf den Adsorptionseffekt keinen Einfluß hatte.

In weiteren Versuchsreihen wurde die Wirkung hinsichtlich des chemischen Abbaus der Inhaltsstoffe des Abwassers durch oxydative Behandlung mit Chlor oder Ozon untersucht.

Nach einer Hochchlorung und bis zu 24stündiger Reaktionszeit in verschlossenen Gefäßen, erhöhten sich die CSV–Cr-Werte infolge Bildung von chemischen

Abbauprodukten teilweise um 1000 mg/l O_2. Bei einer Ozonisierungsdauer von 30 min und nach entsprechender Reaktion ist kein Abbau hinsichtlich Verminderung des CSV–Cr-Gehalts festgestellt worden. Die Ozonkonzentrationen betrugen 1,2···2,6 g/l. Das Abwasser III läßt sich nach den chemischen Verfahren der Extraktion, Flockung und Sedimentation, Adsorption und Ionenaustausch sowie der Oxydation nur unbefriedigend reinigen. Die notwendigen chemischen Hilfsstoffe, wie Adsorptions-, Flockungs- und Oxydationsmittel, zur Erreichung entsprechender Reinigungseffekte sind derart hoch, daß die untersuchten Verfahren der chemischen Reinigung für eine Behandlung des Abwassers III aus ökonomisch und teilweise auch technischen Gründen auszuschließen sind.

Aus diesen Erkenntnissen wurden die Möglichkeiten der biologischen Reinigung näher betrachtet und in einem umfangreichen Versuchsprogramm bei variablen Behandlungsmethodiken der jeweilige Reinigungseffekt bestimmt.

2.1.3.2. *Biologische Reinigung*

Die Versuche wurden mit einer Labormodellanlage, bestehend aus einem bis 50 l fassenden Vorratsgefäß, zwei je 5 l-Belebungsbecken, zwei Dortmundbrunnen und einem 100 l-Belüftungsbecken, durchgeführt (Abb. 2 und 3). Der Abwasserzulauf zum Belebungsbecken I erfolgte mittels einer Kolbenpumpe. Der in den beiden Dortmundbrunnen sedimentierte Schlamm wurde mit zwei Schlauchpumpen, die über ein gemeinsames Relais und einem Regelwiderstand geschaltet waren, in die entsprechenden Belebungsbecken zurückgefördert. Die

Abb. 2: Laboranlage zur biologischen Reinigung der Caprolactamabwässer

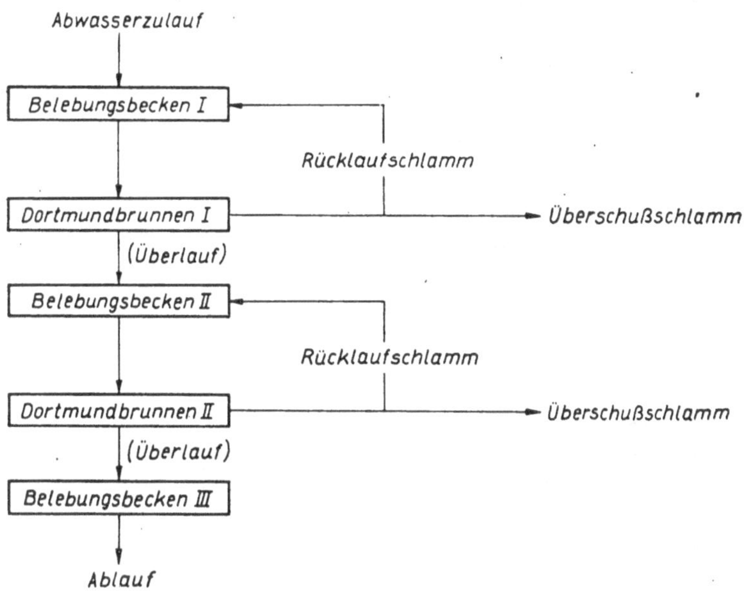

Abb. 3: Fließschema der Modellbelebungsanlage

Arbeitszeiten betrugen dabei 30···180 sec bei Pausenzeiten von 30···60 min. Der Überschußschlamm wurde per Hand abgezogen.

Da das Abwasser III einen hohen Verschmutzungsgrad aufwies, mußte es, vor allem in der Adaptionsphase, mehrfach verdünnt werden. Zu diesem Zweck wurde Leitungswasser verwendet. In der Praxis kann hierfür der Ablauf der Ammoniumsulfateindampfung verwendet werden.

Je nach Verdünnungsverhältnis war eine Zugabe bis 350 mg K_2HPO_4/l als Nährsalz notwendig. Zur Neutralisation des Abwassers (pH-Bereich 6,7···7,3) wurde Ammoniakwasser benutzt.

Die tägliche Kontrolle des Zulaufs und der Abläufe erstreckte sich auf Messungen der Durchsatzmenge, der pH-Werte, des CSV–Cr, der Sauerstoffgehalte, des Schlammvolumens, des Schlammgewichts, des Glührückstandes und des Überschußschlamms.

Hinzu kamen in regelmäßigen Abständen Bestimmungen des BSB nach der Standard-Verdünnungs- und nach der Warburg-Methode (Leibnitz, Behrens, Winter) sowie Ermittlungen der Caprolactamanteile mit Hilfe der Papierchromatographie und des Formol-Verfahrens (Analysenmethode VEB Leuna). Zur Optimierung der Prozeßführung und zur Entwicklung praxisbezogener Parameter wurden insgesamt acht Versuchsserien gefahren. Wegen der Zielstellung und aus Platzgründen kann hiervon leider nur die Versuchsserie etwas näher beleuchtet werden, die am weitesten den praktischen Bedürfnissen nachkommt.

Bei dieser Versuchsserie betrug die durchschnittliche Zulaufkonzentration 8100 mg/l O_2, gemessen am CSV–Cr. Das entsprach einem Verdünnungsverhältnis von 1:10. Bei dieser hohen Belastung wurde der Zulauf im technisch möglichen Rahmen konstant gehalten.

Nachstehend sind die wichtigsten Mittelwerte dieser Versuchsserie aufgeführt:

K_z	(Zulaufkonzentration mg/*l* O_2. Verwendet wurden Begriffe des Fachbereichstandards Abwasser)	
	8110 mg/*l* O_2	CSV-Cr
	8070 mg/*l* O_2	BSB_5
	8200 mg/*l* O_2	$BSBW_{24}$
Q	(Beschickung *l*/d)	
	18 *l*/d	
D_h(BBI)	(Belüftungszeit = Aufenthaltszeit im Belebungsbecken I in h)	
	6,7 h	
B_R(BBI)	(Raumbelastung mg/*l* · d)	
	28300 mg/*l* · d	CSV-Cr
	28260 mg/*l* · d	BSB_5
K_A(BBI)	(Ablaufkonzentration mg/*l* O_2)	
	3510 mg/*l* O_2	CSB-Cr
	1650 mg/*l* O_2	BSB_5
	1710 mg/*l* O_2	$BSBW_{24}$
ΔB_R(BBI)	(Abbauleistung mg/*l* · d)	
	16470 mg/*l* · d	CSV-Cr
	24960 mg/*l* · d	BSB_5
SV_R(BBI)	(Schlammvolumen m*l*/*l* nach 30 min Absetzzeit)	
	930 m*l*/*l*	
ST_R(BBI)	(Schlammtrockensubstanz mg/*l*)	
	4880 mg/*l*	
D_h(BBII)	(Belüftungszeit im Belebungsbecken II)	
	6,7 h	
K_A(BBII)	2270 mg/*l* O_2	CSV-Cr
	620 mg/*l* O_2	BSB_5
	690 mg/*l* O_2	$BSBW_{24}$
ΔB_R(BBII)	4430 mg/*l* · d	CSV-Cr
	3640 mg/*l* · d	BSB_5
SV_R(BBII)	830 m*l*/*l*	
ST_R(BBII)	7340 mg/*l*	
D_h(BBIII)	(Belüftungszeit im Belebungsbecken III)	
	5,5 d	
K_A(BBIII)	2030 mg/*l* O_2	CSV-Cr
	300 mg/*l* O_2	BSB_5
	470 mg/*l* O_2	$BSBW_{24}$
ΔB_R(BBIII)	mg/*l* O_2	CSV-Cr
	mg/*l* O_2	BSB_5
RS(BIII)	(Restverschmutzung in Prozent)	
	25%	CSV-Cr
	4%	BSB_5

Die Carpolactammenge verringerte sich bei dieser Versuchsserie im Durchschnitt von ca. 4,6 g/*l* im Zulauf auf etwa 1,5 g/*l* bzw. 0,4 g/*l* in den Abläufen der Becken I und II.

Für die einzelnen Reinigungsstufen ergaben sich gemessen nach der Bichromat-Halbmikromethode und nach dem BSB-Standard-Verdünnungsverfahren folgende Reinigungsgrade:

BBI	57% nach CSV-Cr
	80% nach BSB_5
BBII	35% nach CSV-Cr
	62% nach BSB_5
BBIII	10% nach CSV-Cr
	52% nach BSB_5
Gesamt	(BBI + II + III)
	75% nach CSV-Cr
	96% nach CSV-Cr
BBI + II	72% nach CSV-Cr
	92% nach BSB_5

Wie die Ergebnisse zeigen, wurden bei konstanten Beschickungen und Rekordraumbelastungen außerordentlich hohe Raumabbauleistungen vor allem im Becken I erhalten. Während anhand der BSB-Messungen gute Abbauwerte erzielt wurden, lagen die mit der CSV–Cr-Methode ermittelten nicht so günstig. Diese Diskrepanz erklärte sich aus der Tatsache, daß nach der biologischen Behandlung Abbauprodukte entstanden, die nicht mit dem BSB, wohl aber mit der chemischen Bestimmungsmethode erfaßt wurden.

Die Sauerstoffwerte waren mit über 1 mg/*l* in allen Becken ausreichend. Täglich mußten 1···2 *l* Überschußschlamm abgelassen werden. Der Belebtschlamm sedimentierte trotz der hohen Belastung gut. Bedingt durch die hohen Zulaufkonzentrationen und biochemischen Umsetzungsraten trat eine erhebliche Schaumbildung auf. Diese Tatsache muß bei großtechnischer Betriebsweise derart Berücksichtigung finden, daß entweder die Beckenwand höher gezogen oder mit Antischaummitteln, die sich in offenen Rinnen wenige Zentimeter über der Wasseroberfläche der Belüftungsbecken befinden, gearbeitet wird. Möglich wäre für diesen Zweck auch eine Berieselung mit dem Abwasser des Belebungsbeckens selbst.

Wie in den vorangegangenen Versuchsserien wurde die braune Farbe des Abwassers in ihrer Intensität auch nach Passieren der letzten Reinigungsstufe nicht gemindert. Dasselbe Verhalten fand Pitter, der selbst bei von ihm empfohlenen Verdünnungen von 1:200 keine Reduzierung der Farbgebung erzielen konnte; die Reinigungswirkungen betrugen dabei 98% BSB und 70% CSV–Cr. Die dritte Reinigungsstufe, die auf Grund ihrer hohen Aufenthaltszeit von durchschnittlich 5,5 d eine Art sogenannten Stabilisierungsteich darstellte, brachte nicht den gewünschten Effekt, so daß sie für die Praxis nicht infrage kommt.

In einer weiteren Versuchsreihe, die mit einem Verdünnungsverhältnis von nur 1:7,5 gefahren wurde, konnten auf Grund eines hohen Flockungseffektes und der teilweisen Abtötung von Mikroorganismen, keine stabilen Verhältnisse mehr erzielt werden.

Als technisch und ökonomisch günstigste Zulaufkonzentration erwies sich unter der Voraussetzung einer zweistufigen Arbeitsweise, die von etwa 8000 mg/*l*

CSV–Cr bzw. BSB_5, was einer Verdünnung des Originalwassers III von 1:10 entspricht.

2.1.3.3. *Immobilisierung*

Als weitere Behandlungsmethode für das Abwasser III bot sich die der Immobilisierung an. Das ist eine im Wirtschaftspatent 69775 (Starke, Winter) niedergelegte Erfindung, die eine Verfestigung aller Art ermöglicht. Auf diese Weise wird jegliche Verschmutzung von Vorflutern vermieden.

Der Erfindung liegt die Aufgabe zu Grunde, den Abwasserkörper durch Hydrogelierung infolge Aufbau eines lockeren Silikatnetzwerkes zu verfestigen. Nach wenigen Tagen ist die natürliche Entwässerung des Gels bis zum krümel- und streufähigen Endprodukt, das alle Abwasserinhaltsstoffe gebunden enthält, abgeschlossen.

Untersuchungen zur Immobilisierung von Abwasser III ergaben, daß eine Zugabe von 10 Vol. % Wasserglas zum A III zur vollständigen Hydrogelierung führt, die nach spätestens 2 min abgeschlossen ist. Danach wurde das Gel aus dem Reaktionsgefäß gestülpt. Während der Lufttrocknung gab der verfestigte Abwasserkörper ca. 10% Tropfwasser ab, das dem Reaktionsgefäß wieder zugeführt werden mußte.

2.2. Folgerungen

Von den untersuchten Verfahren sind für die technische Reinigung der Abwässer aus der Caprolactamproduktion die Verbrennung von A I, eine Behandlung mit Ionenaustauschern und Adsorptionsharzen (nur notwendig bei hohen Anforderungen an die Vorflutqualität) bzw. Verwendung als Verdünnungswasser von A II und eine zweistufige biologische Behandlung im Belebungsbecken bzw. eine Immobilisierung von A III anwendbar.

Die Techniken der Verbrennung, die der Ionenaustausch- bzw. Adsorptionsharzbehandlung und die der biologischen Reinigung sind so ausgereift, daß ein großtechnischer Betrieb in weiterem Rahmen als gesichert angesehen werden kann. Der anfallende Belebtschlamm läßt sich als Eiweißquelle nutzen.

Die Immobilisierung beinhaltet ein neues, zwar kostenintensives aber in seiner Leistung bestechendes Verfahren. Notwendig ist hierbei die Bereitstellung größerer Mengen Natriumsilikat, die beschaffbar, aber bei dem Hersteller (VEB Wasserglasfabrik Wurzen. 125···160 M/t) rechtzeitig angemeldet werden müssen.

2.3. Technologische Schemata einschließlich Verfahrensbeschreibungen

Die Abwasserbehandlungsweisen sind unabhängig von der Höhe der Caprolactamproduktion in den Grenzen von 5000···50000 t/a. Die Berechnung der Anlagenteile für zwei ausgewählte technologische Lösungen (A und B) bezieht sich auf die kleinste Produktionseinheit von 5000 t Caprolactam/a.

Variante A

Biologische Reinigung in zwei hintereinander geschalteten Belebungsbecken (Abb. 4).

Verfahrens- und Mengenbeschreibung

A I: Wird nach Abkühlung, die zur Erstarrung des Abwassers zu einer festen Masse führt, in eine Verbrennungsanlage gebracht;

A II: Dient als Verdünnungswasser.

A III: Biologische Reinigung

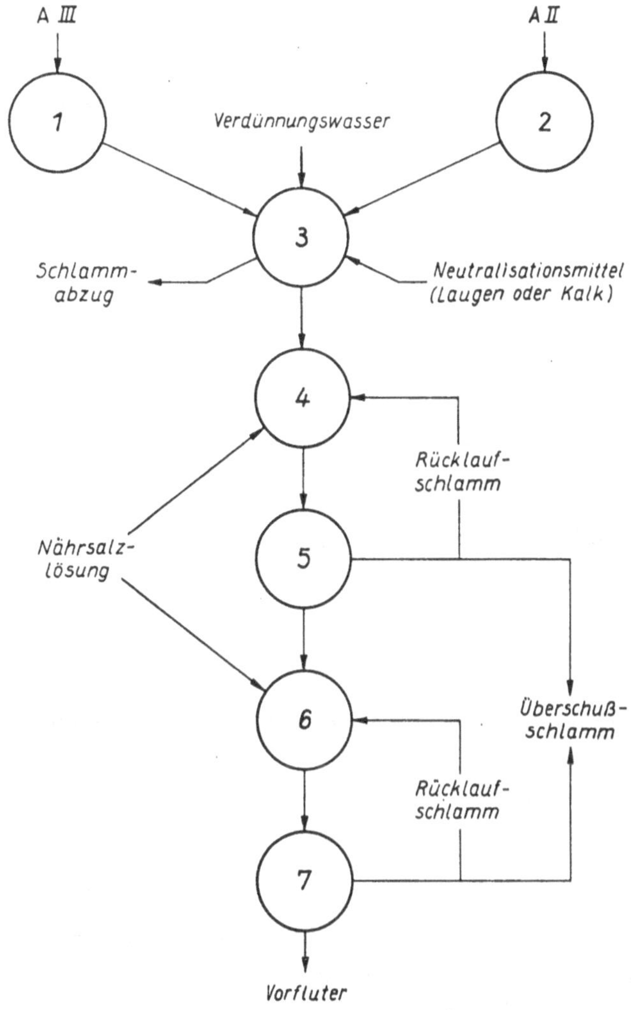

Abb. 4: Technologische Schema zur Variante *A*

1. Stapelbecken für A III
   7,5 m³/d.
2. Stapelbecken für A II
   21 m³/d.

Verdünnungswasser : Betriebswasser

3. Misch- und Neutralisationsbecken:
   75 m³/d

Mischverhältnis:

A III : A II : Verdünnungswasser = 1,0 : 2,8 : 6,2.

Neutralisationsmittel:

Laugen oder Kalk zur Einstellung des pH-Wertes im Mischwasser in den Grenzen 6,5···7,5. Mengenverhältnis: 25 kg NaOH/d oder 17 kg CaO/d.

4. Belebungsbecken I mit Druck- und Oberflächenbelüftung
   21,1 m^3
   Belüftungszeit: 6,8 h.

Vorrichtung zur Bekämpfung des Schaums, der im Belebungsbecken zeitweise auftreten kann:

a) Antischaummittel im offenen Gerinne oder
b) Besprühen mit Abwasser aus dem Belebungsbecken

Nährsalze:
   für Belebungsbecken I: 600 g P/d
   für Belebungsbecken II: 250 g P/d
   (zeitweise).

5. Nachklärbecken I
   Oberflächenbelastung: 3,2 m^3.
6. Belebungsbecken II mit Druck- und Oberflächenbelüftung 21,2 m^3.
7. Nachklärbecken II
   Oberflächenbelastung: 3,2 m^3.

Überschußschlamm zur Ausfaulung oder Wertstoffgewinnung
Restverschmutzung der Abläufe:
   600 mg/*l* O_2 BSB_5
   1,1 g/*l* NH_4.

Variante B

Immobilisierung des Abwassers III und chemische Reinigung durch Ionenaustausch für A II (Abb. 5).

Verfahrens- und Mengenbeschreibung

A I: wie bei Variante A

1. Stapelbecken für A III
   7,5 m^3/d.
2. Wechselseitig betriebene Reaktionsbehälter mit Rühreinrichtung und Vorrichtung zur Entnahme des Gels. Volumen ca. je 1 m^3.
3. Trockenplatz mit Dränage für Gel.
4. Stapelbecken für A II
   21 m^3/d.
5. Entsalzungsfilter
   Austauschsorte: Kationenaustauscher Wofatit KPS 200
   Austauschmenge: 600 *l*
   Filtrationsgeschwindigkeit: 1,5 m/h
   Regenerierung: Bei Na–Form–NaCl-Lösung
   Bei H–Form–H_2SO_4

Regenerat: Wird entweder zur Düngemittelfabrik bzw. direkt zur landwirtschaftlichen Verwertung gebracht oder dem Stapelbekken I zugeführt.

Restverschmutzung der Abläufe: 0 mg/l O_2 BSB_5, 100 mg/l NH_4^+.

3. *Möglichkeiten der Reinigung oder Beseitigung durch Bodenbehandlung*

3.1. Theoretische Überlegungen

Als weitere Möglichkeit der Reinigung der Abwässer aus Caprolactamanlagen wurde das Verfahren der Abwasserbodenbehandlung in die Untersuchungen

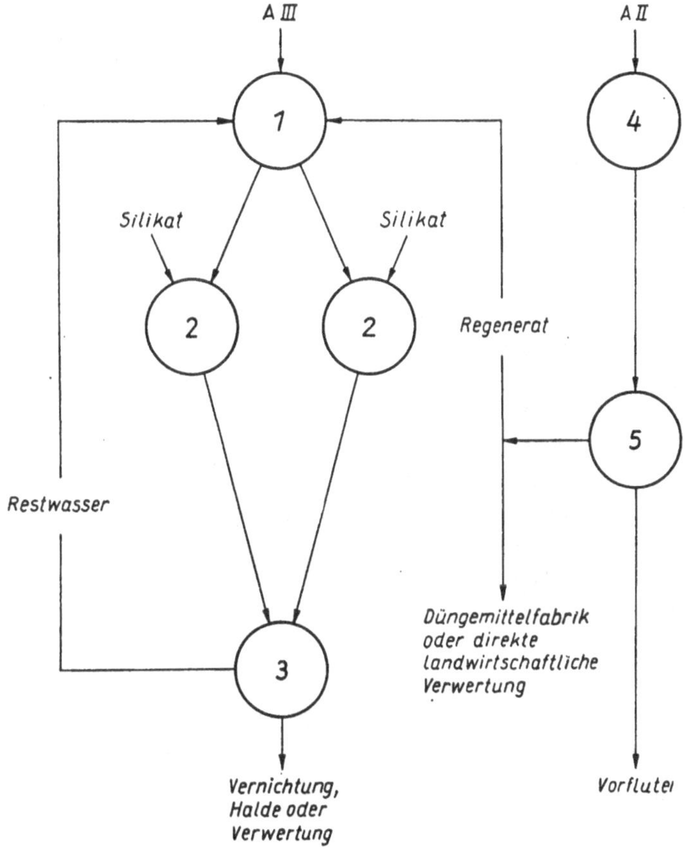

Abb. 5: Technologisches Schema zur Variante *B*

einbezogen. Die Abwasserbodenbehandlung umfaßt gleichzeitig die zweite und dritte Stufe der Abwasserreinigung, d. h. sie bewirkt sowohl den Abbau der organischen Substanz als auch die Herausnahme der Nährstoffe aus dem Abwasser bzw. deren merkliche Verminderung. Bei den Abwässern aus Caprolactamanlagen kommt dem eine besondere Bedeutung für den Abwasserstickstoff bzw.

dessen Elimination zu. Ein maximaler wasserwirtschaftlicher Effekt wäre bei möglicher landwirtschaftlicher Nutzung der Behandlungsflächen zu erwarten, d. h. wenn die Abwassernährstoffe über die landwirtschaftliche Nutzpflanze dem natürlichen Stoffkreislauf wieder zugeführt werden könnten. Damit würde gleichzeitig ein maximaler volkswirtschaftlicher Nutzen erzielt werden (Krüger).

Wie bei den ammoniakreichen Abwässern der kohleveredelnden Industrie bieten sich auch hier zwei Varianten der Bodenbehandlung an, einmal die Verwendung möglichst konzentrierter Abwässer als Stickstoffvorratsdüngung auf die rauhe Furche oder außerhalb der Vegetationszeit und zum anderen die Anwendung eines vorbehandelten, in der Regel verdünnten Abwassers als Bewässerungswasser auch während der Vegetationszeit. Unter gegebenen Umständen ist eine Kombination beider Varianten ebenfalls denkbar. Während Abwasser III bei den nachfolgenden Untersuchungen als Stickstoffdüngemittel und als Bewässerungswasser verwendet wurde, stand Abwasser I nur als Stickstoffdüngemittel in Prüfung.

3.2. Versuchsbeschreibung

Die Untersuchungen wurden auf der Forschungsstelle Lauchhammer des Instituts für Wasserwirtschaft als Mitscherlich-Gefäßversuche mit folgenden Grundkennwerten durchgeführt:

Bodensubstrat:	schwach humoser, anlehmiger Sand + 10% Quarzsand, insgesamt 7 kg Boden/Gefäß.
Grunddüngung:	0,5 g/Gefäß N als NH_4NO_3 1,5 g/Gefäß P_2O_5 als $CaHPO_4$ 2,0 g/Gefäß K_2O als K_2SO_4 2,5 g/Gefäß CaO als $CaCO_3$ 10 ml/Gefäß einer Spurenelementlösung
Wasserversorgung:	Die Gefäße wurden täglich mit Klarwasser auf Durchlauf gegossen, die Durchläufe wurden den Gefäßen wieder zugeführt.
Wiederholungen:	Vier
Versuchspflanzen:	Deutsches Weidelgras, pikiert, 25 Pfl./Gefäß Hafer, gesät, 25 Pfl./Gefäß Senf, gesät, 25 Pfl./Gefäß

Folgende Versuchsvarianten wurden geprüft:

3.2.1. *Abwasser III (Restlauge)*

3.2.1.1. *Als Vorratsdüngung* vor der Aussaat in den Formen:

a) Originalabwasser flüssig,
b) Originalabwasser immobilisiert und luftgetrocknet.

Als Versuchspflanzen dienten Hafer als Hauptfrucht und Senf als Nachfrucht.

Die Abwassermengen sind auf den Gehalt an Abwasserstickstoff bezogen worden und betrugen für:

V_1 = 0,0 g/Gefäß N entsprechend	a)	0 ml bzw. b)	0 g/Gefäß Abwasser
V_2 = 1,0 g/Gefäß N entsprechend		91 ml bzw.	77 g/Gefäß Abwasser
V_3 = 2,0 g/Gefäß N entsprechend		182 ml bzw.	144 g/Gefäß Abwasser
V_4 = 4,0 g/Gefäß N entsprechend		364 ml bzw.	288 g/Gefäß Abwasser
V_5 = 8,0 g/Gefäß N entsprechend		728 ml bzw.	576 g/Gefäß Abwasser

3.2.1.2. *Als Bewässerungswasser*

Aufbereitung des Originalabwassers durch Verdünnung. Die Versuchspflanzen Hafer und Senf wurden als Hauptfrüchte geprüft. Die Konzentrationen sind ebenfalls auf den Gehalt an Abwasserstickstoff bezogen worden und betrugen:

K_1 = 0% Abwasseranteil	=	0,0 mg/l bzw.	0,0 g/Gefäß N
K_2 = 1% Abwasseranteil	=	110 mg/l bzw.	0,34 g/Gefäß N
K_3 = 2% Abwasseranteil	=	220 mg/l bzw.	0,67 g/Gefäß N
K_4 = 5% Abwasseranteil	=	550 mg/l bzw.	1,73 g/Gefäß N
K_5 = 10% Abwasseranteil	=	1100 mg/l bzw.	3,45 g/Gefäß N
K_6 = 50% Abwasseranteil	=	5500 mg/l bzw.	17,27 g/Gefäß N

3.2.2. *Abwasser I (Destillationsrückstand)*

Abwasser I wurde in fester Form als Stickstoffdüngemittel dem Boden gemahlen beigemischt.

Die Versuchspflanzen Deutsches Weidelgras und Hafer dienten als Hauptfrucht während Senf als Nachfrucht nach Hafer die Stickstoffnachwirkung prüfen sollte. Die nachfolgenden Prüfglieder sind wiederum auf den Stickstoffgehalt des Abwassers (10,8% N) bezogen worden und betrugen:

D_1 =	0,0 g N entspricht	0,0 g/Gefäß Abwassersubstrat
D_2 =	0,5 g N entspricht	4,63 g/Gefäß Abwassersubstrat
D_3 =	0,75 g N entspricht	6,95 g/Gefäß Abwassersubstrat
D_4 =	1,00 g N entspricht	9,26 g/Gefäß Abwassersubstrat
D_5 =	1,50 g N entspricht	13,89 g/Gefäß Abwassersubstrat
D_6 =	2,00 g N entspricht	18,52 g/Gefäß Abwassersubstrat
D_7 =	4,00 g N entspricht	37,04 g/Gefäß Abwassersubstrat
D_8 =	6,00 g N entspricht	55,56 g/Gefäß Abwassersubstrat
D_9 =	8,00 g N entspricht	74,08 g/Gefäß Abwassersubstrat
D_{10} =	10,00 g N entspricht	92,60 g/Gefäß Abwassersubstrat

3.3. Diskussion der Versuchsergebnisse

3.3.1. *Abwasser III*

3.3.1.1. *Verwendung als Stickstoffdüngemittel*

Die Reaktion der Versuchspflanzen bei der Verwendung des Abwassers als Düngemittel ist der Tab. 3 zu entnehmen.

Der Hafer zeigt mit zunehmender Abwassergabe zunächst eine steigende Ertragskurve, die nach Erreichen des Scheitelpunktes bei 1,0 g N/Gefäß stark abfällt und zwischen 2,0 und 4,0 g N/Gefäß eine irreversible Wachstumshemmung

Tabelle 3
Versuch Abwasser III als Stickstoffvorratsdüngung
Pflanzensubstanz in g/Gefäß Tr. 5

Lfd. Nr.	Versuchsvariante in g/Gefäß N bzw. Grenzdifferenz	Originalabwasser flüssig		Originalabwasser immobilisiert, getrocknet	
		Hafer	Senf	Hafer	Senf
1	0,0	33,88	1,80	33,88	1,80
2	1,0	46,48	9,40	51,23	8,80
3	2,0	36,13	4,20	0,00	18,60
4	4,0	0,00	0,00	0,00	0,00
5	8,0	0,00	0,00	0,00	0,00
$GD = P = 5\%$		3,55	2,37	3,55	2,37

nachweist. Hierbei scheint der abfallende Ast für das immobilisierte Abwasser wesentlich steiler zu verlaufen als für das Originalabwasser, was durch den Kieselsäureanteil bedingt sein könnte; er beträgt bei eintretender negativer Wirkung zwischen 1,0···2,2 g/Gefäß SiO_2. Die negative Wirkung der Abwasserbehandlung zwischen 2···4 g N/Gefäß ist sicher nicht auf die Stickstoffbelastung zurückzuführen. Bei analogen Stickstoffsteigerungsversuchen mit Mineraldünger liegt das Ertragsmaximum bei ca. 4 g N/Gefäß. Da toxische Stoffe im Abwasser direkt nicht nachweisbar sind, kann die negative Wirkung nur durch zu starke Sauerstoffzehrung (Sauerstoffmangel im Boden) der BSB_5 betrug im kritischen Bereich bei der Flüssigdüngung 8000 mg/*l* oder durch beim Abbau im Boden entstehende, toxisch wirkende Zwischenprodukte bedingt sein. Dagegen scheint sich bei der Nachfrucht Senf der Scheitelpunkt der Ertragskurve für das immobilisierte Abwasser auf 2,0 g N/Gefäß zu verschieben. Hierfür kann nicht allein die verlängerte Karenzzeit verantwortlich sein, denn beim Originalabwasser flüssig konnte dieses Verhalten des Senfs nicht beobachtet werden. Als Fazit des Düngungsversuches ist festzuhalten, daß die Pflanze der Anwendung derartiger Abwässer für Düngezwecke nach anfänglich positiver Reaktion in der spezifischen Flächenbelastung relativ enge Grenzen setzt. Übertragbare Grenzwerte für die Praxis sind aus dem vorliegenden Material noch nicht abzuleiten.

3.3.1.2. *Verwendung als Bewässerungswasser.*

Die Abwassergabe von insgesamt 100 mm erfolgte innerhalb von zehn Tagen in fünf Einzelgaben.

Sie wurde für Hafer dreiundfünfzig Tage und für Senf zwanzig Tage nach der Aussaat verabreicht.

Auch bei der Verwendung als Bewässerungswasser zeigen die Versuchspflanzen Hafer und Senf die gleiche Ertragstendenz wie bei der Düngung. Die Auswertung in der Tab. 4 zeigt den Scheitelpunkt der Ertragskurve zwischen 2 und 3% Abwasseranteile im Bewässerungswasser versp. 110···220 mg/*l* N, das entspricht 0,3···0,7 g N/Gefäß.

Tabelle 4
Versuch Abwasser III als Bewässerungswasser

Lfd. Nr.	Versuchsvariante in g/Gefäß N bzw. Grenzdifferenz	Originalabwasser	
		Hafer	Senf
1	0,0	36,8	19,4
2	0,335	43,9	26,1
3	0,670	40,1	25,4
4	1,727	37,7	9,5
5	3,454	0,0	0,0
6	17,270	0,0	0,0
GD = *P* = 5%		3,33	3,33

Eine total toxische Wirkung wird bei einem Abwasseranteil von 5···10% bzw. 550···1100 mg/*l* N, das entspricht 1,7···3,5 g N/Gefäß erreicht.

Das negative Verhalten der Pflanze dürfte in den gleichen Kausalitäten begründet liegen wie bei der Düngung, denn diese Effekte werden mit analogen Werten bei der Mineraldüngung weder für die Stickstoffkonzentration noch für die absolute Stickstoffmenge erreicht.

Wenn die Festsetzung von Grenzwerten für die Praxis hier ebenfalls noch nicht möglich ist, so deuten die Versuche doch die Möglichkeit der Verwendung des Abwassers III auch als Bewässerungswasser an.

3.3.2. *Abwasser I*

Die Ergebnisse des Düngungsversuches mit Abwasser I sind für Hafer mit der Nachfrucht Senf sowie für das Deutsche Weidelgras in Tab. 5 wiedergegeben. Sie zeigen in der Tendenz ähnliche Ertragskurven, wie sie beim Düngungsversuch mit Abwasser III erzielt worden sind. Die Scheitelpunkte der Ertragskurven liegen für Hafer bei 0,75···1 g N/Gefäß und für Deutsches Weidelgras bei

Tabelle 5
Versuch Abwasser I als Stickstoffvorratsdüngung

Nr.	Versuchsvariante in g/Gefäß N Grenzdifferenz	Versuchspflanzen		Deutsches Weidelgras			
		Hafer	Senf	Gesamt	1.	2.	3.
1	0,0	34,13	2,30	26,53	18,73	6,60	1,20
2	0,5	32,95	4,98	31,75	19,30	9,80	2,60
3	0,75	38,05	6,78	33,60	19,88	10,85	2,88
4	1,00	35,48	7,25	35,25	20,38	11,65	3,28
5	1,50	33,33	11,63	37,63	19,68	14,13	3,83
6	2,00	27,68	12,50	43,40	23,13	15,13	5,15
7	4,00	4,23	15,08	51,28	17,10	25,33	8,85
8	6,00	0,00	1,95	18,40	3,63	8,58	6,20
9	8,00	0,00	0,00	0,00	0,00	0,00	0,00
10	10,00	0,00	0,00	0,00	0,00	0,00	0,00
Grenzdifferenz *GD* = *P* = 5%		7,84	3,45	7,84	3,77	3,77	3,77

2···4 g N/Gefäß. Gesicherte Ertragsdepressionen zeigen der Hafer bei 2···4 g N/Gefäß und das Gras bei 4···6 g N/Gefäß. Bei Gaben von 6...8 g N/Gefäß treten sowohl beim Hafer als auch beim Gras irreversible Totalschäden auf.

Die Prüfung der Nachwirkung mit Senf deutet ebenso wie das Verhalten des zweiten und dritten Aufwuchses beim Gras durch Verschieben der Ertragskurve zum höheren Belastungsbereich auf einen Abbau depressiv wirkender Substanzen hin. Damit scheint die Karenzzeit zwischen Düngung und Aussaat in gewissen Belastungsgrenzen für das Wachstum der Pflanze von Bedeutung zu sein.

Dies wird auch durch den Grasversuch bestätigt, der anfangs versehentlich unmittelbar nach der Düngung pikiert worden war und die Jungpflanzen bereits bei der geringsten Belastung absterben ließ.

Auch der Düngungsversuch mit Abwasser I bestätigt die Möglichkeit der Reinigung und Verwertung derartiger Abwässer durch Bodenbehandlung. Er läßt gewisse Grenzbereiche erkennen, erlaubt jedoch noch keine Festsetzung übertragbarer Kennwerte für die praktische Anwendung des Verfahrens.

3.4. Folgerungen

Die vorstehend beschriebenen MITSCHERLICH-Gefäßversuche zeigen Möglichkeiten zur natürlich-biologischen Behandlung der in Caprolactamanlagen anfallenden Abwässer durch Bodenbehandlung auf. In begrenzten Belastungsbereichen ist die Verwendung des Abwassers III als Düngemittel und als Bewässerungswasser und die des Abwassers I wegen seiner festen Konsistenz ausschließlich als Düngemittel möglich. Hierbei wirkt die Abwassergabe in Abhängigkeit von Stickstoffgehalt stimulierend auf den Pflanzenertrag. Oberhalb dieses Bereiches treten durch toxische Effekte Wachstumsdepressionen an Pflanzen auf, deren primäre Ursachen nicht eindeutig geklärt werden konnten.

Das vorliegende Versuchsmaterial erlaubt derzeitig noch keine Festlegung von Grenzwerten für die praktische Anwendung. Sie sind von verschiedenen Faktoren abhängig, wie z. B. Pflanzenart, Bodenart oder Karenzzeit, deren Einfluß noch zu prüfen ist. Hierzu sind ergänzende Gefäß- und Feldversuche erforderlich.

Obwohl außerhalb des für landwirtschaftliche Kulturpflanzen toxischen Grenzbereiches ein natürlich-biologischer Abbau der Schmutzstoffe im Boden zu erwarten ist, wäre bei künftigen Untersuchungen zusätzlich den wasserwirtschaftlichen Fragen Rechnung zu tragen.

Die Technologie der Verteilung des Abwassers III wäre sowohl in flüssiger als auch in immobilisierter und getrockneter Form unproblematisch, dagegen werden beim Abwasser I wegen seiner in erkaltetem Zustand festen Konsistenz zunächst noch gewisse Schwierigkeiten bei der Zerkleinerung gesehen.

Die Vorteile des Verfahrens dürften zunächst vorwiegend auf wasserwirtschaftlichem Gebiet liegen, indem es einen maximalen Reinigungseffekt sowohl hinsichtlich des Abbaues der organischen als auch der mineralischen Inhaltsstoffe erzielt. Als Düngemittel für die Landwirtschaft dürfte es im Vergleich zum Mineraldünger auf Grund des relativ geringen Stickstoffgehaltes und seiner teilweise nur langsam löslichen Form sowie bezüglich der bei höheren Gaben zu erwartenden toxischen Effekte vorerst noch von geringem Interesse sein.

Literatur

Analysenmethode des VEB Leuna-Werke 1966

ANDREAS, F.: Über die Entwicklung der Caprolactamherstellung in den Leunawerken. Chem. Techn. **18**, *10* (1966), 608

KRÜGER, W.: Untersuchungen über die Eignung der Bodenbehandlung als Endreinigung für Abwässer der kohleveredelnden Industrie. Mitt. d. Inst. f. Wasserwirtsch. **24** (1966), 154

LEIBNITZ, E., U. BEHRENS und W. WINTER: Die Bestimmung des biochemischen Sauerstoffbedarfs (BSB) von toxischen Wässern (Schwefelwässern) mit der Warburg-Apparatur. Wasserwirtsch.-Wassertechn. 8, *9* (1958), 40

PITTER, P.: Biologicke sestemi rafinatuz extrakoe kaprolaktamu (Biologische Reinigung des Raffinats aus der Caprolactamextraktion), Chemicky prumysl, **16** (41) *4* (1966), 225

STARKE, W. und W. WINTER: Verfahren zur Behandlung von Abwässern und wäßrigen Rückständen, WP 69775 85c/128524, v. 22. 11. 1967/5. 11. 1969

Manuskripteingang: 26. 12. 1969

Anschrift der Verfasser:

Dr. rer. nat. W. WINTER, Ing.-chem. W. STARKE, Dr. agr. W. KRÜGER, sgl. E. JANETZKI
Institut für Wasserwirtschaft, 119 Berlin, Schnellerstr. 140, DDR

J. Nowacki

Polnische Akademie der Wissenschaften
Forschungsinstitut für den Oberschlesischen Industriebezirk — Zabrze

Die Aminosäuren des Belebtschlammes aus Sulfatcelluloseabwässern*)

Zusammenfassung: Es werden die Ergebnisse aus Modellversuchen zur biologischen Reinigung von Sulfatcelluloseabwässern mitgeteilt, wobei insbesondere die Bildung der verschiedenen Aminosäuren im Belebtschlamm in Abhängigkeit von der Nährsalzzugabe und ihr Einfluß auf die Reinigungswirkung das Ziel der Untersuchungen waren. Die Menge der gebildeten freien Aminosäuren kann als Indikator für die richtige Bemessung der Stickstoff- und Phosphorzugaben als Anhalt dienen.

Summary: Results of model tests for biological purification of sulphate pulp wastewater are told. The object of the investigations was the formation of different amino acids in activated sludge in dependence of nutrient material dosage and its influence to the purification efficiency. The quantity of free amino acid is an indicator for the right dosage of nitrogen and phosphorus.

Резюме: Сообщаются результатымо дельных опытов по биологической очистке сточных вод производства сульфатной целлюлозы. Особое внимание уделялось образованию различных аминокислот в активном иле в зависимости от добавки питательных солей и их влиянию на степень очистки сточных вод. Количество образовавшихся аминокислот может служить индикатором правильной дозировки азота и фосфора.

Einleitung

In bisherigen Untersuchungen wurde der Zusammensetzung des Belebtschlammes verhältnismäßig wenig Aufmerksamkeit gewidmet, obwohl wissenschaftliche Arbeiten über seine anorganische wie auch organische Zusammensetzung oft veröffentlicht wurden (Hartmann 1960, 1963; Hattingen 1963a, 1963b). Aminosäuren sind bisher nur als Randproblem und hauptsächlich als Adaptationsproblem des Belebtschlammes betrachtet worden, wobei Lösungen einzelner Aminosäuren zur Anwendung kamen. Die ersten Veröffentlichungen über den Aminosäuregehalt im Belebtschlamm sind nach Sastry 1939 erschienen. Rudolfs und Heinemann untersuchten damals die Wachstumssubstanzen im Belebtschlamm. Sastry u. a. hatten 1953 keine Aminosäuren im Abfluß aus den städtischen mit Belebtschlamm arbeitenden Kläranlagen festgestellt. Andere Veröffentlichungen zu diesem Thema in den Jahren 1951···1953 enthielten widersprüchliche Angaben und unterschieden nicht freie und gebun-

*) Vortrag, gehalten auf der Jahrestagung des Fachverbandes Wasserchemie der Chemischen Gesellschaft in der DDR, Leipzig, April 1969

dene Aminosäuren. 1958 haben SYMONS und MCKINNEY in den Untersuchungen über Biochemie der Stickstoffsynthese im Belebtschlamm, der in einer Natriumacetatlösung bei Anwesenheit von 37,5 und 50,0 mg/*l* N arbeitete, 17 Aminosäuren im Hydrolysat chromatographisch (zweidimensionales Verfahren) festgestellt. Bei 12,5 mg/*l* N wurden vierzehn und ohne Stickstoffzugabe nur zwölf Aminosäuren festgestellt.

Bei Anwendung von Glycine und Serine als Stickstoffquelle konnte MORGAN beweisen, daß Harnstoff als Donator der Aminogruppe für die Bildung der Eiweißsubstanz besser ist als die einfachen Aminosäuren.

1960 publizierten SASTRY, SUBRAHMANGAN, PILLAI und RAO ihre Arbeiten über den Aminosäuregehalt im Abwasser und Belebtschlamm. Im Belebtschlamm bestimmten sie 8,1 mg/g freie Aminosäuren. Die städtischen Abwässerenthielten 0,73 mg/g Trockensubstanz freie und 88,4 mg/g gebundene Aminosäuren.

Im gleichen Jahre publizierte JURSIK die Untersuchungsergebnisse über den Gehalt an freien und gebundenen Aminosäuren in städtischen Abwässern, Schlämmen und im Belebtschlamm mit Anwendung der Papierchromatographie (eindimensionales Verfahren). Die Summe beider Arten der Aminosäuren betrug 282 mg/g Trockensubstanz.

CARLSON und POLKOWSKI untersuchten 1962 Akklimatisationsmöglichkeiten des Belebtschlammes in drei Aminosäurelösungen mit Cistine, Glycine und Arginine. Dabei wurde eine große Entwicklung der enzymatischen Möglichkeit, welche die Ausnutzung sogar nur einer einzigen Aminosäure ermöglichte, festgestellt. Die besten Ergebnisse wurden mit Cistine erreicht.

Auf dem Gebiet der Celluloseabwässer wurden bisher noch keine Untersuchungen dieser Art durchgeführt. Lediglich SIEKUNOWA und PIEROWSKA berichteten über Untersuchungen von Belebtschlamm aus Kläranlagen der Holzhydrolyseabwässer. Der gesamte Aminosäuregehalt im Belebtschlamm schwankte zwischen 143···368 mg/g Trockensubstanz. Darüber hinaus gibt es keine Untersuchungsarbeiten über Aminosäuregehalt im Belebtschlamm der Celluloseabwasserreinigung. Die Situation ist hier doch ganz anders als bei den städtischen Abwässern, wo der Belebtschlamm im Aminosäuremilieu arbeitet. In Celluloseabwässern verfügt der Belebtschlamm nur über während des Prozesses entstandene Aminosäuren. Die einzige Stickstoffquelle ist in diesem Falle das diesen Abwässern zugegebene Ammoniak.

Da in der Medizin schon früher der Einfluß der Ernährung auf das Niveau der Aminosäuren im Serum festgestellt wurde, nahm der Verfasser an, daß der Belebtschlamm als komplexes, ökologisches System betrachtet werden kann, in dem auch die Aminosäuremenge von der Zugabe an Nährsalzen abhängt. Diese jetzt vorgestellten Ergebnisse bilden einen Teil der großangelegten Untersuchungen.

Methodik der Versuche

Apparatur

Die Einrichtung zur Durchführung der Laboratoriumsversuche bestand aus zehn gleichen Belüftungsbecken zu je 3 *l* Volumen, einem Luftmanometer für

Luftmengenmessung, einem Druckausgleich- und Verteilungsbecken und zwei Kompressoren (Abb. 1).

Die Belüftungsbecken wurden nach SYMONS (1960, 1968) mit zweifacher Vergrößerung konstruiert. Sie wurden aus Vinidur und Plexiglas mit einer Volumenskala auf der Vorderseite angefertigt. Ausgleichventile sicherten den gleichen Druck und die gleiche Luftmenge während der ganzen Versuchszeit. Die Luft wurde durch ein Glasröhrchen von 3,5 mm Durchmesser in die einzelnen Belüftungsbecken eingeführt.

Abwasservorbereitung und Belebtschlammprozeßführung

Die Abwässer wurden aus Sulfatcelluloseablauge mit spez. Gewicht 1,3 und destilliertem Wasser vorbereitet, was eine konstante Abwasserqualität während

Abb. 1: Apparatur

der ganzen Versuchszeit ermöglichte. Der BSB_5 des so vorbereiteten Abwassers betrug 350 mg/*l* und die Oxydierbarkeit (Kaliumpermanganatverbrauch) 750 mg/*l* O_2. Die Abwässer wurden dreimal täglich nach Absetzen des Belebtschlammes dekantiert und mit neuen Abwässern ergänzt (NOWACKI).

Die Stickstoff- und Phosphorverbindungen (2,5% Ammoniaklösung und 0,85% Phosphorsäure) wurden unmittelbar mit dem Ergänzungsabwasser zugegeben. In allen Belüftungsbecken wurden die gleichen Arbeitsparameter (Belüftung, Belastung und Belebtschlammenge) gehalten. Die Belebtschlammbelastung betrug 0,5 g BSB_5/g/Tag bei einer Schlammkonzentration von 2400 mg/*l*. Da in dieser Hinsicht früher schon halbtechnische Versuche durchgeführt (NOWACKI, PJLOTEK 1964, 1966) worden sind, bestanden dadurch gute Vergleichsmöglichkeiten. Anderseits wurden bei dieser Belastung die günstigsten Arbeitsverhältnisse erreicht.

Analytische Methodik

In allen Belüftungsbecken wurde eine laufende analytische Kontrolle der Abwässer sowie des Belebtschlammes durchgeführt. Die Ausführung der Analysen erfolgte nach den amerikanischen Standard Methoden (Jursik) mit Ausnahme der Phosphorbestimmung. Der Phosphorgehalt wurde nach Kulawikowa und Ambühl u. Schmidt bestimmt. Freie Aminosäuren wurden mittels Papierchromatographie (ein- und zweidimensionales Verfahren) und spektrographisch bestimmt.

Belebtschlammadaptationsprozeß

Der Belebtschlamm wurde der Versuchskläranlage der Cellulosefabrik in Krapkowice, die früher (Nowacki, Pjlotek 1964) beschrieben worden ist, entnommen. Da diese Kläranlage ohne städtische Abwässer arbeitet, waren die Versuchsbedingungen ähnlich.

Zur Verbesserung der Charakteristik des Belebtschlammes wurde eine vierwöchige Adaptationszeit angewandt und während dieser Zeit die Belastung allmählich vergrößert. Die Nährsalzzugabe erfolgte in der gleichen Höhe, d. h. im Verhältnis BSB_5:N:P wie 100:5,8:1,1 in allen Belüftungsbecken. Die Belüftungsbecken wurden mit neu vorbereiteten Abwässern ergänzt. Nach der vierwöchigen Adaptationszeit hatte der Belebtschlamm die in Tab. 1 aufgeführte Charakteristik. Die Aminosäuremenge im Belebtschlamm ist in Tab. 2 aufgeführt.

Tabelle 1

Schlammindex	82 ml/g
Trockensubstanz	1,22%
Glührückstand der Trockensubstanz	19,4 %
Stickstoff (N) in Umrechnung auf organische Substanz	6,45%
Phosphor (P) in Umrechnung auf organische Substanz	0,83%

Versuchsergebnisse

Die Versuche wurden mit dem oben beschriebenen Belebtschlamm nach dem Schema Tab. 3 durchgeführt.

Gemäß der vergrößerten Nährsalzzugabe konnten bei in fünftägigem Abstand durchgeführten Belebtschlammanalysen auch vergrößerte Mengen von Aminosäuren festgestellt werden.

Das qualitative, zweidimensionale chromatographische Verfahren ermöglichte die Identifizierung der nachstehend genannten Aminosäuren, die mit eindimensionalem Verfahren quantitativ bestimmt wurden. Im Belebtschlamm, der ohne Nährsalzzugabe arbeitete, wurden nur sieben freie Aminosäuren festgestellt und zwar: Leucin, Valin, Tyrosin, Alanin, Glyzin, Serin und Glutaminsäure (Abb. 3). Ihre Summe betrug 3,3 mg/g Trockensubstanz, das bedeutet im Vergleich mit der Ausgangsmenge von 9,6 mg/g einen Verlust von 6,6 mg/g.

Im Belebtschlamm, der mit Nährsalzzugabe im Verhältnis zu BSB_5 wie 100:2,5:0,5 arbeitete, wurden neun Aminosäuren wie Leucin, Valin, Tyrosin,

Tabelle 2

Die Menge der freien Aminosäuren auf 1 g Trockensubstanz des Belebtschlammes

lp.	Aminosäure	Ausgangs-belebtschlamm		Stickstoff- und Phosphorzugabe im Verhältnis zu BSB_5 der Abwässer							
				BSB_5:N:P 100:0,0:0,03		BSB_5:N:P 100:2,5.0,5		BSB_5:N.P 100:5,0:1		BSB_5:N:P 100:10,0:2	
		mg/g	%	mg/g	%	mg/g	%	mg/g	%	mg/g	%
1.	Leuzin	1,3	13,5	0,51	15,2	1,46	13,3	2,2	14,3	3,9	31,8
2.	Valin	1,2	12,5	0,37	10,8	1,46	13,3	2,0	13,0	2,8	16,1
3.	Tyrosin, Prolin	1,0	10,4	0,22	6,7	1,09	9,9	0,9	5,8	1,45	8,1
4.	Alanin, Threonin	3,3	34,5	1,02	29,8	3,96	36,1	5,2	33,8	6,0	33,6
5.	Glutaminsäure	1,7	17,7	0,78	23,0	1,4	12,8	3,0	19,3	1,7	10,6
6.	Serin, Glyzin	0,5	5,2	0,39	11,5	0,49	7,2	0,9	5,8	1,0	4,4
7.	Asparaginsäure	0,4	4,2	—	—	0,6	5,4	1,0	6,6	0,8	4,4
8.	Arginin, Histidin, Lysin	0,2	2,0	0,1	3,0	0,2	1,8	0,2	1,4	0,19	1,0
	Zusammen	9,6	100,0	3,30	100,0	10,66	100,0	15,41	100,0	17,84	100,0

Tabelle 3

Belüftungsbecken			
1...4	5...6	7...8	9...10
BSB_5:N:P			
100:0,0:0,03	100:2,5:0,5	100:5,0:1,0	100:10:2

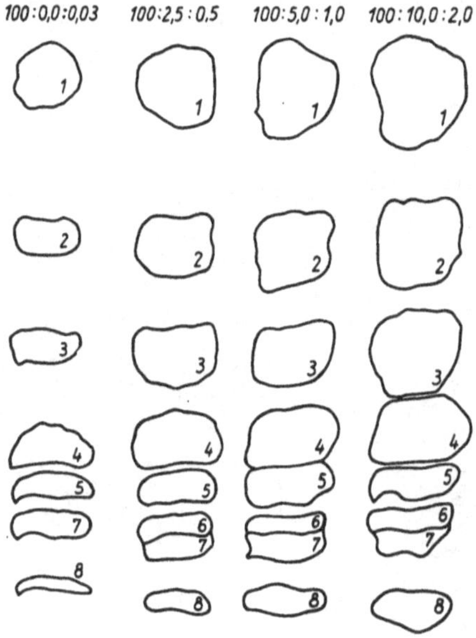

Abb. 2: Chromatogramm der freien Aminosäuren (eindimensionales Verfahren)

BSB_2: N:P = 100:N:P

1. Leucin
2. Valin
3. Tyrosin, Triptophan, Prolin
4. Alanin, Threonin
5. Glutaminsäure
6. Serin, Glyzin
7. Asparaginsäure
8. Arginin, Histidin, Lysin

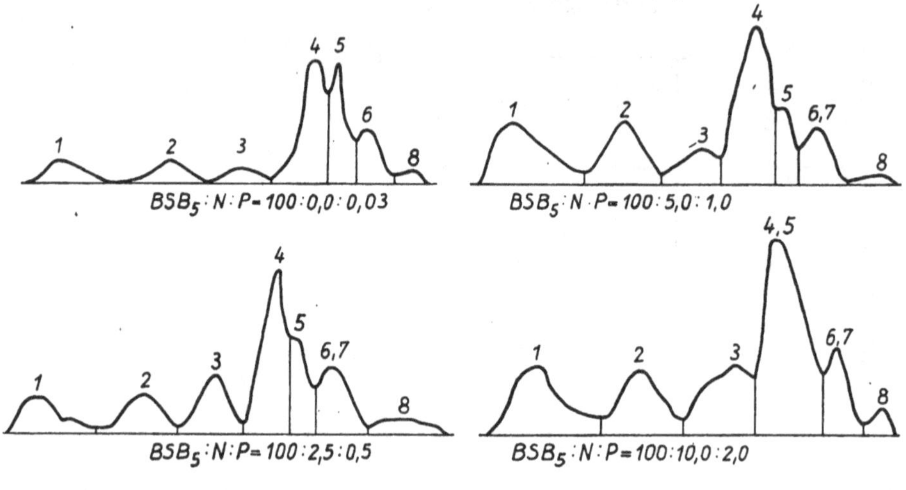

Abb. 3: Pensitomedrisches Diagramm der freien Aminosäuren

Alanin, Glyzin, Serin, Glutaminsäure, Asparaginsäure und eine unidentifizierte Aminosäure festgestellt. Die Gesamtmenge war auf 10,66 mg/g gestiegen.

Im Belebtschlamm, der mit einer Nährsalzzugabe im Verhältnis zu BSB_5 wie 100:5:1 arbeitete, wurden die oben genannten Aminosäuren und Threonin er-

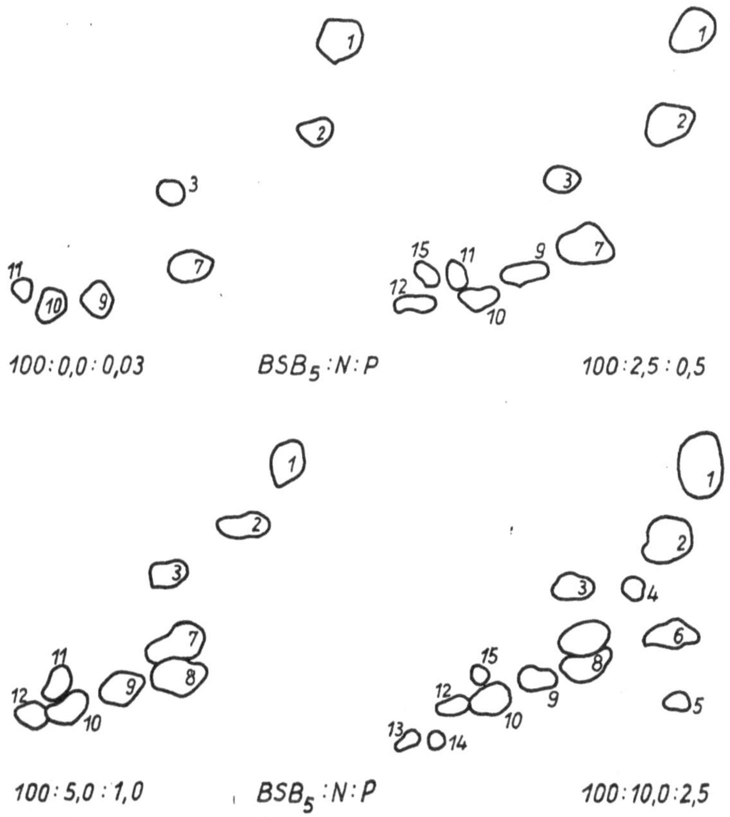

Abb. 4: Chromatogramm der freien Aminosäuren (zweidimensionales Verfahren) Vertikalrichtung 90%; Phenol Horizontalrichtung; Butanol: Essigsäure: Wasser

1. Leucin	9. Glyzin
2. Valin	10. Serin
3. Tyrosin	11. Glutaminsäure
4. Triptophan	12. Asparaginsäure
5. Arginin	13. Unidentifiziert
6. Unidentifiziert	14. Unidentifiziert
7. Alanin	15. Unidentifiziert
8. Threonin	

mittelt. Die Gesamtmenge betrug 15,4 mg/g. Im Belebtschlamm, der mit Nährsalzzugabe im Verhältnis zu BSB_5 wie 100:10:2 arbeitete, wurden vierzehn Aminosäuren wie Leucin, Valin, Tyrosin, Tryptophan, Arginin, Alanin, Threonin, Glyzin, Serin, Glutaminsäure, Asparaginsäure und drei unidentifizierte Aminosäuren nachgewiesen. Die Gesamtmenge betrug 17,84 mg/g.

Der größte Aminosäurezuwachs wurde an Leucin beobachtet (Abb. 2, Tab. 2). Die Leucinmenge stieg von 1,3 bis auf 2,2 mg/g (Belüftungsbecken 7···8) und auf 3,9 mg/g (Abb. 2, Belüftungsbecken 9···10). Auch in den Belüftungsbecken (1···4), die keine Nährsalzzugabe erhielten, wurde der größte Unterschied in der Leucinmenge beobachtet. Diese sank von 1,3 auf 0,5 mg/g. Eine große Abnahme erfuhren auch die Aminosäuren Alanin und Theronin und zwar von 3,3 auf 1,02 mg/g (Tab. 2).

Im Belebtschlamm, der mit größerer Nährsalzzugabe arbeitete, stiegen diese beiden Aminosäuren auf 3,96 mg/g Belüftungsbecken (7···8) bzw. auf 6,0 mg/g (Belüftungsbecken 9···10) an (Tab. 2). Auch die Reinigungsmöglichkeit der Belebtschlämme war verschieden. Der Belebtschlamm ohne Nährsalzzugabe erreichte nur eine BSB_5-Reduktion von 31%, obwohl in allen übrigen Fällen die BSB_5-Reduktion zwischen 83···86% schwankte.

Folgerung

— Auf Grund des erstmalig untersuchten Problems der freien Aminosäurenbildung im Belebtschlamm während des Reinigungsprozesses der Sulfatcelluloseabwässer wurde festgestellt, daß ihre Menge von den zugegebenen Stickstoff- und Phosphorverbindungen abhängt.
— Die Menge der freien Aminosäuren kann als Indikator der quantitativ richtig zugegebenen Nährsalze dienen.

Literatur

AMBÜHL, H.: Die Bestimmung geringster Mengen von Phosphotion im Wasser von Binnenseen. Schweiz. Z. Hydrologie **25** *1* (1963), 172

CARLSON, D. A. and L. B. POLKOWSKI: Amino Acid Utilisation by Activated Sludge. J. Water Pollut. Control Federat. **34** (1962), 816

HARTMANN, L.: Die Beziehungen zwischen Beschaffenheit, Leistungsfähigkeit und Lebensgemeinschaft der Belebtschlammflocken am Beispiel einer mehrstufigen Versuchsanlage. Vom Wasser **27** *107* (1960), 184

HARTMANN, L.: Activated Sludge Floc Composition. Water Sewage Works **7** (1963), 262

HATTINGH, W. M. J.: Activated Sludge Studies. L. The Nitrogen and Phosphorus Requirement of the M croorganism. Water Waste Treatment **7** *8* (1963a), 380

HATTINGH, W. M. J.: Activated Sludge Studies. 2. Influence of Nutrion in the Respirator Rate of the Microorganisms. Water Waste Treatment **9** *10* (1963b), 424

JURSIK, E.: Sledovani bilkovin a aminokyselin v odpadnich vodach. Sbornik Vys. Techn. Skoly, Praha, 1960

KULAWIKOWA, M.: Oznaczenie zawartości całkowitego fosforu w wodach zbiorników naturalnych. Biuletyn Naukowy PAN. **10** (1967), 89

MORGAN, G. B.: Utilisation of Nitrogen-Containing Compounds for the Biosynthesis of Protein in Secondary Treatment. Sewage ind. Wastes **31** *11* (1959), 1275

NOWACKI, J. und J. PILOTEK: Badania w skali półtechnicznej nad biologicznym i fizycznochemicznym oczyszczaniem ścieków z produkcji celulozy siarczanowej Cz. I. Doświadczalna oczyszczalnia ścieków przy KZCP w Krapkowicach. Przegl. Pap. **20** *7* (1964), 226

NOWACKI, J. und J. PILOTEK: Badania w skali półtechnicznej nad biologicznym i fizycznochemicznym oczyszczaniem ścieków z produkcji celulozy siarczanowej. Cz. III. Oczyszczanie ścieków z produkcji celulozy siarczanowej metoda osadu czannego. Przegl. Pap. **22** *4* (1966), 122

NOWACKI, J.: Einige Beiträge zur Nährsalzverminderung in der biologischen Sulfatcelluloseabwasserreinigung. Vortrag gehalten auf der Jahrestagung des Fachvorstandes Wasserchemie der Chemischen Gesellschaft in der DDR, Berlin, Februar 1968

SASTRY, C. A., P. V. R. SUBRAHMANGAN and S. C. PILLAI: Amino Acids in Treated Sewage in India. Sewage ind. Wastes **30** *10* (1958), 1241

SASTRY, C. A., P. V. R. SUBRAHMANGAN and S. C. PILLAI: Amino Acids in Sewage. Sewage ind. Wastes **32** *4* (1960), 344

SIEBER, R.: Die chemisch-technische Untersuchungsmethode der Zellstoff und Papier Industrie, Berlin 1951

SYMONS, J. M. and R. E. MCKINNEY: The Biochemistry of Nitrogen in the Synthesis of Activated Sludge. Sewage ind. Wastes **30** *7* (1958), 874

SYMONS, J. M., R. E. MCKINNEY and H. H. HASSIS: A Procedure for Determination of the Biological Treatability of Industrial Wastes. J. Water Pollut. Control Federat. **32** (1960), 841

SYMONS, J. M. and R. E. MCKINNEY: The Biochemistry of Nitrogen in the Synthesis of Activated Sludge. Sewage ind. Wastes **30** *7* (1968), 874

Anschrift des Verfassers:

Dr. Ing. Jerzy NOWACKI, Gliwice, ul. Moniuszki 14 m. 2, VR Polen

E. Anton, U. Behrens

VEB Chemische Werke Buna, Schkopau
DAdW Institut für technische Chemie, Leipzig

Der Betrieb von Versuchseinrichtungen zur Ermittlung von Projektierungsunterlagen für biologische Abwasserreinigungsanlagen*)

Herrn Prof. Dr. Ing. Dr. h.c. E. Leibnitz zum 60. Geburtstag gewidmet

Zusammenfassung: Für die Auslegung einer biologischen Reinigungsanlage des Abwassers eines chemischen Großbetriebes wurde eine Versuchsanlage mit Belebtschlammbecken und Turmtropfkörpern betrieben. Die geringe Flexibilität der Anlage und die unhandliche Größe der einzelnen Aggregate erlaubten zwar die Ermittlung eines Regimes, das die geforderte Abbauleistung garantiert, jedoch nicht die Erprobung der ökonomischsten Variante. Es wird vorgeschlagen, die Optimierung von Belebtschlammanlagen mit Rückführung in „Abwasserfermentoren" kleinster Dimensionierung und die Optimierung von Tropfkörpern in Segmenten von verkleinertem Durchmesser, die bis zur technischen Höhe aufgesetzt werden können, durchzuführen.

Summary: For the evaluation of a biological purification plant of a chemical plant a pilot plant consisting of activated sludge tank and tower trickling filters was managed. The little flexibility of the plant and the unwieldly size of the several aggregates permitted actually the ascertainment of a reigme which guarantees the necessary digestion capacity notwithstanding the testing of the economical variant. It is proposed to accomplish the optimation of activated sludge plants with sludge return in "wastewater fermentors" of smallest dimension and the optimation of trickling filters in segments of reduced diameter, which can be built until the technical height.

Резюме: С целью закладки биологического сооружения для очистки сточных вод химического крупного производства испытывали установку с аэротэнками и башенными капельными (био)-фильтрами. Незначительная приспособляемость установки и неудобные в применении размеры отдельных агрегатов хотя и позволили установить режим, обеспечивающий требуемую мощность распада органического вещества, но они исключали возможность испытания экономического варианта. Предлагается оптимизация установок для очистки сточных вод активным илом с восстановлением „ферменторов сточных вод" минимальных размеров и оптимизация капельных (био)-фильтров в сегментах с уменьшенным диаметром, позволяющих их установление до технического уровня.

Einleitung

Für Abwasser mit vorwiegend organischen Inhaltsstoffen ist eine biologische Reinigung das Verfahren der Wahl. Die Entwicklung von leistungsfähigen Belüftungssystemen ermöglicht die Reinigung unverdünnter, konzentrierter Wäs-

*) Teil der Dissertation E. Anton: Beiträge zur Ermittlung von Kenngrößen für die Projektierung einer biologischen Reinigungsanlage für industrielle Abwässer. Sektion „Chemie", Karl-Marx-Universität Leipzig (1969)

ser. Auch kann eine Totaloxydation des Belebtschlammes durchgeführt werden. Die modernen, hochbelastbaren Belebtschlammverfahren haben die konventionellen Tropfkörperverfahren nicht verdrängen können. Diese zeichnen sich durch einfache Betriebsbedingungen und geringe Betriebskosten aus. Für die Projektierung neuer Abwasserreinigungsanlagen stehen aus zum Teil jahrzehntelanger Betriebserfahrung Berechnungsmethoden zur Verfügung, die eine Auslegung auf der Basis des BSB_5-Wertes des Abwassers ermöglichen. Bei Industrieabwässern muß jedoch das biologische und auch physikalische Verhalten der „unnatürlichen" organischen Inhaltsstoffe berücksichtigt werden. Für die Optimierung eines biologischen Reinigungsverfahrens für derartige Wässer werden häufig Versuchsanlagen gebaut. Viele Versuchsanlagen sind jedoch so wenig flexibel ausgelegt worden, daß sie nur die Erprobung einer a priori festgelegten Verfahrensweise gestatten. In vorliegender Arbeit werden die Ergebnisse, die durch den Betrieb einer Versuchsanlage erzielt wurden, kritisch überprüft und Wege gezeigt, wie durch geeignete, einfache Versuchseinrichtungen das günstigste System einer biologischen Reinigung gefunden und optimiert werden kann.

Auslegung der Versuchsanlage

Die biologische Reinigungsanlage bestand aus einem Neutralisationsbecken, zwei Belebtschlammbecken, zwei Turmtropfkörpern und einem Schlammabsetzbecken mit Vorrichtungen für die Schlammrückführung.

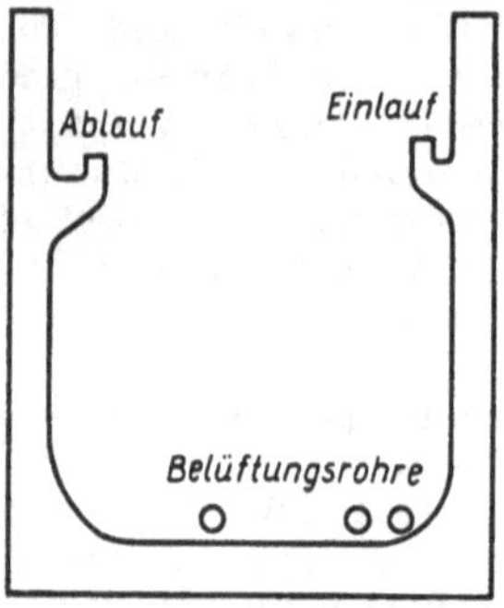

Abb. 1: Querschnitt durch ein Belebtschlammbecken

Im Neutralisationsbecken wurde das Abwasser durch Einleiten von Chlorwasserstoffgas auf einen pH-Wert unter 9 eingestellt. Von hier konnte das Abwasser entweder zuerst in die Becken und dann auf die Türme oder in umgekehrter Reihenfolge gepumpt werden. Die Förderleistung der Pumpen betrug etwa 10 m^3/h. Abweichungen nach oben bis zu 15 m^3 waren möglich.

Maße eines Belebtschlammbeckens: Länge 5,5 m; Breite 3,2 m; Tiefe 3,0 m; Füllvolumen etwa 50 m^3. Durch Einziehen einer Querwand konnte die Beckengröße und somit die Verweilzeit variiert werden. Im Becken befanden sich an beiden Längsseiten zwei Rinnen, eine für den Zulauf, die andere, etwas tiefer angebracht, für den Ablauf. Ebenfalls in Längsrichtung lagen auf dem Beckenboden drei perforierte Belüftungsrohre, deren Abstand voneinander variierbar war. Durch die in Abb. 1 gezeigte Kombination wurde eine Turbulenz in Form einer Doppelwalze erzielt. Für die Versuche wurde diese Stellung der Belüftungsrohre gewählt.

Maße und Füllungen der Turmtropfkörper (TTK): Höhe 12 m; Durchmesser 2 m; Höhe des Zwischenbodens 6 m.

TTK I: Füllmaterial: Raschigringe
Füllhöhe: 6,2 m
Füllvolumen: 19,0 m^3

TTK II: Füllmaterial: Schaumpolystyrolbrocken (etwa $20 \times 15 \times 3$ cm)
Füllhöhe: 11 m
Füllvolumen: 31 m^3.

Aus den Absetzbecken von je 20 m^3 Inhalt wurde der Belebtschlamm für die Schlammrückführung zunächst in einen belüfteten Pufferbehälter von 20 m^3 Fassungsvermögen gepumpt und von hier aus im freien Gefälle dem Belebtschlammbecken in einer Größenordnung von etwa $3{,}0 \pm 0{,}7$ m^3/h zugeleitet.

Zusammensetzung des Abwassers

Der BSB_5 des Abwassers betrug etwa 400 mg O_2/l. Es enthielt im wesentlichen Aldehyde, Ketone, Alkohole, organische Säuren, Ester, chlorierte Kohlenwasserstoffe, anionische und nichtiogene Tenside sowie Aromaten. Der Salzgehalt lag zwischen 2,5···3,5 g/l. Vorherrschend waren Alkali- und Erdalkali-Ionen (Ca > Na > Mg). In Spuren traten auf Cu > Si > Fe > Al. Das Kohlenstoff-Stickstoff-Verhältnis betrug etwa 9,5:1. Für die biologische Reinigung mußte Phosphat zugesetzt werden. Der pH-Wert betrug etwa 10. Durch Einleiten von Chlorwasserstoffgas wurde er auf etwa 8 eingestellt.

Ergebnisse

Einfahren des Belebtschlammbeckens: Die Belebtschlammbecken wurden mit dem Ablauf eines Turmtropfkörpers gefüllt. Danach wurde aus dem Neutralisationsbecken das Abwasser kontinuierlich in die Becken gepumpt. Nachdem sich die Belebtschlammflocken ausgebildet und sich das Verfahren stabilisiert hatte, betrug der Abbau etwa 67% des ursprünglichen BSB_5 (Tab. 1).

Die Höhe des prozentualen Abbaues ist direkt proportional der Größe des BSB_5 im Zulauf. Die Schwankungen des BSB_5 im Zulauf dürften im wesentlichen durch Veränderung des Anteiles an leicht bzw. schnell abbaubaren Substanzen hervorgerufen werden.

Versuche mit Schlammrückführung

Die Verweilzeit wurde variiert (Tab. 2) und der Ablauf über die beiden nachgeschalteten Turmtropfkörper geleitet (Tab. 3). Von entscheidendem Einfluß auf die Abbauleistung bei Schlammrückführung war der Schlammgehalt: Bei > 3 g/l wurden mehr als 90% des ursprünglichen BSB_5-Wertes abgebaut. Die Schlammbelastung, d. i. das Verhältnis der Konzentration der organischen Substanz (BSB_5 des Einlaufwassers) zur Konzentration des Belebtschlammes, bestimmt die Leistung des Belebtschlammverfahrens (Tab. 4). Die Versuche wurden bei gleicher Verweilzeit (5 h) und steigender Schlammkonzentration durchgeführt. Der BSB_5-Gehalt des einlaufenden Abwassers war, abgesehen vom Monat Mai, scheinbar konstant. Bereits in den Wochenmittelwerten traten starke

Tabelle 1
Abbauleistungen ohne Schlammrückführung
(*Verweilzeit* 5 h, *Luftmenge* 230 m^3/h)

Probeentnahme		pH-Wert		BSB_5 (mg O_2/*l*)		
Tag	Zeit	Zulauf	Ablauf	Zulauf	Ablauf	Abbau (%)
1. 10.	7,^{00}	7,5	7,8	465	133	71
	11.^{00}	7,5	7,9	470	136	71
	15.^{00}	7,9	7,8	608	133	78
3. 10.	7.^{00}	8,8	7,7	444	152	66
	11.^{00}	8,6	7,8	394	151	62
5. 10.	7.^{00}	8,2	7,0	316	117	63
	11.^{00}	–	7,4	296	129	56
		Durchschnitt:		428	136	67

Tabelle 2
Abbauleistungen mit Schlammrückführung bei Variation der Verweilzeit
(Mittelwerte von jeweils einer Woche)

	Verweil-zeit (h)	BSB_5 (mg O_2/*l*)		Abbau	Schlamm	Luft	pH-Wert	
		Zulauf	Ablauf	%	(TS g/*l*)	m^3/h	Zulauf	Ablauf
November								
1. Woche	1.^{40}	396	30	93	3,2	500	9,1	8,1
2. Woche	1.^{40}	382	21	95	3,1	500	8,4	7,9
3. Woche	1.^{40}	518	53	90	3,2	400	8,6	8,1
4. Woche	1.^{40}	509	104	80	2,7	300	8,8	8,0
Dezember								
1. Woche	1.^{40}	463	105	77	2,6	300	8,7	8,0
2. Woche	1.^{50}	388	88	77	2,7	300	8,8	8,0
3. Woche	2.^{10}	641	125	81	2,4	340	8,5	7,9
4. Woche	2.^{30}	656	77	88	2,4	350	8,4	8,8
5. Woche	2.^{40}	436	38	91	3,7	350	8,4	8,0

Tabelle 3
Betriebsdaten der Kombination Belebtschlammbecken-Turmtropfkörper (*TTK*)
(Mittelwerte aus den Monaten November (Nov.) und Januar (Jan.)

	Beckenzulauf		Beckenablauf		TTK-Ablauf	
	Nov.	Jan.	Nov.	Jan.	Nov.	Jan.
pH	8,7	8,5	8,0	7,3	7,9	8,0
Temperatur (°C)	18,0	14,8	17,1	15,1	11,9	9,4
Gelöst-O_2 (mg/*l*)	–	–	1,3	1,8	6,8	8,7
$KMnO_4$ (mg/*l*)	545	544	282	217	210	175
BSB_5 (mg/*l*)	451	432	52	39	26	20
Schlamm (g/*l*)	–	–	3,0	4,1	–	–
Überschußschlamm (m^3/d)	–	–	1,4	1,5	–	–
Überschußschlamm (kg/d)	–	–	12,5	17,5	–	–
Schlammindex (m*l* · g^{-1})	–	–	179	83	–	–

Streuungen auf, die Konzentration des Ablaufes wurde jedoch nur unbedeutend beeinflußt. In drei aufeinanderfolgenden Wochen des Monats April wurden gemessen: Einlaufkonzentration (BSB_5) 625, 379 und 602 mg O_2/l, demgegenüber die Auslaufkonzentration 38, 23 und 29. Die Schlammkonzentration betrug 3,3···3,6 und 3,2 g/*l*.

Tabelle 4
Einfluß der Schlammbelastung auf die Abbauleistung
So = BSB_5 des Abwassers
S = BSB_5 im Becken und Auslauf
X = Schlammkonzentration
So/*X* = Schlammbelastung Verweilzeit 5 h
(Durchschnittswerte von jeweils einem Monat)

Monat	*So* mg O_2/l	*S* mg O_2/l	*X* g/*l*	*So*/*X*	Schlamm index $ml \cdot g^{-1}$	Anorganischer Anteil (%)	Temperatur °C	Überschußschlamm (kg/h)
Februar	557	144	1,6	0,36	108	12	16	0,65
März	563	125	2,6	0,22	145	9	18	0,68
April	535	30	3,4	0,16	163	8	22	0,62
Mai	433	14	4,0	0,11	107	9	26	0,37

Die Verringerung der Schlammbelastung, d. h. die Erhöhung der Menge des rückgeführten Schlammes führte nicht nur zur erwarteten Erhöhung der Abbauleistung, sondern auch zu einer erheblichen Verringerung des Überschußschlammes (Tab. 4, Monat Mai). Hier wird bereits ein Teil des Schlammes oxydiert. Bei einer starken Schlammveratmung verringerte sich auch der Schlammindex (Abb. 2), der Schlamm war konzentrierter und sedimentierte besser. Charakteristisch für diesen Schlamm war weiterhin der hohe Anteil an Ciliaten, das ein Kennzeichen für ein bereits sehr gut gereinigtes Abwasser ist (Viehl, Meissner). Mit fallender Schlammbelastung wurden die Flagellaten durch die Ciliaten ersetzt (Abb. 3).

Tropfkörperversuche

Durch Vorversuche wurde ermittelt, daß eine Füllung der Turmtropfkörper mit Polystyrolbrocken gegenüber einer Füllung mit Raschigringen am vorteilhaftesten ist (Abb. 4). Zur Inbetriebnahme der Turmtropfkörper wurden diese mit einer Bakteriensuspension „beimpft", die aus dem Ablauf einer Labor-Belebtschlammanlage gewonnen wurde.

Der mit Schaumpolystyrolbrocken gefüllte Tropfkörper zeigte bereits am Tage nach der Beimpfung eine überraschend hohe Leistung. Bei einer Beaufschlagung von 10 m^3/h wurde ein BSB_5-Abbau von 80% erreicht. Im Ablauf wurden nur Kurzstäbchen beobachtet. Am dritten Tag fiel die Leistung sprunghaft auf nur 20% ab, im Ablauf waren auch coccoide Bakterien und Flagellaten zu beobachten. In den folgenden Tagen stieg die Leistung wieder an und pendelte sich auf einen Wert ein, der bei etwas mehr als 50% lag. Im zweiten, nachgeschalteten Turmtropfkörper wurde ein Abbau von durchschnittlich weiteren 25% erreicht, so daß durch beide Turmtropfkörper der BSB_5 des Abwassers um

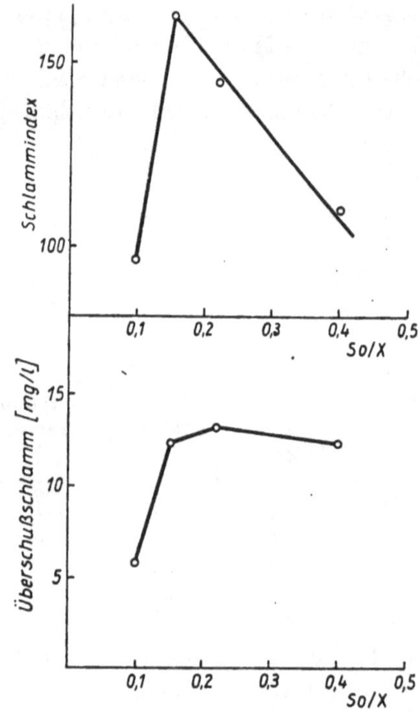

Abb. 2: Beziehung zwischen Schlammindex und Überschußschlamm zur Schlammbelastung
Schlammindex nach MOHLMANN; Schlammbelastung = So/X; So = BSB_5 des einlaufenden Abwassers; X = Trockengewicht des Belebtschlammes in mg/l

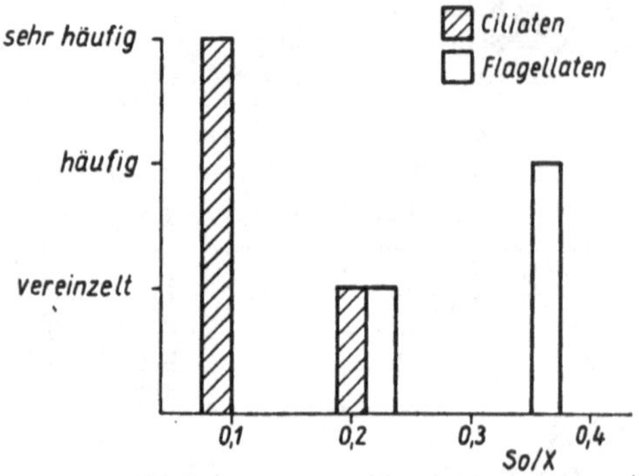

Abb. 3: Schlammbelastung und Protozoen
So/X = Schlammbelastung

etwa 80 %gesenkt werden konnte. Durch eine Erhöhung der Beaufschlagung um etwa 30% (ca. 13 m³/h) sank die Leistung nur unwesentlich auf 76%.

Die Polystyrolbrocken waren von einem etwa 12 mm starken mikrobiologischen Rasen bewachsen. Die Wirksamkeit des Turmtropfkörpers beschränkte sich auf die ersten beiden Meter (Abb. 4). Dadurch ergeben sich bei einer Flächenbelastung von 3,2 m³/m² · h (= 3,2 m/h) Raumbelastungen von 15···30 kg

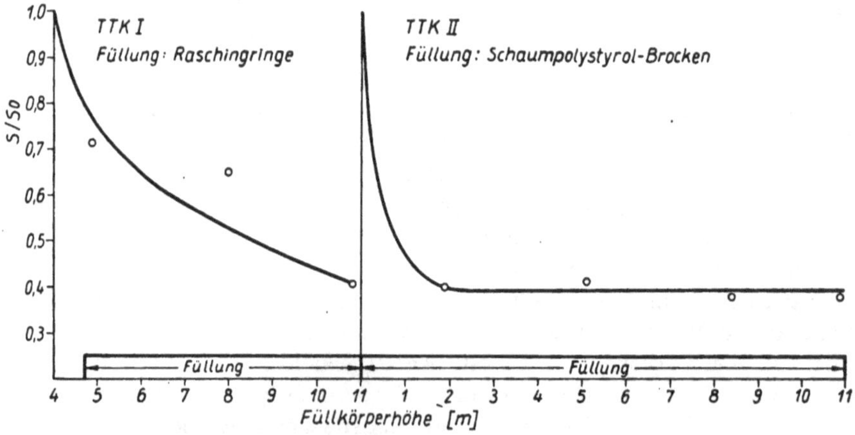

Abb. 4: Abbauleistung zweier Turmtropfkörper (TTK)
Vom TTK I waren nur 6,2 m mit Füllkörpern beschickt
So = BSB_5 des einlaufenden
S = BAB_5 des auslaufenden Abwassers

$BSB_5/m^3 \cdot d$. Diese Werte liegen weit über denen, die bei der Reinigung von häuslichen Abwässern für stark belastete Tropfkörper angegeben werden (OFFHAUS). Die zu starre Auslegung der Versuchsanlage verhinderte Versuche mit weiter erhöhter Beaufschlagung. Die mittlere lineare Strömungsgeschwindigkeit betrug 3 m/h. Für eine Schichthöhe von 2 m ergeben sich dabei Kontaktzeiten von nur wenigen Minuten.

Die guten Abbauleistungen des mit Schaumpolystyrol gefüllten Tropfkörpers sprechen für ein zweistufiges Reinigungsverfahren. In einer ersten Stufe sollte das Abwasser durch Tropfkörper von 2···3 m Höhe und in einer zweiten Stufe durch ein Belebtschlammbecken mit Schlammrückführung gereinigt werden. Die Ergebnisse, die mit einem derartigen System erzielt wurden (Tab. 5), bestätigen diese Anordnung. Eine Veränderung der Flächenbelastung des Tropfkörpers und eine Optimierung des Belebtschlammverfahrens hinsichtlich Schlammbelastung, Verweilzeit und Versuch einer Totaloxydation, konnte aus den weiter oben angegebenen Gründen nicht durchgeführt werden.

Tabelle 5

Leistung eines zweistufigen biologischen Reinigungsverfahrens

1. Stufe Turmtropfkörper, 2. Stufe Belebtschlammbecken mit Schlammrückführung. Verweilzeit im Becken etwa 1,5 h. Luftmenge etwa 300 m^3/h

Woche	(Turmtropfkörper			Belebtschlammbecken		
	BSB_5 mg O_2/l) Zulauf	Ablauf	Abbau (%)	BSB_5 mg O_2/l) Ablauf	Abbau (%)	Schlamm (g/l)
1	405	181	55	26	39	2,5
2	347	174	50	15	46	2,5
3	399	211	47	25	47	2,8
4	439	224	49	15	48	3,4
5	430	211	51	13	46	3,3

Diskussion

Die Ermittlung von Parametern für den Bau und Betrieb einer biologischen Reinigungsanlage kann nur mit flexiblen Versuchseinrichtungen durchgeführt werden. Wegen der komplexen Zusammensetzung der Abwässer ist aus kinetischen Messungen die Wahl des Reaktortyps (RINGPFEIL) meist nicht möglich.

Für einen Tropfkörper von geringer Höhe (2···3 m) sprechen zunächst ökonomische Gründe. Die Aufwendungen für die Förderung des Abwassers auf den Tropfkörper sind geringer als die für den Betrieb eines Belüftungs- und Durchmischungsaggregates. Die Feststellung, leicht abbaubare Verbindungen könnten durch Tropfkörper am ökonomischsten eliminiert werden, ist zu einfach. Die hier ermittelte Leistung (Raumbelastung 15···30 kg $BSB_5/m^3 \cdot d$) liegt weit über der von IMHOFF angegebenen Leistung für hochbelastete Tropfkörper (ca. 1 kg $BSB_5/m^3 \cdot d$). Schon DEMOLL u. LIEBMANN fanden, daß Füllkörper mit rauher Oberfläche besonders geeignet sind. Allerdings fordert OFFHAUS einen dünnen Bewuchs. Die Möglichkeit eines anaeroben Abbaues dieses Abwassers mit sauerstoffreichen organischen Verbindungen muß erwogen werden. Entscheidenden Einfluß hat die hydraulische Belastung (Flächenbelastung). Versuche hierzu konnten mit der Versuchsanlage nicht durchgeführt werden, da variable

Dosiervorrichtungen fehlten. Das gleiche gilt für den Betrieb des Belebtschlammbeckens. Eine Versuchsanlage hat die Aufgabe, nicht einen Weg zur Reinigung des Abwassers zu erproben, sondern die optimale Lösung zu finden.

Wegen der Beziehung zwischen Flächenbelastung und Höhe eines Tropfkörpers, die auch für die Spülkraft und somit für den sicheren Betrieb von entscheidender Bedeutung ist, können verkleinerte Labor- oder Technikumsmodelle nicht als Versuchseinrichtungen für die Ermittlungen von Projektierungsdaten für eine Großanlage dienen. Es kann auf Erfahrungswerte zurückgegriffen werden (IMHOFF, OFFHAUS) oder es können mit einem lediglich im Durchmesser verkleinerten Tropfkörper die Versuche durchgeführt werden. Ein solcher Versuchstropfkörper läßt sich mit einer sehr leichten Füllung aus Schaumpolystyrol aus Kunststoffsegmenten aufbauen. Der Durchmesser eines Segments muß so groß sein, daß Wandeffekte vernachlässigt werden können. Sicherlich kann der Durchmesser kleiner als 2 m sein. Die Raumbelastung muß in weit gesteckten Grenzen variierbar sein.

Die Aufnahme von Wachstums- und Substratabbaukurven sowie die Ermittlung des Ausbeutekoeffizienten und des Sauerstoffverbrauchs kann mit konventionellen Laborfermentoren ohne Schwierigkeiten durchgeführt werden. Für die Schlammrückführung bedarf es eines genügend großen Fermentors, damit die Dosierung des rückgeführten Schlammes hinreichend genau durchgeführt werden kann. Mit einer solchen Einrichtung könnten im kleinsten Maßstab alle Probleme des Betriebes eines Belebtschlammverfahrens, von der Ermittlung der optimalen Schlammbelastung bis zur Bestimmung der Parameter für eine Totaloxydation, untersucht werden. Die Ergebnisse sind bei dem heutigen Stand der Ingenieurtechnik und des Anlagenbaues auf jede Anlagengröße übertragbar. Für einen ausreichenden Sauerstoffeintrag gibt es zahlreiche technische Lösungen (DIETRICH). Hier liegt das Problem weniger darin, den benötigten Sauerstoff eintragen zu können als eine ökonomische Lösung zu wählen.

In der Kombination dieser Versuchseinrichtungen

- Tropfkörpersegmente mit verkleinertem Durchmesser, die bis zur technischen Höhe zusammengesetzt werden können und
- Abwasserfermentoren im Labormaßstab

sehen wir die Möglichkeit, in kürzester Zeit und mit geringsten Kosten die Parameter für ein optimales biologisches Reinigungsverfahren zu ermitteln.

Literatur

DEMOLL, R. und H. LIEBMANN: Gesundheits-Ing. **63** (1940), 31

DIETRICH, K.: Die Abwassertechnik, Dr. Alfred Hüthig Verlag Heidelberg, 1968

IMHOFF, K.: Gesundheits-Ing. **74** (1953), 41

IMHOFF, K.: Taschenbuch der Stadtentwässerung, R. Oldenbourg Verlag München, 16. Auflage, 1956

MEISSNER, B.: Wasserwirtsch.-Wassertechn. **5** (1955), 82

OFFHAUS, K.: Münchener Beiträge zur Abwasser-, Fischerei- und Flußbiologie — Tropfkörper und Belebungsbecken, R. Oldenbourg Verlag München, 1958

RINGPFEIL, M.: Fortschritte d. Wasserchemie 6 (1967), 21

Manuskripteingang: 26. 12. 1969

Anschrift der Verfasser:

D. C. E. ANTON, VEB Chemische Werke Buna, 4212 Schkopau, DDR

Dr. U. BEHRENS, Institut für technische Chemie (DAW), 705 Leipzig, Permoserstr. 15, DDR

K.-H. Johannsen

Staatliche Zentrale für Strahlenschutz der DDR,
Abt. radioaktive Abfälle, Lohmen bei Pirna

Zur Nutzung des Zetapotentials für die Dekontamination radioaktiver Wässer*)

Zusammenfassung: Für die Aufbereitung stark belasteter Abwässer und Reinigung extrem salzarmer Kreisläufe ist die Kenntnis der Ladungsverhältnisse kolloider Wasserinhaltsstoffe und der von äußeren Faktoren abhängigen Ladungsveränderungen von großem Interesse.
Es werden eine Meßmethode des Zetapotentials mittels einer Mikroelektrophoresezelle und die Zetapotential-kontrollierte Flockung eines Abwassers durch Aluminiumsulfat beschrieben.

Summary: For conditioning of high polluted wastewaters and purification of water with extreme little salt content from circulation the knowledge of charge proportions of colloidal water contents and the charge alterations which depends on exterior factors is very interesting.
A measuring method of zetapotential by means of a mikroelektrophoresecell and by zetapotential controlled flocculation of a wastewater with aluminium sulphate is described.

Резюме: Для очистки сильно загрязненных сточных вод и предельно бедных солями влагооборотов заряженность коллоидальных ингредиентов воды и зависящие от внешних факторов изменения зарядов преддставляют большой интерес. Дано описание метода измерения Zeta-потенциала при помощи микрокамеры для электрофореза и контролируемой Zeta-потенциалом коагуляции сточной воды сульфатами алюминия.

Einleitung

Die Anwendung geeigneter Materialien zur Wasserdekontamination – anorganische Ionenaustauscher und Sorbentien, organische Austauscherharze, Molekularsiebe, Membranen zur Elektrodialyse und umgekehrten Osmose – setzt, wenn es sich um hochbelastete Wässer handelt, eine Regenerierbarkeit aus ökonomischen Gründen voraus. Die langzeitige Konstanz der Wirksamkeit dieser Materialien wird durch die Konstanz ihrer Oberflächenqualitäten wie der ständigen Zugänglichkeit der Poren für das kontaminierte Wasser bestimmt. Deshalb besteht eine wesentliche Voraussetzung für ein störungsfreies Arbeiten dieser Materialien darin, klares, trübstofffreies Rohwasser aufzugeben. Zum anderen hängt der Dekontaminationserfolg der Aufbereitung radioaktiver Wässer, u. a. auch extrem salzarmer Kreislaufwässer, von der Abtrennung der kol-

*) Vortrag, gehalten auf der Jahrestagung des Fachverbandes Wasserchemie der Chemischen Gesellschaft in der DDR, Leipzig, April 1969

loidalen Inhaltsstoffe ab. Der Größenordnung nach liegen die schädlichsten Trübstoffanteile des zu bearbeitenden Wassers im kolloidalen Bereich (10^{-5} bis 10^{-7} cm).

Es gehört darum zur Kenntnis der Beschaffenheit des Rohwassers, nicht nur über die Konzentration der wichtigsten Inhaltsstoffe und Kontaminanten, sondern auch im gewissen Umfang über die im Wasser vorhandenen kolloidalen Verunreinigungen Bescheid zu wissen. Außerdem sind über die von äußeren Faktoren abhängigen Ladungsveränderungen gewisse Vorstellungen zu gewinnen.

Obgleich die Kolloidanteile sehr unterschiedlicher Herkunft sind, sie bestehen aus anorganischen und organischen Staub- und Schmutzteilchen, hydrolisierten Korrosionsprodukten, feinstverteilten Erosions- und Schmierstoffen sowie biologischem Material (Algen und Bakterien), so sind sie doch überwiegend durch die elektrische Aufladung stabilisiert, die das Agglomerationsbestreben überkompensiert. Eine Entfernung dieser Anteile aus dem Wasser kann durch die Zugabe geringer Mengen hydrolysierender Salze unter ausgewählten Bedingungen erreicht werden. Dabei werden vor allem durch elektrochemische Oberflächeneffekte die Kolloide an die sich bildenden Koagula mehr oder weniger stark bei gleichzeitiger Entladung sorbiert und damit aus dem Wasser entfernbar gemacht. Dies ist der Wasserchemie seit langem bekannt.

In den Vereinigten Staaten (RIDDICK, a), BLACK u. a.) und anderen Ländern (BERNHARDT) wird in zunehmendem Maße versucht, die Koagulationsbedingungen mit der elektrischen Ladung der Rohwasserkolloide abzustimmen. Als Maß für die Aufladung wird das Zetapotential verwendet. Dieses Potential entspricht in erster Näherung in verdünnten Lösungen dem diffusen Anteil der elektrochemischen Doppelschicht der Kolloide.

Messungen des Zetapotentials

Grundsätzliche Möglichkeiten, das Zetapotential zu bestimmen, bieten die sogenannten elektrokinetischen Effekte, wie die Elektrophorese oder Elektroosmose.

Die elektrokinetischen Bewegungen werden durch die HELMHOLTZ-SMOLUCHOWSKIsche Gleichung beschrieben. Eine ihrer Formen, die uns interessiert, ist

$$\zeta = \frac{36\,\pi\,\eta}{\varepsilon} \cdot u\,10^3\,(\mathrm{mV})$$

mit

u der elektrophoretischen Beweglichkeit in $\frac{\mu}{\mathrm{s}} \cdot \frac{\mathrm{cm}}{V}$
ε der Dielektrizitätskonstanten und
η der Viskosität in Poises.

Die Bestimmung des Zetapotentials suspendierter Teilchen erfordert somit die Messung der elektrophoretischen Geschwindigkeit. Dazu können die gleichen Methoden wie zur Bestimmung der Überführungszahlen verwendet werden.

Von TISELIUS ist die Methode der wandernden Grenzflächen (McINNES) verfeinert worden. Sie eignet sich besonders für Absolutmessungen des Zetapotentials.

Die Schwierigkeit der Methode besteht darin, ein geeignetes Indikatorion zu finden. Für den Fall, daß die Kolloidteilchen nur einen kleinen Beitrag zur Gesamtleitfähigkeit beitragen, kann das Ultrafiltrat der Lösung zum Überschichten der Kolloidlösung und damit zur Herstellung der Grenzfläche verwendet werden. Dann bleiben die Teilchen stets in gleicher Umgebung, und das Zetapotential bleibt unverändert. Allgemein wird bei 4 °C gearbeitet, thermostatisiert also im Dichtemaximum, um Konvektionsströmungen zu vermeiden. Die Beobachtung der Grenzfläche geschieht z. B. mit der TÖPLERschen Schlierenmethode, da sich an der Grenzfläche der Brechungsindex ändert.

Die Wanderung der einzelnen Kolloidteilchen im elektrischen Feld kann aber nicht nur makroskopisch, sondern auch unmittelbar im Ultramikroskop gemessen werden. Die Teilchen bleiben dabei in ihrer ursprünglichen Umgebung. Das Prinzip der verschiedenartig entwickelten Meßapparate besteht darin, daß

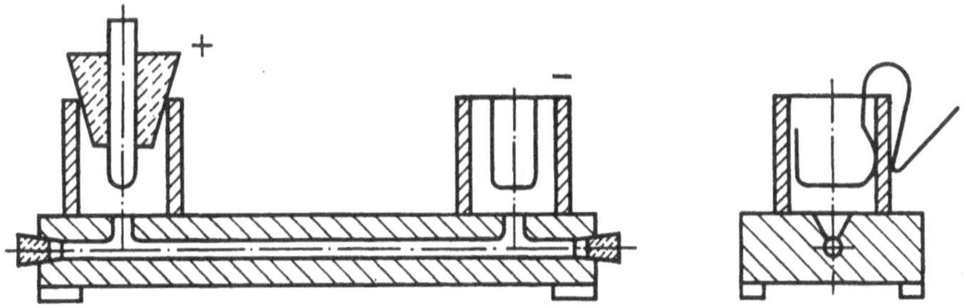

Abb. 1: Mikroelektrophoresezelle. a = Vorderansicht, b = Seitenansicht

durch ein mit einem Mikrometer versehenen Mikroskop die Wanderung der Teilchen unter dem Einfluß des angelegten elektrischen Gleichspannungsfeldes in einer Mikroelektrophoresezelle gemessen wird. Diese Methode wurde ausgewählt und eine Meßapparatur ähnlich der von RIDDICKb) angegebenen Einrichtung zusammengestellt. Abb. 1 zeigt diese Apparatur.

Sie besteht aus

- dem Stereomikroskop Zeiss SM XX, Leistung 60...100fache Vergrößerung, das mit einem Spezialokularmikrometer versehen wurde.
- einer Mikroskoplampe mit Wärmefilter,
- einem mit Volt- und Mikroamperemeter bestücktes Stromversorgungsgerät, das kontinuierlich veränderliche Gleichspannungen von 0···500 V liefert,
- der Mikroelektrophoresezelle aus Piacrylglas mit einer Molybdänanode und einer Platinkathode.

Diese Lichtführtechnik ähnelt der im Ultramikroskop und gestattet daher, Teilchen, die für eine normale Beobachtung zu klein sind, noch zu sehen, indem sie Licht aufwärts in das Mikroskop reflektieren. So reicht eine 80···120fache Vergrößerung noch aus, für die anderenfalls eine 1000···1500fache Vergrößerung erforderlich wäre.

Die Anwendung der Stereoeinrichtung dient zur Überwindung folgender Schwierigkeit:

Wenn ein suspendiertes, festes Teilchen sich in bezug auf die Flüssigkeit bewegt, dann muß sich auch die Flüssigkeit in bezug auf einen festen Körper in Bewegung setzen, dieser Körper ist in diesem Fall die auch mit einem Potential versehene Wand der Zellröhre. Somit setzen sich die gemessenen (scheinbaren) Geschwindigkeiten v der Teilchen, die eine Funktion ihrer Entfernung von der Wand der Zellröhre ist, additiv aus der wahren Geschwindigkeit v_s und der Geschwindigkeit v_l der Flüssigkeitslamelle infolge der Elektroosmose zusammen (Abb. 2). Die Theorie liefert mit Hilfe der POISEULLEschen Gleichung und die Praxis durch Messungen an Kapillaren parabolische Geschwindigkeitsprofile und einen Wert für die Entfernung von der Röhrenwand von 14,7% des Röhren-

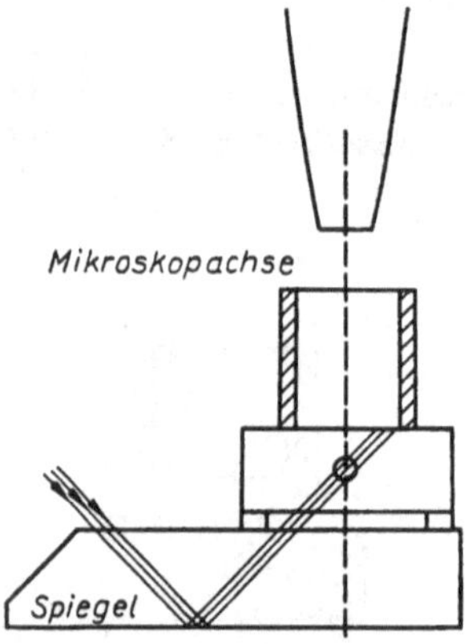

Abb. 2: Lichtführung durch die Zelle

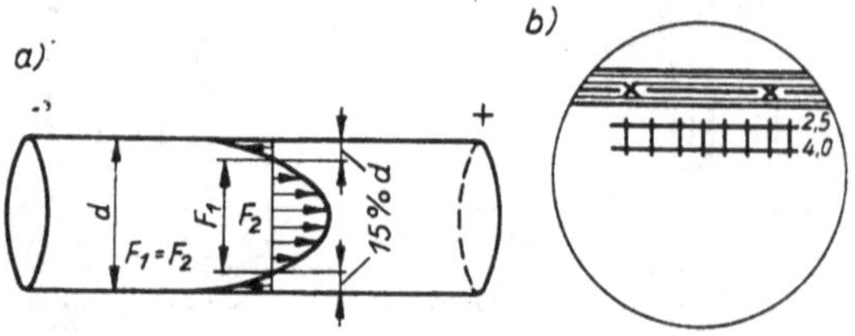

Abb. 3: Nullpunkt der elektroosmotischen Flüssigkeitsbewegung (*a*) und Okularmikrometer (*b*)

durchmessers, an dem die gemessene Geschwindigkeit des Teilchens gleich der wahren elektrophoretischen ist. Das in Abb. 3 gezeigte Okularmikrometer ist nun so eingerichtet, daß für die jeweilige Vergrößerung die Mikrometerskala in diesem 15%-Bereich des Durchmessers liegt.

Diese Methode eignet sich nur gut für Wässer bis maximal 20 mVal Salzgehalt.

Das Zetapotential einiger Rohwasserkolloide

In Abb. 4 sind die Summenhäufigkeitsdiagramme zur Bestimmung des mittleren Zetapotentials der Rohwasserkolloide für Elbewasser (Dresden) mit − 16 mV, ein kontaminiertes Institutsabwasser mit − 13 mV und ein in Leitungswasser suspendiertes Mahlkaolin (VEB Salzmünder Kaolinwerke) mit einem Kornanteil von 66% $< 2\,\mu$ und 20% $< 20\,\mu$ mit − 8 mV aufgezeichnet.

Für alle drei Fälle ergeben sich Verteilungskurven. Dieser Umstand ist typisch und zeigt, daß auch bei Teilchen gleicher Art – wie beim Kaolin – Unterschiede im Grad der Aufladung bestehen. Natürlich sind diese Kurven für heterogen zusammengesetzte Trüben über ein breiteres Potentialgebiet verteilt.

Außerdem sind allen Kurven Fehlerbreiten überlagert. Aber je geringer die Schwankungsbreite der Rohwasserkolloide ist, desto leichter wird die Einstellung optimaler Koagulationsbedingungen möglich sein, weil dann Restladungen oder Umladungen nur im geringen Umfang auftreten.

Zetapotential und Koagulation

Die Bearbeitung der radioaktiven Abwässer läuft in unserer Anlage nach dem in Abb. 5 angegebenen Schema ab.

Entscheidend wird der Dekontaminierungserfolg durch den Ionenaustausch bestimmt. Für die langfristige Aufrechterhaltung einer hohen Wirksamkeit der Austauscher ist eine ständige effektive Entfernung der Trübstoffe notwendig. Die Koagulationseigenschaften der erfaßten Abwässerchargen unterliegen starken Schwankungen entsprechend ihrer Herkunft. Deshalb wurden Untersu-

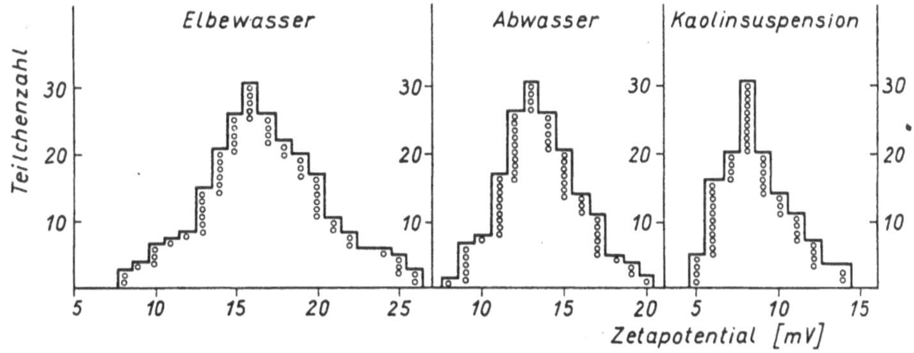

Abb. 4: Häufigkeitsdiagramme des Zetapotentials der Rohwasserkolloide einiger Wässer

chungen zur Auswahl optimaler Koagulationsbedingungen des radioaktiven Abwassers mit Aluminiumsulfat unter Zuhilfenahme der Zetapotentialkontrolle begonnen. Dabei wurden folgende Parameter ermittelt:

a) Die Abhängigkeit des Zetapotentials vom pH-Wert bei der Koagulation durch Al^{3+}-Ionen.
b) Auswahl optimaler Koagulationsmittelmengen beim Koagulations-pH.

Der Einfluß des pH-Wertes im Bereich 5···8 auf das Zetapotential der Rohwasserkolloide und bei nachfolgender Aluminiumsulfatzugabe ist in Abb. 6 dargestellt. Die pH-Einstellung erfolgte durch Salzsäure- und Natronlaugezugabe.

Die Kurven zeigen, daß in dem untersuchten pH-Bereich das Zetapotential der ungeflockten Kolloide fast nicht durch den pH-Wert beeinflußt wird. Nach Zugabe von Aluminiumsulfat war eine Abnahme des Zetapotentials die Folge, wenn das Wasser einen günstigen pH-Wert besaß.

Den isoelektrischen Punkt des geflockten Oxidhydrates findet man aus dem Schnittpunkt der Kurven mit der 0-mV-Linie. Nach Kenntnis dieses geeigneten Koagulations-pH-Wertes kann nun die optimale Al-Dosis bestimmt werden, mit der eine weitgehende Entladung aller Rohwasserkolloide erreicht wer-

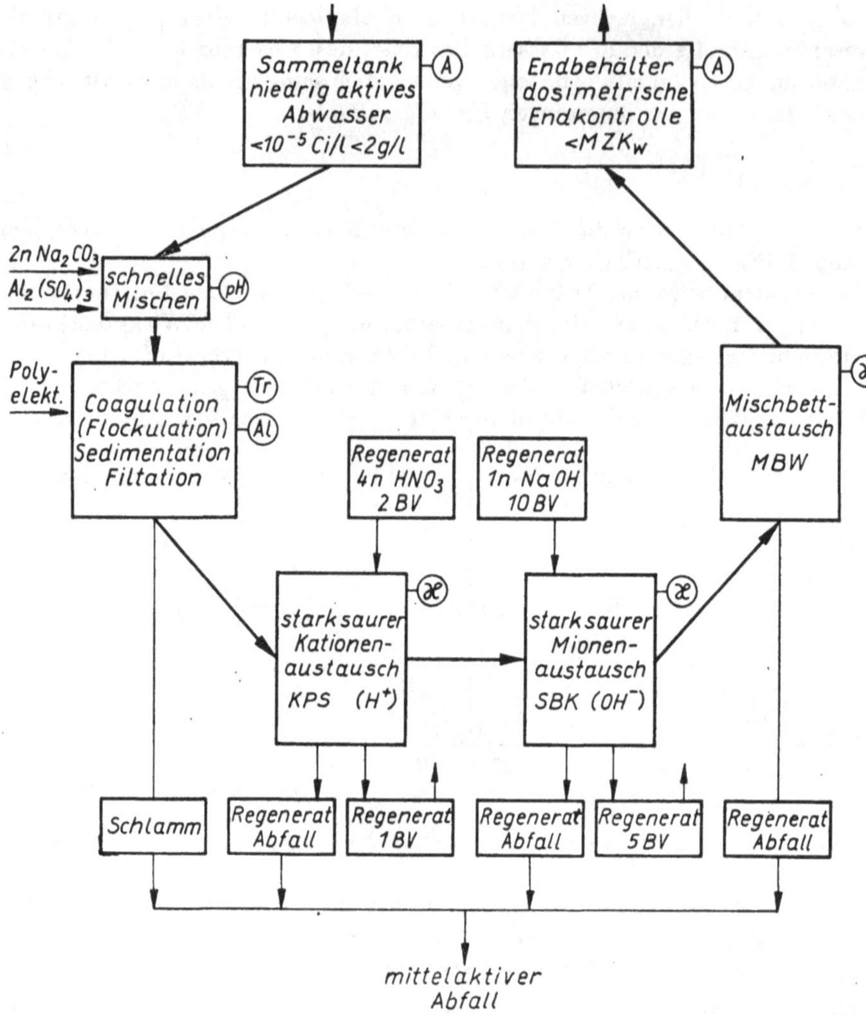

Abb. 5: Flußschema der Abwasserreinigung und Prozeßkontrolle

den kann. Aus dem Kurvenverlauf in Abb. 7 ist zu ersehen, daß 20 mg $Al_2(SO_4)_3$ für das untersuchte Abwasser ausreichten.

In vielen Fällen reichen allein die Entladung der Rohwasserkolloide und die Anlagerung der Kolloide an die allmählich wachsende Koagula (perikinetischer- und ortokinetischer Effekt) nicht aus, auch schnell absetzbare oder leicht filtrierbare Flocken zu erzeugen.

So müssen sich gegebenenfalls weitere Untersuchungen anschließen, z. B. über die Zugabe langkettiger Polyelektrolyte hohen Molekulargewichtes von 1,5···2 Mio. als Flockungshilfsmittel zur Steigerung der Sinkgeschwindigkeit und Reduzierung des Schlammvolumens. Dies sollte komplex mit der Zetapotentialkontrolle der geflockten Kolloide geschehen (La Mer). Der Einfluß der Flockungshilfsmittel auf das Zetapotential der Flocke konnte noch nicht gemessen werden. Die Flocken sinken so schnell in der Meßzelle ab, daß ihre Bewegung nicht ungestört gemessen werden konnte. Um den Einfluß der Polyelektrolyte auf den Flockungsvorgang zu ermitteln, wurde die Sinkgeschwindigkeit der Flocken durch Messen der Radioaktivität des Bodenkörpers in der Zeit (NIEDERSTRASSER u. a.) bestimmt (Abb. 8). Der Zuwachs der Impulsraten über der Zeit gemessen, ist dann der Sinkgeschwindigkeit der Flocken direkt proportional. Daraus ergeben sich die in Abb. 9 wiedergegebenen Kurven. Beim Absetzen lassen sich deutlich die Sedimentationsphase von der Kompressionsphase unterscheiden. Der Anstieg tan α wurde als direktes Maß für die Sinkgeschwindigkeit verwendet.

Unsere Abwasserbehandlungsanlage arbeitet mit einem Sedimentierbehälter. Die Messung der Sedimentiergeschwindigkeit erwies sich daher als eine geeignete und auch genügend empfindliche Größe der Wirksamkeit des Agglomerationsvorganges.

Beim Betrieb von anderen Bearbeitungsanlagen ist es gegebenenfalls zweckmäßig, eine andere Maßzahl für die Wirksamkeit des Aufbereitungsverfahrens wie z. B. die Resttrübe des Wassers, die Filterstandzeit, den Permanganatverbrauch zu suchen.

Diese Bestimmungsgröße soll dann in Beziehung zu den Zetapotentialwerten der geflockten Kolloide bzw. Rohwasserkolloide gesetzt werden. So vermögen

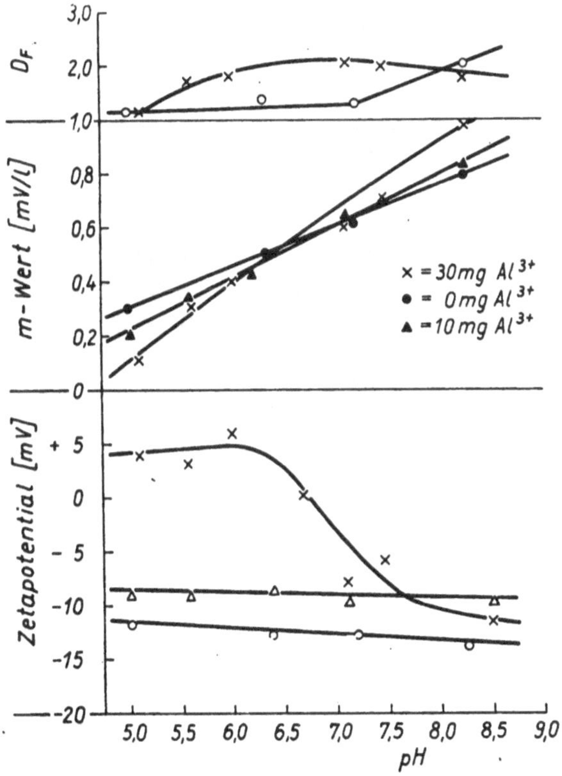

Abb. 6: Abhängigkeit des Zetapotentials vom pH-Wert

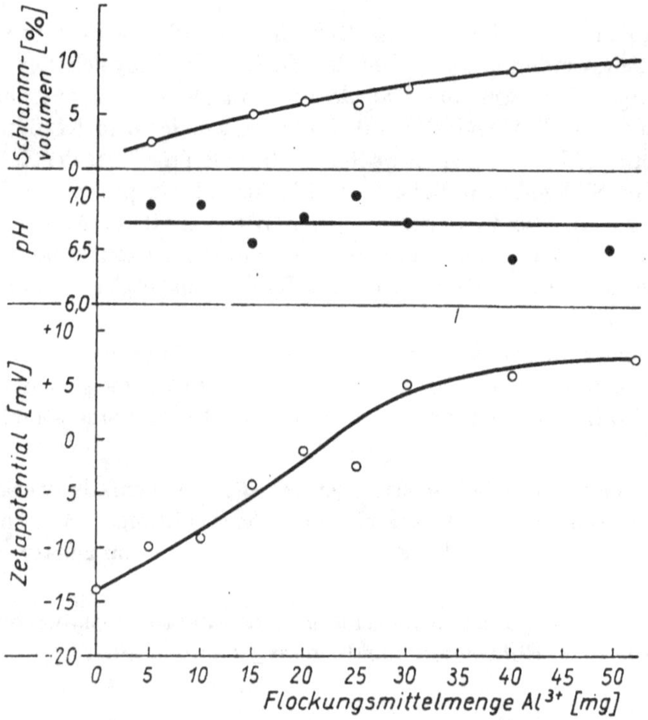

Abb. 7: Einfluß der Al^{3+}-Dosis auf das Zetapotential

die Potentialmessungen wertvolle Aufschlüsse bei der Untersuchung von Filterverfahren (Anschwemm-, Sorptions-, Sandfilter) zu geben.

Die Messung des Zetapotentials ist selbstverständlich nicht in der Lage, alle mit der Flockung verbundenen Probleme zu lösen, denn die elektrostatischen Wechselwirkungen der Doppelschichtladungen bestimmen nicht allein die Vielfalt des Geschehens. Adsorptionsvorgänge und Transportvorgänge bei der Koagulation gehorchen auch anderen Gesetzen, die von ähnlich starkem Einfluß sein können.

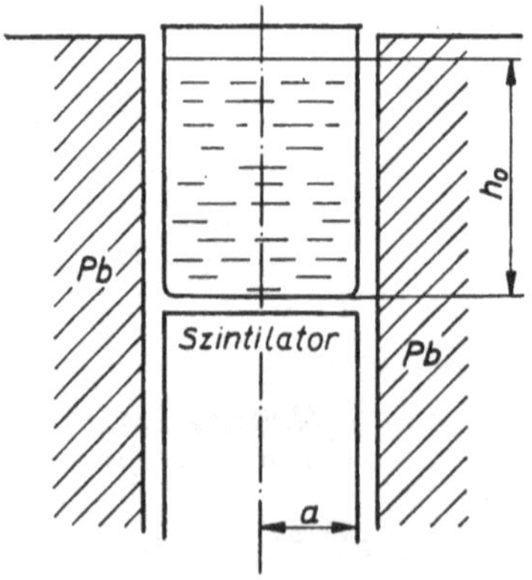

Abb. 8: Meßanordnung zur Bestimmung der Sinkgeschwindigkeit der Flocken

Oft wird der Praktiker z. B. bei der Suche nach günstigen Koagulationsbedingungen mit Hilfe altbewährter Becherglasversuche in einem kürzeren Zeitraum zum Erfolg gelangen. Trotzdem vermögen die Messungen des Zetapotentials einen tieferen Einblick in die stattfindenden physikochemischen Prozesse zu geben und können dann zielgerichteter beeinflußt werden.

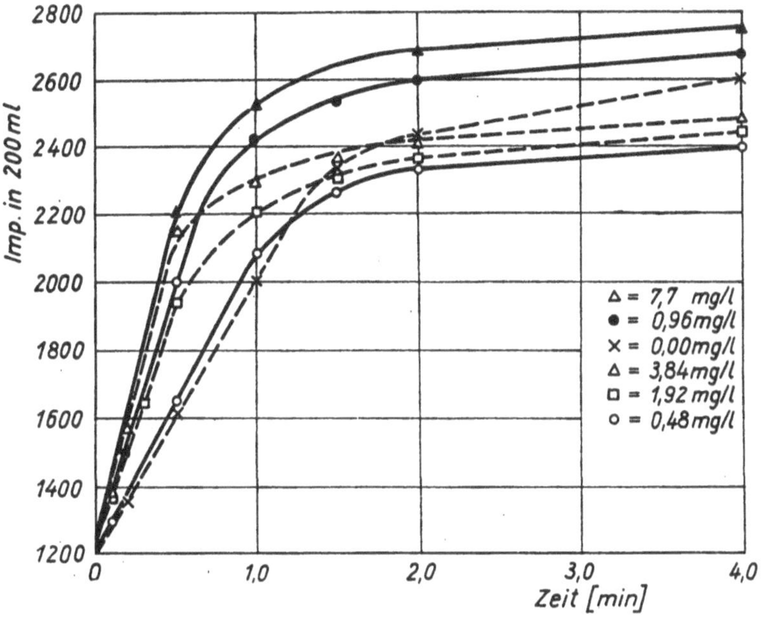

Abb. 9: Impulsdichteverlauf zur Bestimmung der Flockenabsetzgeschwindigkeit in Abhängigkeit vom Zusatz des Flockenhilfsmittels „Stipix AD"

Literatur

Black, A. P. and A. L. Smith: Journal AWWA **54** (1962), 926
Bernhardt, H.: Vom Wasser **32** (1965), 193
Riddick, Th. M.: Chem. Eng. (1961 b), 121, 141
Riddick, Th. M.: Journal AWWA **53** (1961 a), 1007
La Mer, V. K.: Disc. of the Faraday Soc. 42 (1966), 248
Niederstrasser et al., Chem. Ing. Techn. **40** (1968), 333

Anschrift des Verfassers:
Dr. rer. nat. K. H. Johannsen, Staatliche Zentrale für Strahlenschutz der Deutschen Demokratischen Republik, Abteilung radioaktive Abfälle, 8354 Lohmen-Herrenleite, DDR

D. Ventz

Wasserwirtschaftsdirektion Küste-Warnow-Peene, Stralsund

Einige Aspekte zur Abwasserbehandlung in der fischverarbeitenden Industrie *)

Zusammenfassung: Die hochkonzentrierten Abwässer der fischverarbeitenden Industrie wurden bislang nur einer mechanischen Behandlung unterzogen. Diese reicht jedoch nicht aus, um einen ausreichenden Wirkungsgrad = Reinigungseffekt zu erzielen. Einige Aspekte der biologischen Reinigung werden in Grundlage großtechnischer Versuche behandelt, wobei auf das Belebungs- und Turmtropfkörperverfahren eingegangen wird.

Summary: The high concentrated wastewater of fish manufactering industry got till now only a mechanical treatment. To obtain a sufficient purification effect the mechanical treatment is not sufficient. Some aspects of biological purification are dealt with on the base of technical tests whereat it is fallen in activated sludge- and tower trickling filter process.

Резюме: Высокой концентрации сточные воды рыбообрабатывающей промышленности подвергались до сих пор лишь механической обработке. Для достижения достаточной степени эффекта очистки этого недостаточно. На основе крупнопроизводственных опытов излагаются некоторые аспекты биологической очистки и рассматриваются способы активного ила и башенных капельных (био)-фильтров.

Die Situation der Abwasserbehandlung in der Fischverarbeitungsindustrie charakterisiert Keiz wie folgt: „In den Zentren der fischverarbeitenden Industrie trifft man derzeit, wenn überhaupt, dann nur eine mechanische Reinigung der Abwässer an und ein Absondern aufschwimmender Fette."

Eine biologische Behandlung erschien bisher nur möglich, wenn ein Verdünnungsverhältnis mit kommunalem Abwasser von 5:1 gegeben ist. In den Jahren 1967···1968 wurden in Vertragsforschung für die VVB Hochseefischerei Untersuchungen über die biologische Abwasserreinigung in Fischverarbeitungsbetrieben durchgeführt (Ventz 1968). Die biologischen Abbauuntersuchungen, die die Prinzipien der Abwasserreinigung klären sollten, wurden in einem zweistufigen Verfahren durchgeführt. Als erste biologische Stufe diente ein Belebungsbecken mit einem Nutzvolumen von 45 m^3 Inhalt. Zur Belüftung wurden zwei Stabwalzen mit einer Eintauchtiefe von 7 cm und einer Umdrehungszahl von 110/min installiert. Ein Turmtropfkörper mit einem Volumen von 25,3 m^3 wurde als zweite Stufe zur biologischen Nachreinigung verwendet.

---

*) Vortrag, gehalten auf der Jahrestagung des Fachverbandes Wasserchemie der Chemischen Gesellschaft in der DDR, Leipzig, April 1969

Die Beschaffenheit des Abwassers ist abhängig von den Roh- und Endprodukten des Verarbeitungsprozesses, ebenfalls die Abwassermenge. Für den VEB Fischverarbeitung Schwaan, in dem die Untersuchungen an der ersten großtechnischen Reinigungsanlage im Bereich der Fischindustrie durchgeführt wurden (VENTZ 1969), wurde bei einem mittleren Abwasseranfall von 13,3 m^3/h die in Tab. 1 angegebene Abwasserbeschaffenheit ermittelt.

Tabelle 1

Beschaffenheit des unbehandelten Abwassers im VEB Fischverarbeitung Schwaan

		Mittelwert	Minimalwert	Maximalwert
BSB_5	mg/l	1250	420	4270
CSV-Mn	mg/l O_2	330	116	910
org. Säuren	mg/l	335	80	880
Cl	mg/l	4420	300	11920
PO_4	mg/l	98,6	23,3	277
N_2	mg/l	180	72	523
org. N.	mg/l	123	35	436
NH_4	mg/l	70,5	25,8	180
NO_3	mg/l	1,15	n. n.	1,97
pH-Wert		—	6,15	8,7

Bedingt durch den erhöhten Fettanteil und Eiweißgehalt im Rohabwasser, vorliegend als Fett–Eiweiß-Emulsion, ist für eine wirksame biologische Reinigung in der mechanischen Vorbehandlung eine Brechung der Emulsion erforderlich. Nach der von SCHULZ vorgeschlagenen mechanischen Behandlung einschließlich einer Vorfällung mit 100···150 mg $FeCl_3/l$ ist ein Reinigungseffekt von ca. 30%, bezogen auf die BSB_5-Verringerung, möglich (VENTZ, ZÄNGER).

Ungünstige technologische Parameter auf der Versuchsanlage ließen jedoch nur einen mittleren Wirkungsgrad von 17% zu. Während der Einfahrperiode des Belebungsbeckens lagen die Wassertemperaturen zwischen 18 und 19 °C. Unter diesen Bedingungen betrug das Schlammvolumen nach vierzehn Tagen schon mehr als 15%, wobei der Belebtschlammbildungsprozeß durch die aus der Vorreinigung mitgeführten Feststoffe (Eisenhydroxidflocken) gefördert wurde. Der gesunde Belebtschlamm hat eine gelbbraune Farbe und zeigt ein gutes Absetzvermögen.

Die Möglichkeit der Ermittlung einer optimalen Betriebsweise bestand primär in der Veränderung des Schlammraumvolumens $= SV_R$. Weiterhin wurde durch die Veränderung der Abwassermenge $= Q$ und der daraus resultierenden Variablen Q_R = Raumbeschickung und D_h = Belüftungszeit eine sehr disponible Betriebsweise ermöglicht. Q_R bewegte sich dementsprechend zwischen 4,0 und 7,0 $m^3/m^3 \cdot d$, D_h zwischen 6,0 und 3,5 h.

Da weiterhin die Zulaufkonzentration — K_Z — zum Belebungsbecken zwischen 170 und 2380 mg BSB_5/l schwankte, der Mittelwert lag bei 1036 mg BSB_5/l, gestaltete sich die Raumbelastung sehr unterschiedlich und erreichte einen Maximalwert von 15,2 kg $BSB_5/m^3 \cdot d$. Daß bei solchen Belastungsstufen, die weit über den allgemeinen Raumbelastungen liegen, die Menge an belebtem Schlamm zum ausschlaggebenden Faktor wird, ist verständlich.

Bedenklich stimmen die in Tab. 1 angeführten großen Schwankungen im Chloridgehalt. Um durch diesen Inhaltsstoff, der in den genannten Größenverhältnissen schädigend auf die Biocoenosen der Reinigungsstufen wirken kann, die gesamte Prozeßführung nicht zu stören, ist als Grenzwert für den Chloridgehalt im Rohwasser 4150 mg Cl/l festgesetzt worden, der, wie die Erfahrung zeigt, auch einzuhalten ist.

Aus verschiedenen Versuchsvarianten (VENTZ 1969) erwies sich in der ersten biologischen Stufe folgende Prozeßführung als optimal:

Raumbeschickung	Q_R	$= 7{,}0\ m^3/m^3 \cdot d$
Belüftungszeit	D_h	$= 3{,}5\ h$
Schlammraumvolumen	SV_R	$= 31-50\%$

Die mittlere Raumbelastung betrug 5,49 kg $BSB_5/m^3 \cdot d$. Unter Berücksichtigung einer Schlammbelastung von 1,5 kg/kg · d konnte ein Wirkungsgrad von 72% erzielt werden, was einer Abbauleistung von 3,91 kg $BSB_5/m^3 \cdot d$ entspricht. Bezogen auf den BSB_5-Abbau je m wirksamer Walzenlänge liegt der Wert bei 32,2 kg $BSB_5/m \cdot d$ und entspricht somit den bei SCHARFE und v. TÜMPLING genannten Daten.

Nach statistischer Bearbeitung der Untersuchungsergebnisse wurde folgende Regressionsgrade, die die Beziehungen zwischen der Raumbelastung $B_R = x$ und dem Wirkungsgrad $\eta_b = y$ herstellt, ermittelt:

$$y = 72 + 0{,}86\,(x - 5{,}5) \pm 17{,}3\,\%\,.$$

Der Korrelationskoeffizient +0,11 bedeutet zwar eine statistisch nicht gesicherte positive Korrelation, weist aber nach, daß zumindest in einem Belastungsbereich bis 10 kg $BSB_5/m^3 \cdot d$ kein Rückgang des Wirkungsgrades durch Erhöhung der Raumbelastung zu erwarten ist.

Werden in die Betrachtungen über die Raumbelastung die Fragen der Schlammbelastung einbezogen, so wurde gegenüber der von MUSKAT genannten Schlammbelastung $SB = 0{,}3$ kg/kg · d mit einem Wert von 1,5 kg/kg · d gearbeitet, der sich den von HEINICKE genannten Verhältnissen anderer Industrieabwässer gut anpaßt.

Hinsichtlich der allgemeinen Beziehungen zwischen Schlammbelastung und Wirkungsgrad des Belebungsbeckens war nachzuweisen, daß bis $SB = 2$ kg/kg · d der Wirkungsgrad im Mittel auf 71% anstieg, im günstigsten Fall auf 94% und dann kontinuierlich bis auf 24% bei Schlammbelastungen zwischen 12 und 13 kg/kg · d absank. Mangelndes Nährstoffangebot muß bei einem Verhältnis von

$$P : BSB_5 = 1 : 33$$

ausgeschlossen werden (Tab. 2).

Analog zu dem guten Wirkungsgrad beim Abbau der organischen Inhaltsstoffe — auch der CSV–Mn wird um 44% bis auf Ablaufkonzentrationen von 110 mg O_2/l reduziert — verhält sich auch das Eliminierungsvermögen der

Tabelle 2

Beziehungen zwischen Schlammbelastung und Wirkungsgrad

Schlammbelastung kg/kg · d	Wirkungsgrad %	Verhältnis zwischen $P(PO_4) : BSB_5$
0–1	68	1:21
1–2	71	1:39
2–3	57	1:33
3–4	38	1:36
4–5	36	1:45
5–6	28	1:27
7–8	17	1:33
8–9	24	–
12–13	24	1:30

Nährstoffkomponenten. Der Phosphorgehalt, in vielen Gewässern als stimulierender Faktor für Algenmassenentwicklungen anzusehen, wird in konventionellen biologischen Kläranlagen nur in begrenztem Umfang zurückgehalten. So gibt Uhlmann für sehr gut funktionierende vollbiologische Anlagen 40% Eliminierungsleistungen an, während Thomas Werte nennt, die um 20% schwanken.

Trotz angenommener teilweiser Remobilisierung bei oft niedriger Sauerstoffspannung im Belebungsbecken ist die Phosphorelimination mit 59% recht beachtlich, wenn auch die mittlere Ablaufkonzentration von 37,2 mg/l PO_4 grundsätzlich noch nicht den erforderlichen Ablaufnormen entspricht, wie sie z. B. für kommunale Kläranlagen von Schuster mit 2 mg/l angegeben werden. Die Effektivität der Gesamtstickstoffrückhaltung ist mit 29% dagegen wesentlich geringer. Weitere Beurteilungskriterien werden in Tab. 3 genannt.

Tabelle 3

Beurteilungskriterien des Belebtschlammverfahrens

Schlammindex	– SJ	– =	107	ml/g
Schlammfeststoffgehalt	– SF	– =	0,91	%
Schlammwassergehalt	– SW	– =	99,09	%
Schlammproduktion	– SP	– =	0,404	kg/kg
Schlammanfall	– SÜ	– =	9,9	m^3/d
Rücklaufschlammenge	– SR	– =	3	m^3/h
Rücklaufschlammanteil	– SRA	– =	23	%
Raumschlammanfall	– SÜR	– =	0,22	$m^3/m^3 \cdot d$
Schlammalter	– SA	– =	17	d
relat. Schlammasse	– ST_r	– =	0,67	gd/kg

Die zweite biologische Stufe, Turmtropfkörper, wurde mit einer Oberflächenbeschickung von 5,0 $m^3/m^2 \cdot h$ und einer Raumbeschickung von 11,4 $m^3/m^3 \cdot d$ gefahren, wobei die Kontaktzeit 7...10 min betrug. Aus der Schwankungsbreite der Zulaufkonzentration von 32...1670 mg/l BSB_5 resultierten Raumbelastungen von 0,3...19,0 kg $BSB_5/m^3 \cdot d$.

Im Vergleich zum Belebungsbecken geht die Abbauleistung des Turmtropfkörpers wesentlich zurück und erreicht nur bei Raumbelastungen bis max. 5 kg $BSB_5/m^3 \cdot d = \sim 470$ mg/l einen Wirkungsgrad von 37 %, was einer Abbauleistung von $\sim$0,9 kg/$m^3 \cdot$ d entspricht.

Bei einer Zunahme der Raumbelastung sinkt der Wirkungsgrad stark ab. Ähnliche Feststellungen, daß der Wirkungsgrad eines Turmtropfkörpers bei industriellen Abwässern 30% nicht überschreitet, machte KALBE bei der Untersuchung der Abwässer aus Bastfaserbetrieben.

Weitere Nachteile würden sich ergeben, wenn der Turmtropfkörper als erste biologische Stufe gefahren werden würde. In diesem Falle würde sich, bedingt durch die hohe Abwasserkonzentration und die spezifische Zusammensetzung des Abwassers, ein dichter Rasen von *Sphaerotilus natans* und *Fusarium aquaeductum* bilden, der zu einer Funktionsminderung bzw. -unwirksamkeit der Reinigungsstufe führen würde. Die statistische Berechnung ergab folgende Regressionsgerade:

$$y = 31 - 1{,}6\,(x - 6{,}5) \pm 18\%$$

Durch den Korrelationskoeffizienten —0,42 wird eine statistisch ziemlich gesicherte negative Korrelation nachgewiesen.

Aus den gesamten Untersuchungen ist zu folgern, daß das Belebungsbecken hinsichtlich der Reinigungswirkung eine größere Effektivität gegenüber einem Turmtropfkörper aufweist.

Auch die Wirtschaftlichkeitsanalyse deckt sich mit dieser Feststellung. Werden die spezifischen Investitionssummen für 1 m^3 Belebungsbeckenvolumen einschließlich des jährlichen Abschreibungssatzes mit der durchschnittlichen Abbauleistung, bezogen auf den jährlichen Abwasserdurchsatz, korreliert, errechnet sich ein Aufwand von 0,21 M/kg BSB_5. Für den Turmtropfkörper beträgt unter den gleichen Grundbedingungen der Aufwand 1,06 M/kg BSB_5. Auch unter Einbeziehung der jährlichen Betriebs- und Unterhaltungskosten bleibt mit 0,70 M/kg BSB_5 bzw. 2,80 M/kg BSB_5 das Verhältnis von 1:5 bestehen.

Literatur

HEINICKE, D.: Erfahrungen bei der biologischen Reinigung industrieller Abwässer und der Aufbereitung der anfallenden Schlämme. Industrieabwässer 1966, 15

KALBE, L.: Zur biologischen Abwasserreinigung in Bastfaserbetrieben. Wasserwirtsch.-Wassertechn. 18 *10* (1968), 328

KEIZ, G.: Probleme der Abwasserbeseitigung der fischverarbeitenden Industrie. Münchener Beiträge zur Abwasser-, Fischerei- u. Flußbiologie 11 (1964), 311

MUSKAT, J.: Grundprinzipien der biologischen Abwasserreinigung. Chem.-Ing. Techn. **39** *4* (1967), 179

SCHARFE, O.: Die Stabwalze, ein Belüftungselement für Belebungsbecken und Oxydationsgräben. Wasserwirtsch.-Wassertechn. 11 *9* (1961), 120

SCHULZ, G.: Die Reinigung der Abwässer aus Fischkombinaten. Wasserwirtsch.-Wassertechn. 6 *10* (1956), 314

SCHUSTER, G.: Grundlagen der Phosphatelimination durch chemische Fällung. Fortschr. d. Wasserchemie 8 (1968), 188

Thomas, E. A.: Die Phosphat-Hypertrophie der Gewässer II. Chem. Weekblad **63** *27* (1967), 313
Tümpling, v. W.: Der Sauerstoffeintrag in einem Belebungsbecken mit Stabwalzenbelüftung. Wasserwirtsch.-Wassertechn. **15** *11* (1965), 371
Uhlmann, D.: Biogene Stoffumsetzungen in verschmutzten Gewässern. Fortschr. d. Wasserchemie **7** (1967), 124
Ventz, D., G. Zänger: Beitrag zur biologischen Reinigung der Abwässer aus Fischverarbeitungsbetrieben. Fischerei-Forschung **4** *4* (1966), 91
Ventz, D.: Abschlußbericht zum F/E-Thema: Großtechnischer Abwasserreinigungsversuch im VEB Fischverarbeitung Schwaan. – unveröffentlicht – Stralsund 1968
Ventz, D.: Abwasserreinigung in der fischverarbeitenden Industrie. Fischerei-Forschung **7** 2 (1969), 45

Anschrift des Verfassers:
Dipl. Biol. Dieter Ventz, 23 Stralsund, Prohner Str. 57, DDR

J. Fr. Gruhler, F.-R. Preuss

Sektion Wasserwesen der Technischen Universität Dresden

Zum praktischen Weg und Wert der linearen Optimierung bei der Planung von Kläranlagen in einem Flußgebiet

Zusammenfassung: An einem einfachen Beispiel werden Weg und Ziel der linearen Optimierung für ein System von Kläranlagen an einem Gewässer erläutert und Betrachtungen zum Wert und zur Genauigkeit der einzuführenden Kennwerte angestellt. Es zeigt sich, daß weitere Forschungen und Untersuchungen erforderlich sind, um z. B. Sauerstoff-Defizitgleichung, BSB, Sauerstoffgehalt, Flußwassermenge und nicht zuletzt Bau- und Selbstkosten von Kläranlagen zuverlässiger in die Berechnungen einführen zu können. Auf die derzeitigen Grenzen wird hingewiesen. Dem Praktiker kann zur schnellen Einschätzung und zur Aufstellung von Prognosen auch heute noch das Verfahren des Abwasserlastplanes helfen. An einem Beispiel werden die Ergebnisse beider Verfahren diskutiert.

Summary: On a simple example the way and the aim of linear optimation for a system of purification plants on a stretch of water is shown. Considerations to the value and precision of introducted mark numbers are made. Additional researches and investigations are necessary to introduce for instance oxygen deficiency equation, BOD, oxygen content, waterquantity and not least building expenses and prime costs into the calculation of purification plants. It is refered to the actual bounds. The method of pollution load plan can help experts for a quick valuation and for a statement of prognosis. The results of both methods are discussed on one example.

Резюме: На простом примере излагаются путь и цель линейной оптимизации системы отстойных установок на водоеме и рассматривается ценность и точность вводимых показателей. Отмечается необходимость дальнейших исследований для более надежного внедрения в расчеты таких показателей как уравнение кислородного дефицита, БПК, содержание кислорода, расход реки и не в последнюю очередь капиталовложения на постройку и себестоимость отстойных установок. Указаны имеющиеся в настоящее время пределы. Для быстрой оценки положения и прогнозирования дальнейшего развития метод планирования нормы отведения сточных вод и в настоящее время еще может помогать практику. На примере обсуждаются результаты обоих методов.

Die Entwicklung der Wissenschaften in allen Lebensbereichen hat dazu geführt, daß in den letzten Jahren auch auf dem Gebiet der Gewässerreinhaltung zahlreiche neue Erkenntnisse gewonnen wurden. Ihre Werte dokumentieren sich in den Anwendungsmöglichkeiten und in der Verbesserung des Zustandes der Gewässer. Darin eingeschlossen ist die ökonomische Seite. Letzten Endes geht es immer darum, mit einem Minimum an Aufwendungen einen optimalen Erfolg zu erzielen. Einer der Wege hierzu ist der Versuch, über die Berechnungsmethode der linearen Optimierung aufzeigen zu können, mit welchem Reinigungsgrad verschiedene Kläranlagen an einem Flußlauf arbeiten müssen, um sowohl dem Vorfluter die geforderte Entlastung als auch die niedrigsten Gesamtinvestitionskosten oder -selbstkosten zu bringen. Diese Methode hat in anderen Wirtschaftsbereichen, wie z. B. im Transportwesen, augenscheinliche und schnell meßbare Vorteile gebracht. Innerhalb der Wasserwirtschaft ist es naheliegend, diesen Weg bei der Optimierung von Kläranlagen zu gehen. Er wird in der Literatur verschiedentlich besprochen (Deininger, Dietrich, Möller, Press). In der Deutschen Demokratischen Republik hat sich bisher nur Günther hierzu geäußert. Aus seinen Ausführungen wird schnell ersichtlich, daß bei näherer Betrachtung doch recht viele Fragen ineinandergreifen. Schon die Kenntnis der Grundlagen der Optimierungsrechnung ist kein Allgemeingut. Dadurch ergibt sich die Gefahr, daß diese Optimierungsfragen nur von Spezialisten bearbeitet werden können. Ihre Ergebnisse müssen dann ohne die Möglichkeit der Einschätzung von denjenigen übernommen werden, die Planung und Bau von Kläranlagen weiterbearbeiten.

Im folgenden soll deshalb zunächst unter Anlehnung an Revelle, Loucks, Lynn an einem sehr einfachen Beispiel gezeigt werden, wie die lineare Optimierung abläuft. Da Linearoptimierungen in den verschiedensten Zweigen der Technik bereits vorgenommen wurden, kann auf eine detaillierte Darstellung der Mathematik (u. a. Integrationsverfahren, Matritzenrechnung) verzichtet werden. Die Programme liegen für jeden Automaten in der Deutschen Demokratischen Republik vor, es hängt nur von der Anzahl der jeweils zu berücksichtigenden Einleiter ab, welcher Automat geeignet ist.

Anschließend soll eine Einschätzung versucht werden, die abgrenzen läßt, wann und welche praktisch weiterverwertbaren Ergebnisse mit dieser Methode zu erzielen sind.

Die lineare Optimierung an einem einfachen Beispiel

Ziel der linearen Optimierung im vorliegenden Falle ist es, für ein System von Kläranlagen an einem Vorfluter die minimalen Selbstkosten oder auch Investkosten anzugeben.

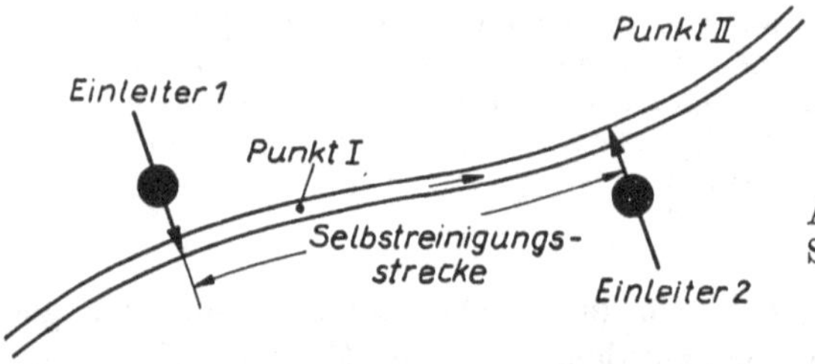

Abb. 1: Idealisiertes Flußgebiet mit Selbstreinigungsstrecke

Für ein gegebenes Flußgebiet soll der erforderliche Behandlungsgrad (%BSB_5-Abbau) angegeben werden, der von der jeweiligen Kläranlage gefordert werden muß, um die Selbstkosten für das Gesamtsystem unter Aufrechterhaltung der vorgeschriebenen Werte der Wasserqualität im Gewässer (gelöster Sauerstoff) auf ein Minimum herabzusetzen. Abb. 1 zeigt ein idealisiertes Flußgebiet, auf welches sich die folgenden Darstellungen beziehen werden.

Die Aufgabe besteht darin, die notwendigen Behandlungs- und Reinigungsgrade für die Einleiter 1 und 2 zu bestimmen, um die geforderten Konzentrationen von gelöstem Sauerstoff im Wasser an den Punkten I und II zu garantieren. Für diesen Fall sollen die allgemeinen Kennwerte der Wassergüteklasse II vorausgesetzt werden. Danach liegt nach den Richtlinien des Amtes für Wasserwirtschaft die einzuhaltende Konzentration an gelöstem Sauerstoff bei >5 mg/l.

Auf die zweckmäßigste Lage der Kontrollpunkte I und II soll hier nicht näher eingegangen werden, sie sollen jedoch nicht unmittelbar unterhalb der Einleitungsstelle liegen.

Da es mehr als eine Kombination von Behandlungsgraden gibt, welche diesen Forderungen der Wasserqualität genügen, muß also die Kombination gefunden werden, die ein Minimum der Selbstkosten der Abwasserbehandlung gewährleistet. Um dieses Ziel mathematisch ausdrücken zu können, sollen a_1 die bekannten Kosten für das Beseitigen von 1% des Gesamt-BSB, der beim Einleiter 1 vorhanden ist, und a_2 die entsprechenden bekannten Kosten beim Einleiter 2 sein. Zunächst wird angenommen, daß diese Kosten innerhalb der Reihe der möglichen Behandlungsgrade konstant und linear ansteigen. Die unbekannten Entscheidungsvariablen sind die geforderten Behandlungsgrade für Einleiter 1 und 2. Sie werden mit B_1 und B_2 (% BSB-Abbau) bezeichnet. Damit ist die Summe der Behandlungskosten $a_1 \cdot B_2 + a_2 \cdot B_2$. Das Ziel ist es, diese Summe zu einem Minimum werden zu lassen. Die Bedingung lautet damit:

$$a_1 \cdot B_1 + a_2 \cdot B_2 \rightarrow \text{Minimum} \tag{1}$$

Diese Gleichung wird deswegen Zielfunktion genannt. Der Minimalwert könnte gleich Null gesetzt werden, wenn keine Wassergüteanforderungen einzuhalten wären, da dann B_1 und B_2 gleich Null gesetzt werden könnten. Diese Wassergüteanforderungen sind also Zwangsbedingungen des Problems, da nicht mehr die Freiheit besteht, irgendwelche beliebigen Werte für B_1 und B_2 zu wählen. Die Lösung ist also eingezwängt. Die Aufgabe besteht nunmehr darin, die Minimalkostenkombination der Behandlungsgrade zu finden, welche diesen Zwangsbedingungen gerecht wird. Für das gewählte Beispiel wird angenommen, daß es eine lineare Beziehung zwischen der Konzentration von gelöstem Sauerstoff am Punkt I und dem Behandlungsgrad gibt, der vom Einleiter 1 geliefert wird. Damit kann die vorhandene Konzentration K_I von gelöstem Sauerstoff (mg/l) am Punkt I durch folgende Beziehung bestimmt werden:

$$K_I = u_0 + u_1 \cdot B_1$$

Dabei bedeuten:

u_0 – Konzentration des gelösten Sauerstoffes (mg/l) am Punkt I, wenn keine Behandlung beim Einleiter 1 erfolgt

u_1 – Änderung in der Konzentration des gelösten O_2 (mg/l) je % Behandlung) am Punkt I je % Behandlung, die beim Einleiter 1 erfolgt.

u_0 und u_1 sind konstante Koeffizienten mit bekannten Werten. Die Wasserqualitätsforderung am Punkt I lautet: $\geqq 5$ mg/l gelöster Sauerstoff. Damit gilt die Qualitätsbedingung $u_0 + u_1 \cdot B_1 \geqq 5$ oder

$$B_1 \geqq \frac{5 - u_0}{u_1} \tag{2}$$

Der Behandlungsgrad beim Einleiter 2 kann die Konzentration des gelösten Sauerstoffes im Vorfluter am Punkt *I* nicht beeinflussen. Aber die Behandlungsgrade von beiden Einleitern beeinflussen die Konzentration des gelösten Sauerstoffes am Punkt *II*. Wiederum wird die Linearität zwischen Sauerstoffkonzentration und Behandlungsgrad angenommen. Damit kann die Sauerstoffkonzentration K_{II} am Punkt *II* als eine lineare Kombination des Behandlungsgrades der Einleiter 1 und 2 geschrieben werden:

$$K_I \ = s_0 + s_1 \cdot B_1 + s_2 \cdot B_2$$

Dabei bedeuten:

s_0 = Konzentration des gelösten Sauerstoffs (mg/l) am Punkt II, wenn keine Behandlung bei den Einleitern 1 und 2 geleistet wird

s_1 = Änderung der Sauerstoffkonzentration (mg/l je % Behandlungsgrad) am Punkt II als Folge der Behandlung beim Einleiter 1

s_2 = Änderung der Sauerstoffkonzentration (mg/l je % Behandlungsgrad) am Punkt II als Folge der Behandlung beim Einleiter 2

s_0, s_1 und s_2 sind wiederum bekannte Konstanten mit bekannten Werten.

Die Wasserqualitätsforderung am Punkt II lautet wiederum $\geqq$ 5 mg/l gelöster Sauerstoff. Damit ergibt sich die zweite Qualitätszwangsbedingung zu

$$s_0 + s_1 \cdot B_1 + s_2 \cdot B_2 \geqq 5 \text{ oder}$$

$$s_1 \cdot B_1 + s_2 \cdot B_2 \geqq 5 - s_0 \tag{3}$$

Wird angenommen, daß gegenwärtig beim Einleiter 2 eine mechanische Kläranlage arbeitet und 35% BSB beseitigt, so kann die Reihe der Zwangsbedingungen auf Grund der Tatsache, daß sich die Wirkungsgrade theoretisch (praktisch weniger, s. u.) nur zwischen 0 und 100% bewegen können, vervollständigt werden. Es ergeben sich folgende Zwangsbedingungen:

$$0 < B_1 \leqq 100 \tag{4}$$

$$35 \leqq B_2 \leqq 100 \tag{5}$$

Da eine lineare Zielfunktion der Kosten und lineare Zwangsbedingungen aufgestellt wurden, wird diese mathematische Aufgabe ein lineares Optimierungsproblem genannt. Es gibt nur zwei Unbekannte, nämlich die erforderlichen Behandlungsgrade B_1 und B_2 der beiden zu bauenden Kläranlagen.

Rechenexempel mit zwei Unbekannten können graphisch oder rechnerisch einfach gelöst werden, während Probleme mit mehr als zwei Unbekannten in der Regel durch spezielle Verfahren, genannt Algorithmen, gelöst werden müssen. Hierfür liegen Programmierungen vor.

Für das Beispiel einer graphischen Lösung sollen hier den Konstanten irgendwelche numerische Werte zugewiesen werden, und zwar

a_1 = 2000 M/a je % Behandlungsgrad
a_2 = 1000 M/a je % Behandlungsgrad
u_0 = 1,0 mg/l gelöster Sauerstoff
u_1 = 0,1 mg/l gelöster Sauerstoff je % Behandlung
s_0 = 2,0 mg/l gelöster Sauerstoff je % Behandlung
$s_1 = s_2$ = 0,03 mg/l gelöster Sauerstoff je % Behandlung

Durch Einsetzen dieser Werte in die Zielfunktion (1) und in die Zwangsbedingungen (2)···(5) kann dieses lineare Optimierungsproblem in folgender geschlossener Weise ausgedrückt werden:

$$(1) \rightarrow 2 \cdot B_1 + 1 \cdot B_2 = \min$$

$$\left.\begin{array}{ll}(2) \rightarrow B_1 \geqq \frac{5-1}{0{,}1} & \rightarrow B_1 \geqq 40 \\ (4) & \rightarrow B_1 \leqq 100\end{array}\right\} \rightarrow 40 \leqq B_1 \leqq 100$$

$$(5) \rightarrow \qquad 35 \leqq B_2 \leqq 100$$

$$(3) \rightarrow 0{,}03 \cdot B_1 + 0{,}03 \cdot B_2 \geqq 5 - 2 \rightarrow B_1 + B_2 \geqq 100$$

Nunmehr ist es möglich den Bereich graphisch darzustellen, der den errechneten Zwangsbedingungen genügt. Die schraffierte Fläche in Abb. 2 stellt den Bereich der möglichen Lösungen dar. Innerhalb dieses Bereiches ist jede Kombination

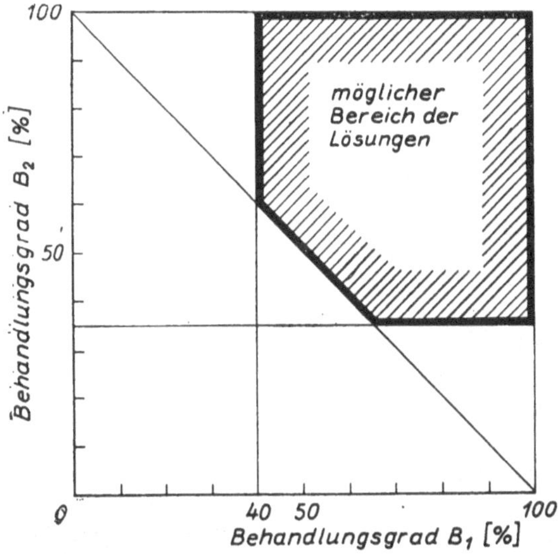

Abb. 2: Darstellung der von den Zwangsbedingungen gemäß den Optimierungsbetrachtungen eingeschlossenen Bereiche

der zwei Behandlungsgrade B_1 und B_2 möglich, da sie in jedem Falle allen Zwangsbedingungen genügt. Gesucht wird aber die Kombination, die die minimalen Gesamtkosten bringt. Mit wenigen Ausnahmen kann es nur eine solche Kombination geben.

Aus Abb. 3 läßt sich die Lösung der Zielfunktion unter Einführung der oben angegebenen Werte für a_1 und a_2 ablesen. Die Zielfunktion der Kosten wurde für die Werte 100; 120; 140; 180 und 210 graphisch dargestellt. Die optimale Lösung würde jährliche Gesamtkosten von 140000 M ergeben. Es ist klar ersichtlich, daß es keine weitere Kombination mit niedrigeren Gesamtkosten geben kann, da die Zielfunktion der Kosten für 140000 M/a durch die äußerste Ecke des möglichen Bereiches verläuft. Zugleich ist zu ersehen, daß diese Lösung bei einer Kombination der Behandlungsgrade $B_1 = 40\%$ und $B_2 = 60\%$ liegt.

Jede andere Lösung würde entweder größere oder aber niedrigere Gesamtkosten ergeben und dafür aber die in den Zwangsbedingungen verankerten Wassergüteforderungen nicht erfüllen.

Bemerkungen zu den Zwangsbedingungen

Dieses sehr einfache Beispiel enthält zahlreiche Vereinfachungen und Vernachlässigungen. Besonders die einzuführenden Zwangsbedingungen müssen zutreffender gefaßt werden. Sind außerdem nicht zwei sondern mehrere Einleiter zu beachten, wird das Verfahren wesentlich komplizierter. Es sind besonders drei Arten von Zwangsbedingungen (Restriktionen), deren richtiger Einsatz zu überlegen ist, und zwar die der Behandlungsgrenzen, der BSB- und Sauerstoffdefizitbewegung im Vorfluter und die der geforderten Wasserqualität.

So ist es wertlos, Behandlungsbereiche zwischen 0 und 100% BSB-Abbau einzusetzen. Praktisch liegen sie zwischen 35 und 90%, denn kommunales

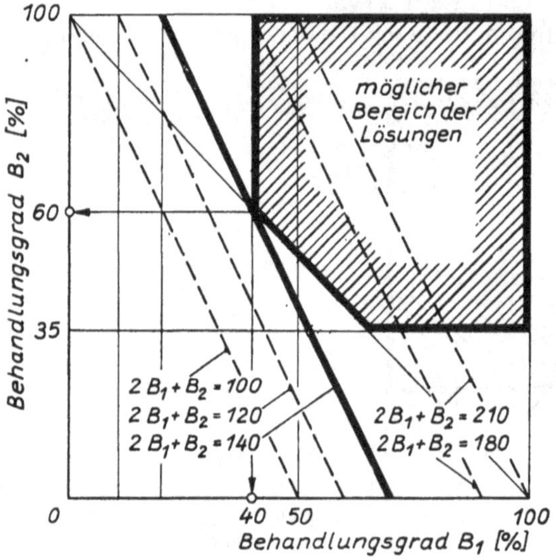

Abb. 3: Lösung der Zielfunktion gemäß Beispiel

Abwasser muß in jedem Falle mindestens mechanisch gereinigt werden. Eine Reinigung über 90% hinaus ist im Regelfall ökonomisch nicht vertretbar. Einen tpyischen Verlauf einer Kostenkurve zeigt Abb. 4. Innerhalb der Grenzen von 35···90% Reinigungsleistung (Behandlungsgrad) erhöhen sich die jährlichen Behandlungskosten von Kläranlagen annähernd linear. Nichtlinearitäten können in den oberen und unteren Grenzbereichen der Behandlung erscheinen; sie können zunächst vernachlässigt werden.

Wird ein Beispiel mit drei Kläranlagen genommen (Abb. 5), lautet z. B. die Gleichung für die Kosten als Funktion des Behandlungsgrades der Anlage 1

$$A_1 = a_1 \cdot B_1 + D_1$$

Dabei bedeuten:

A_1 = Jahreskosten der Behandlung für Anlage 1 (Mark/a)
a_1 = Neigung des linearen Teiles der Kostenkurve (Mark je Behandlungsgrad)
B_1 = Behandlungsgrad in der Kläranlage 1 (% BSB-Beseitigung)
D_1 = Schnittpunkt des verlängerten linearen Teiles der Kostenkurve (Abb. 4) durch die Ordinate = Kosten, die theoretisch bei 0% Behandlung entstehen würden, würde die Kostenkurve auch im Abschnitt der 1. Reinigungsstufe linear verlaufen.

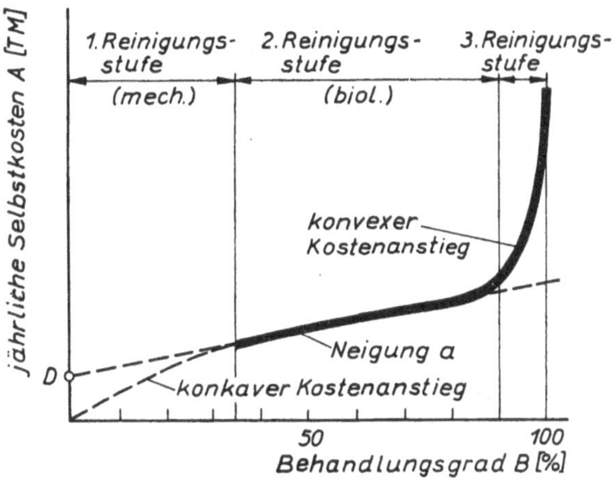

Abb. 4: Typischer Verlauf der jährlichen Selbstkosten von Abwasserbehandlungsanlagen in Abhängigkeit vom Behandlungsgrad

Als Zielfunktion für dieses Beispiel ergibt sich

$$a_1 \cdot B_1 + a_2 \cdot B_2 + a_3 \cdot B_3 + D_1 + D_2 + D_3 \rightarrow \text{Minimum} ,$$

wobei auf Grund der örtlichen Besonderheiten usw. für jede Kläranlage eine eigene Kostenkurve vorliegen muß.

Der Behandlungsgrad einer Kläranlage ist als der Betrag des entfernten BSB, dividiert durch den vor der Behandlung vorhandenen BSB, definiert. Für Anlage 1 kann damit der Behandlungsgrad geschrieben werden als

$$B_1 = \frac{C_1 - M_1}{C_1}$$

Dabei bedeuten:

C_1 = Einlaufkonzentration des BSB_5 in Kläranlage 1 (mg/l)
M_1 = Auslaufkonzentration des BSB_5 beim Verlassen der Anlage 1 (mg/l)

Für eine mathematische Aufbereitung des Problems, worauf hier nicht weiter eingegangen werden soll, wird zweckmäßig geschrieben

$$B_1 + \frac{1}{C_1} \cdot M_1 = 1$$

Die zweite Art der Zwangsbedingungen ergibt sich aus Bestandsgleichungen des BSB_5- oder des Sauerstoffdefizites im Vorfluter. Hier handelt es sich um

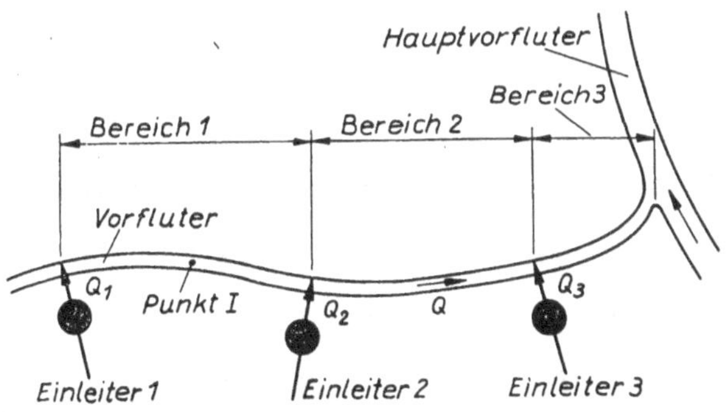

Abb. 5: Flußgebiet mit drei Einleitern

Mengengleichgewichte. Die Summe des Sauerstoffdefizites an der Einleitungsstelle muß unter Einbeziehung des Defizites des Kläranlagenabflusses unmittelbar oberhalb und unterhalb der Einleitung gleich sein.

Die letzte Art von Zwangsbedingungen ist eine bestimmte Beschränkung der Wasserqualität, und zwar das maximal zulässige Sauerstoffdefizit. Es ist die Differenz zwischen dem von der Wassertemperatur abhängigen Sauerstoffsättigungswert des Wassers und dem Sauerstoffsofortgehalt des Wassers. Wenn das Sauerstoffdefizit an irgendeinem Punkt größer ist als der maximal zulässige Wert, wird der Sauerstoffgehalt des Gewässers unter der zulässigen Grenze liegen, d. h. der Vorfluter befindet sich dann z. B. nicht mehr in Güteklasse II, sondern in Güteklasse III (Abb. 6). Alle das Sauerstoffdefizit betreffenden Zwangsbedingungen basieren auf der Sauerstoffhaushaltsgleichung nach STREETER und PHELPS, die sich in der Praxis häufig bewährt hat.

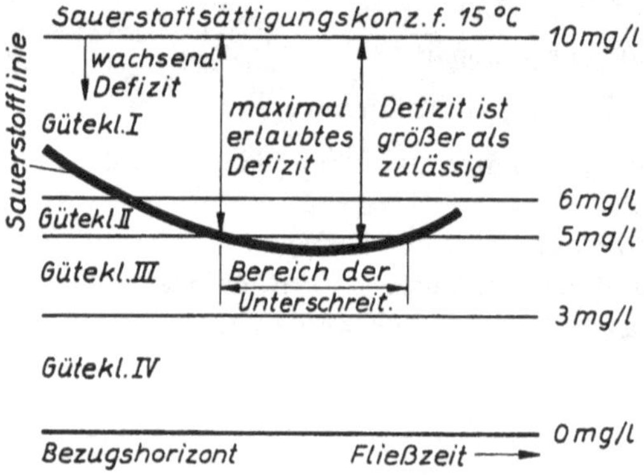

Abb. 6: Verlauf der Sauerstofflinie und des Sauerstoffdefizites nach einem Einleiter

Somit ergeben sich zusammengefaßt

1. Behandlungszwangsbedingungen
   Bereich des Behandlungsgrades: $0{,}35 \leqq B_1 \leqq 0{,}90$
   Beziehung zwischen Behandlungsgrad und BSB-Einleitung: $B_1 + \left(\frac{1}{C_1}\right) \cdot M_1 = 1$
2. Bestandszwangsbedingungen
   Sauerstoffdefizit: $(Q + Q_1) \cdot Q_1 - Q \cdot S_0 = T_1 \cdot Q_1$
   BSB: $(Q + Q_1) \cdot L_1 - Q_1 \cdot M_1 - Q \cdot F_0 = 0$
3. Zwangsbedingungen der Wasserqualität: $\alpha_I \cdot L_1 + \beta_I \cdot 0_1 \leqq S\,a,$
   $\alpha_{II} \cdot L_1 + \beta_{II} \cdot O_1 \leqq S_A$

Hierin bedeuten

Q = Wasserführung des Vorfluters im Bereich 1 (m^3/s)
Q_1 = Abfluß aus der Kläranlage 1 (m^3/s)
O_1 = Sauerstoffdefizit im Vorfluter nach der Einleitung aus der Anlage 1 am Beginn des Bereiches 1 zur Zeit 0
S_0 = Bekanntes Sauerstoffdefizit im Vorfluter vor Einleitung durch die Kläranlage 1 (mg/l)
T_1 = Bekanntes Sauerstoffdefizit des Abwasserabflusses von Kläranlage 1 am Beginn des Bereiches 1 (mg/l)
L_1 = BSB-Konzentration im Vorfluter nach der Einleitung aus der Kläranlage 1 am Beginn des Bereiches 1 (mg/l)
F_0 = Bekannte BSB-Konzentration im Vorfluter gerade vor Einleitung durch die Kläranlage 1 (mg/l)

S_A = Maximal erlaubtes Sauerstoffdefizit im System (mg/l)

α_I, β_I; α_{II}, β_{II} = Zusammengesetzte Faktoren der Gleichung nach STREETER und PHELPS, die hier nicht weiter diskutiert werden sollen. Es gehen ein die Biooxydationskonstante, ein Wiederbelüftungsbeiwert und die Fließzeit im Bereich.

Es gilt, daß am Punkt I im Bereich 1 (Abb. 5), der nach einer bestimmten Fließzeit erreicht wird, das Sauerstoffdefizit S_{X_1} kleiner ist als das maximal erlaubte S_A.

Derartige Restriktionsgleichungen lassen sich entsprechend für die folgenden Bereiche 2 und 3 usw. aufstellen, wobei Bedingungen (Einflüsse) aus allen vorhergehenden Bereichen eingehen.

Immer wieder muß darauf hingewiesen werden, daß das Ziel dieser Methode ist, die für den Vorfluter zu fordernde Wasserqualität bei minimalen Gesamtkosten aller Einleiter zu finden. In der Literatur ist angegeben, wie die Zwangsbedingungen und die Zielfunktion für beliebig viele Einleiter allgemein dargestellt werden können. Auf der Grundlage dieser mathematischen Allgemeindarstellung wird ein Flußdiagramm aufgestellt und daraus wiederum ein Maschinenprogramm, das die Besonderheiten des jeweiligen Rechenautomaten berücksichtigt. Anschließend wird das Programm auf dem Automaten eingefahren, d. h. es wird auf seine Richtigkeit überprüft. Dieser Vorgang dauert relativ lange. Dann können aber beliebig viele Vorfluter mit beliebig vielen Flußbereichen in kurzer Zeit untersucht werden, wenn die erforderlichen Eingabedaten vorhanden sind. Der Zeitaufwand bei manuellen Rechnungen wäre besonders bei mehreren Einleitern bedeutend höher.

Zum Wert und zur Genauigkeit der einzuführenden Kennwerte

In den Rechenvorgang müssen zwei Gruppen von Kennwerten eingeführt werden und zwar solche, die Naturvorgänge abbilden, und ökonomische Kennwerte. In beiden Fällen bleiben die einzuführenden Kennwerte Näherungen. Damit erhebt sich sofort die Frage, inwieweit diese Näherungen zutreffend und wie die Rechenergebnisse hinsichtlich des praktischen Wertes einzuschätzen sind. Im folgenden sollen einige dieser Kennwerte diskutiert werden. Dabei kann eine Vollständigkeit nicht erreicht werden.

Bereits über die Zuverlässigkeit der Sauerstoff-Defizitgleichung von STREETER und PHELPS lassen sich einige Bemerkungen machen. Die Gleichung wurde für die Verhältnisse in den Vereinigten Staaten aufgestellt. Auf dem Gebiet der Deutschen Demokratischen Republik handelt es sich, von wenigen Ausnahmen abgesehen, um Vorfluter mit vergleichsweise relativ geringen Abflußmengen. Im Gegensatz zu den amerikanischen Verhältnissen ist also das Verdünnungsverhältnis von Flußwasser zu eingeleitetem Abwasser sehr gering. Außerdem liegen die Einleiter dicht gedrängt beisammen, wodurch ein starker Einfluß auf die Abbauprozesse entsteht. Hinzu kommen die industriellen Abwässer, deren oft toxische Inhaltsstoffe abbauhemmend wirken. Deshalb versuchen verschiedene Autoren (DEININGER, DIETRICH, RE VELLE, LOUCKS, LYNN, REIMANN, BÖHNKE) zutreffendere Annahmen einzuführen und kommen über entsprechende Modelle zu anderen Formeln.

Immerhin ergibt sich, daß eine starre Anwendung irgend einer Sauerstoffdefizitgleichung zu Fehlergebnissen führen kann. MEINCK weist aber darauf hin, daß die Angaben von IMHOFF (für den Abwasserlastplan (s. u.)), die auf STREETER und Phelps gründen, bisher immer noch annähernd zutreffend waren. Entsprechend den vielen Bedingungen, denen somit der Selbstreinigungsprozeß eines Flusses unterworfen ist, steht fest, daß geographisch verschieden gelegene Flüsse auch verschiedenen Abbaufunktionen und einem verschiedenem Verhalten des Sauerstoffhaushaltes unterliegen. So läßt sich aus Untersuchungen und Angaben von SCHMIDT (Wasserwirtschaftliches Modell) folgern:

Für stark mit industriellen Abwässern belastete Flüsse sind Beziehungen, die auf den Annahmen von STREETER und PHELPS aufbauen, nur mit großer Vorsicht anzuwenden.

Unter der Voraussetzung, daß für den jeweiligen Vorfluter genügend Untersuchungsmaterial vorliegt, erscheint es richtiger, die Anwendbarkeit dieser Beziehungen zu überprüfen und gegebenenfalls zutreffendere aufzustellen. Diese sind dann in das Modell der linearen Optimierung einzuarbeiten. (Die Veröffentlichung seines Weges bleibt dem Autor vorbehalten.) Eine Optimierung auf der Grundlage der Gleichung von STREETER und PHELPS oder z. B. von BÖHNKE kann erfolgen, wenn man sich darüber klar ist, welche Fehler damit auftreten können. Die Gleichung kann besonders dann angewendet werden, wenn nicht genügend Daten zur Aufstellung neuer Beziehungen vorliegen. Dann kann durch Variation der Daten (Grenzwerte, Belastungen, Wasserführung) eine breite Palette von Ergebnissen erhalten werden, aus denen der Fachmann die optimale Lösung herauszufinden in der Lage ist.

In allen beschriebenen Gleichungen, die für Probleme in der linearen Optimierung angewendet werden, geht der BSB_5 als Maß der organischen Belastung ein. Dieser Wert bildet auch nach wie vor die Grundlage für die Bemessung von Kläranlagen. Er muß in die Rechnungen eingehen, denn bei der Optimierung geht es um die Festlegung des Behandlungsgrades in der jeweiligen Kläranlage. Damit erhebt sich die Frage seiner Aussagekraft.

Die einzusetzenden BSB_5-Werte sollen aus Messungen herrühren. Eine Umrechnung aus mehr oder weniger zutreffenden Einwohnergleichwerten führt, schnell zu Fehlern. Es gibt immer wieder Literaturberichte (IMHOFF, LÜSSEM HUSMANN), die die allgemeine Gültigkeit der von IMHOFF genannten 54 g/E · d für einen Einwohnergleichwert bezweifeln und höhere Werte vorschlagen. Andererseits wird in neueren Veröffentlichungen der Wert von IMHOFF auch heute noch für angemessen gefunden. Einschränkungen werden gemacht, wenn industrielle Abwässer vorhanden sind. Diese sind jedoch für die stark verschmutzten Flüsse in der Regel die Ursache. Der Wert von IMHOFF muß also sehr vorsichtig gehandhabt werden.

Weiterhin darf die bekannte Tatsache nicht übersehen werden, daß ein Meßwert allein keinerlei repräsentativen Wert besitzt. MÜLLER-NEUHAUS gibt Schwankungen des gemessenen BSB in einem Vorfluter von 500% an. Ausreichende Probeentnahmen und -untersuchungen werden aber schnell recht kostspielig. Insofern sind Vorschläge von KLOTTER und HANTGE und v. TÜMPLING zu begrüßen, die den BSB über den biologischen Gewässerzustand bestimmen, denn hier wird ein Gütebild als Durchschnittswert über mehrere Wochen gegeben, das zuverlässiger ist, als die Ableitungen aus den sonst üblichen BSB-Augenblickswerten. Weitere Diskussionen lassen sich über die Zuverlässigkeit und Vergleichbarkeit der Bestimmungsmethoden (Verdünnungsmethode, WARBURG-Apparatur) führen.

Wie auch andere kommt MANCZAK an Hand von chemischen, physikalischen und biologischen Untersuchungen über den Selbstreinigungsprozeß der Fließgewässer zu der Feststellung, daß der Sauerstoffgehalt das ausschlaggebende Kriterium zu sein scheint. Für die gemessenen Werte gilt etwa das Gleiche wie für den BSB. Die Meßfehler fallen hier zwar weg, jedoch bleibt auch hier die Problematik der repräsentativen Proben.

Insgesamt kann gesagt werden, daß die Faktoren Sauerstoffgehalt und Sauerstoffdefizit die wirklichen Verhältnisse recht gut erfassen, wenn Proben und Analysenwerte repräsentativ sind. Aussagekräftige Ergebnisse werden zwar erhalten, wenn möglichst alle Faktoren des Sauerstoffhaushaltes erfaßt werden, jedoch werden ausreichende Probeentnahmen und Auswertungen kostenaufwendig.

Der Abbau der organischen Substanz im Vorfluter wird unter anderem auch von der Flußwassermenge beeinflußt. Je geringer der Abfluß, desto größer ist bei gleichstarker Abwassereinleitung die Verschmutzung und damit die Belastung des Vorfluters, wobei diese Beziehungen nicht linear sind. Bei der Aufstellung von Gütelängsschnitten und somit auch bei der linearen Optimierung wird daher der kritische Abfluß MNQ (mittlere Niedrigwasserführung) eingesetzt. In den meisten Fällen wird das KNQ (kritische Niedrigwasserführung an fünfzehn aufeinanderfolgenden Tagen im Zeitraum von zehn Jahren) verwendet. Andere schlagen ein KNQ_7 vor, weil sie meinen, daß das KNQ_{15} zu viele Unterschreitungen ermöglicht. Derzeitig dienen für die Festlegung des KNQ vorwiegend nur einzelne Messungen, die außerdem mit Fehlern behaftet sein können. Für die Ermittlung und Einführung des KNQ als repräsentativen Wert sind somit bessere Messungen und die Aufstellung von Wasserstands- bzw. Abflußganglinien notwendig. Der Meßwert $Q(KNQ)$ ist für die Erfassung der Abbauverhältnisse im Vorfluter sehr gewichtig, er läßt aber derzeitig in der Regel an Genauigkeit zu wünschen übrig.

Hinzu kommt, daß die Mengenverhältnisse sich auch dadurch verschieben können, daß Industriebetriebe größere Wassermengen aus dem Vorfluter vor oder hinter einer Einleitungsstelle entnehmen. Außerdem wird bei der Optimierungsrechnung stillschweigend davon ausgegangen, daß das eingeleitete Abwasser sich schnell vollständig mit dem Flußwasser mischt. Das trifft aber keineswegs immer zu. Neben anderen Faktoren spielen auch die Form des Flußbettes und seine Verbauung eine Rolle. Weiterhin werden die Verhältnisse im Vorfluter unter Umständen sehr stark verändert, wenn Wehre und Speicher vorhanden sind. Eine Staustelle z. B. kann als Einleiter im positiven Sinne aufgefaßt werden. Auch ist es eine Annahme, wenn gleiche Sauerstoffsättigungswerte für Abwasser und Flußwasser angesetzt werden.

Das Ergebnis der Optimierungsrechnung wird sehr stark durch das maximal zulässige Sauerstoffdefizit bestimmt. Der vorgegebene Grenzwert (Mindestwert) des Sauerstoffgehaltes im Vorfluter ist aber nicht streng wissenschaftlich begründbar sondern eine Ermessenssache, auch wenn feste Werte in Verordnungen (Richtlinien des Amtes für Wasserwirtschaft) festgelegt sind. Es ist exakt nicht ableitbar und in Kennwerten (besonders ökonomischen) darstellbar, welche Folgen sich ergeben, wenn der Sauerstoffgehalt im Vorfluter z. B. nicht 5 mg/*l*, sondern 4 oder 6 mg/*l* beträgt. Das Ergebnis der Optimierungsrechnung wird aber durch eine derartige Änderung der Annahme merklich verändert (s. u.). An dieser Stelle geht in die gesamte Rechnung ein Unsicherheitsfaktor ein, der nicht eliminierbar ist. Daraus folgt zunächst zwangsläufig, daß bei der Erfassung aller anderen in die Rechnung eingehenden Kennwerte hinsichtlich ihrer Genauigkeit nicht übertrieben werden darf, weil dadurch die Wahrscheinlichkeit eines richtigen Ergebnisses nur bis zu einem gewissen Grad zunehmen kann.

Schließlich bleibt die Frage offen nach der Zuverlässigkeit der in die Rechnung eingeführten Kosten (Baukosten, Selbstkosten) bei verschiedenen Behandlungsgraden und verschiedenen Kläranlagen, die das Ergebnis ebenfalls sehr stark beeinflussen. Die Auswertungen der Bau- und Selbstkosten von Kläranlagen, wie sie wiederholt in der Literatur zu finden sind (SCHMIDT, KEHR, TEICHMANN (Kennziffern für die Investitionsvorbereitung)) zeigen übereinstimmend, daß die Kosten für die gleiche Größenordnung einer Kläranlage sehr stark schwanken können. Die angegebenen Kurven des Kostenverlaufes können nur statistische Mittelwerte darstellen, die in Abhängigkeit von den örtlichen Verhältnissen um 100% nach oben oder unten schwanken können. Übereinstimmend ist nur die Tendenz des Kurvenverlaufes (Abb. 4). Der lineare Anstieg war die Voraussetzung einer linearen Optimierung. Da zwischen rd. 80% und 100% Behandlungsgrad der Kostenanstieg nicht mehr linear verläuft, macht z. B. GÜNTHER den Vorschlag, zur Vermeidung von Fehlern bei der Annahme eines linearen Kostenanstieges eine konvexe Optimierung durchzuführen. Damit erzielt er zweifellose Erfolge, wenn es sich um einen stark verunreinigten Vorfluter und entsprechend um hohe erforderliche Behandlungsgrade handelt.

Es darf keine Illusion darüber geben, daß die gesamte Optimierungsrechnung nur dann einen praktischen Wert besitzt, wenn Bau- und Selbstkosten für jede Kläranlage hinreichend genau ermittelt werden können. Dazu ist erforderlich, daß für jede Kläranlage unter Beachtung der örtlichen Verhältnisse und für verschiedene Behandlungsgrade Kostenkurven aufgestellt werden. Außerdem muß berücksichtigt werden, daß die Kläranlagen nicht sofort, sondern künftig — oft in Baustufen über längere Zeiträume — errichtet werden. Erfahrungsgemäß ändern sich aber die Baukosten insgesamt und im einzelnen. Die Baukosten von Kläranlagen sind bekanntlich in den letzten Jahrzehnten, wenn auch in einzelnen Jahren schwankend, so doch insgesamt stark angestiegen. Hierüber gibt es in der Deutschen Demokratischen Republik keine Auswertungen (z. B. werden in anderen Ländern Preisindexbewegungen veröffentlicht). Über die zukünftige Entwicklung der Kosten kann keine Aussage erwartet werden. Zwangsläufig bleibt damit jede in die Optimierungsrechnung eingehende Kostenkurve eine grobe Näherung, obwohl wegen ihres Gewichtes wünschenswert wäre, daß gerade sie zuverlässig ist.

Lineare Optimierung und Abwasserlastplan

Vor der Kenntnis und praktischen Einführung der Optimierungsrechnung wurde in der Vergangenheit für wasserwirtschaftliche Rahmenplanungen unter anderem auch der Abwasserlastplan nach Imhoff dazu verwendet, Angaben über den erforderlichen Bau von Kläranlagen an einem Vorfluter zu machen. Wenn auch Imhoff inzwischen in seinem Taschenbuch 9 Verfahren zur Berechnung des Sauerstoffhaushaltes und der Darstellung des Gewässerzustandes angibt, bleibt trotz Grenzen und Einschränkungen die Einfachheit und Übersichtlichkeit des Abwasserlastplanes unübertroffen. Der Praktiker kann an Hand eines Abwasserlastplanes sehr schnell und in den meisten Fällen genügend genau ablesen, welche Maßnahmen an welcher Stelle zur Gewässersanierung ergriffen werden müssen. Da weiterhin nicht zu übersehen ist, daß der Gültigkeit der in eine Optimierungsrechnung einzuführenden Kennwerte Grenzen gesetzt sind, ergibt sich sehr schnell die Frage: Wann reicht ein Abwasserlastplan aus, wann ist die Optimierungsmethode anzuwenden?

Von vornherein ist klar, daß der Abwasserlastplan keine Optimierungsmethode ist, und somit nur über die Optimierung die wirtschaftlichsten Gesamtkosten für das System herauskommen müssen. Es fragt sich aber, ob der sich hierbei ergebende Unterschied noch praktisch bedeutungsvoll ist. Dabei steht auch außer Frage, daß der gesamte Arbeitsaufwand und damit die Kosten für die Aufgabenstellung eines Abwasserlastplanes wesentlich geringer sind als für den Optimierungsweg.

Zur Durchführung einer gewissen Einschätzung wurden am Beispiel der Optimierung von Günther für die Zwickauer Mulde und für den Nebenfluß Schwarzwasser und unter Verwendung der gleichen Ausgangswerte nach der bekannten Methode Abwasserlastpläne aufgestellt. Für den Nebenfluß Schwarzwasser waren acht Kontrollstellen mit sechs Abwassereinleitern vorhanden. Die erforderlichen Behandlungsgrade B_i sind in Tab. 1 zusammengestellt.

Tabelle 1
Erforderliche Behandlungsgrade am Nebenfluß Schwarzwasser

Einleiter	Kosteneinheit je % Behandlungsgrad a_i	Behandlungsgrad B_i in %					
		Lineare Optimierung		Abwasserlastplan			Konvexe Optimierung
		BSB<10	BSB_5<15	BSB_5<19	BSB_5<15	BSB_5<10	BSB<10
				zul. Abwasserlast ($E/l/s$)			
		$O_2 > 5$	$O_2 > 5$	$A = 30$	$A = 24$	$A = 16$	$O_2 > 5$
	1	2	3	4	5	6	7
1	$673 \cdot 10^3$	95	95	86	90	95	99
2	$1192 \cdot 10^3$	95	95	86	90	95	90
3	$1081 \cdot 10^3$	95	95	81	88	93	90
4	$850 \cdot 10^3$	95	95	82	86	91	90
5	$1518 \cdot 10^3$	95	95	82	86	91	90
6	$814 \cdot 10^3$	57	10	54	64	76	90
Summe der Kosteneinheiten $\sum a_i, B_i$		22080	22310	20860	22230	23220	–

Außerdem sind die Kosteneinheiten a_i aufgeführt. In der untersten Zeile sind die Summen der Kosten $\sum a_i \cdot B_i$ ausgerechnet. Außerdem wurden zur besseren Aussagekraft sowohl die lineare Optimierung als auch die Methode des Abwasserlastplanes für verschiedene Grenzwerte des BSB_5 durchgeführt, da beide Methoden hinsichtlich ihrer Grenzwerte nicht unmittelbar übereinstimmen. Der gleiche Weg wurde am Hauptfluß beschritten (Tab. 2). Hier waren es vierzehn Kontrollstellen mit elf Einleitern. Es würde zu weit führen, alle aus den Gegenüberstellungen zu erkennenden Folgerungen und Fragen zu diskutieren.

Tabelle 2
Erforderliche Behandlungsgrade an der Zwickauer Mulde

Einleiter	Kosteneinheit je % Behandlungsgrad a_i	Behandlungsgrad B_i in %					
		Lineare Optimierung		Abwasserlastplan			Konvexe Optimierung
		BSB < 10	BSB < 15	BSB < 19	BSB < 15	BSB < 10	BSB < 10
				zul. Abwasserlast ($E/l/s$)			
		$O_2 > 5$	$O_2 > 5$	$A = 30$	$A = 24$	$A = 16$	$O_2 > 5$
	1	2	3	4	5	6	7
1	$921 \cdot 10^3$	100	100	95	96	98	100
2	$699 \cdot 10^3$	34	0	35	48	66	90
3	$2568 \cdot 10^3$	100	100	50	65	75	100
4	$2112 \cdot 10^3$	100	98	86	88	92	90
5	$2803 \cdot 10^3$	100	100	100	100	100	90
6	$1298 \cdot 10^3$	37	100	70	77	85	90
7	$2112 \cdot 10^3$	100	100	69	75	84	91
8	$4723 \cdot 10^3$	100	100	96	97	98	100
9	$1783 \cdot 10^3$	100	100	100	100	100	100
10	$1298 \cdot 10^3$	68	21	96	97	98	90
11	$4267 \cdot 10^3$	81	88	92	94	96	71
Summe der Kosteneinheiten $\sum a_i, B_i$		22080	22310	20860	22230	23220	–

Unter anderem ergibt sich in Auswertung dieses Beispiels und als Gesamteinschätzung:

1. Es ist zunächst nicht einzusehen, daß die Kosteneinheiten der Spalte 5 (Tab. 2) niedriger liegen als die der Spalte 3. Da in beiden Fällen der zulässige BSB gleich ist, müßte auch die Optimierungsrechnung niedrigere Werte ausweisen. Es wurden aber verschiedene Abbaufunktionen (Selbstreinigungskurven) in die beiden Rechnungsarten eingeführt, die sich hier auswirken.
2. Sonst sinken aber die Gesamtkosten, wenn die zugelassene Verunreinigung im Vorfluter größer wird, was nicht anders sein kann.
3. Theoretisch lassen sich geringfügige Einsparungen mit Hilfe der Optimierungsrechnung ermitteln (Spalten 2 und 6 der Tab. 1 und 2).

4. Wenn berücksichtigt wird, daß praktisch in einer Kläranlage die sich aus den Rechnungen ergebenden genauen prozentualen Behandlungsgrade sowieso nicht eingehalten werden können, bringen in diesem Beispiel beide Berechnungswege genügend genau dasselbe Ergebnis.
5. Läßt die Verschmutzung eines Vorfluters durchweg höchste Reinigungsgrade erwarten (z. B. Zwickauer Mulde, Saale), ist die Anwendung des Optimierungsverfahrens verfehlt, da mit dem Abwasserlastplan viel einfacher und billiger die erforderlichen höchsten Reinigungsstufen ermittelt werden können. Von einer Optimierung kann hier nicht mehr die Rede sein.
6. Für den Fall, daß aus technologischen Gründen der vorhandene oder erzielbare Reinigungsgrad einer Kläranlage größer oder kleiner ist als der mit Hilfe der Optimierung bestimmte — und das ist praktisch immer der Fall — , verschieben sich die angenommenen Kosten, und das Ergebnis ist überholt.

   Es wäre zu untersuchen, ob derartige Verschiebungen in das Modell der linearen Optimierung einzubauen gehen. Aus dieser Sicht ist zur Zeit dem Abwasserlastplan der Vorzug zu geben, denn in ihm kann dieses Problem berücksichtigt werden.
7. Der Einfluß von Industrieabwasser wird in diesen beiden Verfahren nicht genügend berücksichtigt. Mit dem Einbau weiterer Faktoren des Sauerstoffhaushaltes in das Optimierungsproblem gewinnt das Verfahren gegenüber dem Abwasserlastplan an Bedeutung. Es erfaßt die tatsächlichen Abbauvorgänge im einzelnen besser als der Abwasserlastplan. Das gilt besonders für Industrieabwässer.
8. Die Ausgangsdaten für beide Verfahren sind statistische Werte, wobei in die Optimierungsrechnung mehr Werte eingehen als in den Abwasserlastplan. Mit der Verbesserung der Genauigkeit dieser Werte steigt die Genauigkeit beider Verfahren. Die Ergebnisse des Abwasserlastplanes sind anzuzweifeln, wenn der BSB nicht gemessen wird, sondern über Einwohnergleichwerte errechnet wird.
9. Für die Sanierung eines Flußgebietes ist die Optimierung dann dem Abwasserlastplan überlegen, wenn für alle noch zu bauenden und vorhandenen Kläranlagen mindestens eine „Technisch-ökonomische Zielstellung“ (TÖZ = Vorprojekt) und damit zugleich die Kosten vorliegen.
10. Für das Aufstellen von Prognosen bringt der Abwasserlastplan in der Regel genügend genaue Ergebnisse, da über die Bau- und Betriebskosten zum Zeitpunkt der Aufstellung ohnehin keine genauen Angaben gemacht werden können. Eine Optimierungsrechnung ist nur vorteilhaft, wenn mehrere Varianten durch Variation der Daten durchgerechnet werden müssen. Damit kann ein Kostenminimum etwa eingeschätzt werden.

Schlußbemerkungen

Der Einsatz moderner Wissenschaften und neuer Erkenntnisse führt auf allen Bereichen des Lebens zu Erleichterungen und dient dem Fortschritt. Auch die Anwendung der Optimierungsmethoden zählt hierzu. In dem hier besprochenen speziellen Fall müssen zahlreiche Faktoren eingeführt werden, die z. Zt. wissenschaftlich nicht genügend exakt zu fassen sind, so daß die Ergebnisse unsicher bleiben müssen. Das Streben nach Überwinden dieser noch vorhandenen Grenzen ist ein permanentes Anliegen. Aber es darf dabei nicht übertrieben und das praktische Ziel nie außer Acht gelassen werden. Wissenschaft bedarf eines Vorlaufes, aber auch nur, solange ein Ziel absehbar ist. Sonst muß man so modern sein — nicht zuletzt aus ökonomischer Verantwortung gegenüber der Gesellschaft — vorübergehend das derzeitige Unvermögen zuzugeben und zu erfolgversprechenderen Aufgaben überzugehen. Nach dem derzeitigen Stand der Erkenntnisse kann dem Ausspruch von GÜNTHER noch nicht gefolgt werden, der sagt: „Ein Optimierungsmodell der vorliegenden Art ist als wesentlicher Bestandteil einer flußgebietsbezogenen wasserwirtschaftlichen Planung anzusehen." Theoretische Erkenntnisse haben auf die Dauer nur dann einen Wert, wenn sie sich vorteilhaft in die Praxis umsetzen lassen. Niemand fordert auch, daß eine bewährte Methode in einem Bereich unbedingt in andere Bereiche übertragen werden muß. Der Einsatz der Optimierungsrechnung im vorliegenden Fall und für die Verhältnisse in der Deutschen Demokratischen Republik bedarf offensichtlich weiterer Überlegungen. Das Ziel aller Bemühungen bei der Reinhaltung der Gewässer bleibt, bei optimalen Ergebnissen möglichst ökonomisch alle verfügbaren Mittel einzusetzen.

Literatur

BÖHNKE, B.: Die rechnerische Erfassung des Sauerstoffgehaltes eines Gewässers. Gas- u. Wasserfach **107** *14* (1966), 372

DEININGER, R.-A.: Über die Planung eines wirtschaftlich optimalen Systems von Kläranlagen. Gas- u. Wasserfach **107** *22* (1966), 608

DIETRICH, B. H.: Anwendung von Elektronenrechnern für die Untersuchung wasserwirtschaftlicher Verhältnisse mehrfach verschmutzter Wasserläufe und der kostenbegünstigten Maßnahmen zu ihrer Reinhaltung. Gas- u. Wasserfach **103** *34* (1962), 896

GÜNTHER, W.: Die Planung eines Systems von Kläranlagen in einem Flußgebiet mit Hilfe der linearen Optimierung. Wasserwirtsch.-Wassertechn. **18** *7* (1968), 217

HUSMANN, W.: Kontinuierliche Messungen zur Kontrolle von Vorflutern, Kläranlagen, häuslichen und industriellen Abwässern. Die Wasserwirtschaft **46** *4* (1956), 85

IMHOFF, K.: Taschenbuch der Stadtentwässerung. R. Oldenbourg-Verlag, München, 21. Auflage 1966

KEHR, D. und H. TEICHMANN: Bau- und Betriebskosten öffentlicher Kläranlagen in der Bundesrepublik. Veröffentlichung des Inst. für Siedlungswasserwirtschaft der Techn. Hochschule Hannover 8 (1961)

KLOTTER, H. E. und E. HANTGE: Über die Auswertung biologischer Gewässeruntersuchungen und ihre Relation zum Biochemischen Sauerstoffbedarf (BSB_5). Die Wasserwirtschaft **56** *11* (1966), 21

LÜSSEM, H.: Kritische Untersuchungen über den Biochemischen Sauerstoffbedarf häuslichen Abwassers. Vom Wasser XXII (1955), 275

MANCZAK, H.: Aktuelle Probleme des Gewässerschutzes in der Volksrepublik Polen. Gas- u. Wasserfach **108** *48* (1967), 1369

MEINK, F.: Kritische Betrachtungen zur Belastbarkeit der Gewässer. Gesundheitsing. **71** *13* (1950), 216

MÖLLER, U.: Wie werden in einem Flußgebiet die Beschaffenheit eines Vorfluters, die Leistung der Klärwerke und die entsprechenden Bau- und Betriebskosten aufeinander abgestimmt? Stuttgarter Berichte zur Siedlungswasserwirtschaft Nr. 6, 1962

Müller-Neuhaus: Theorie und Praxis des Abwasserlastplanes, ausgeführt am Beispiel der Lippe. Die Wasserwirtschaft **41** *7* (1950/51), 182

Press, H.: Anwendung elektronischer Rechenverfahren in Hydrologie, Wasserbau und Wasserwirtschaft. Verlag W. Ernst u. Sohn, Berlin-München 1968

Reimann, K.: Über die Grundlagen der Abwasserphysiologie Messung und Bewertung der toxischen Hemmung im Verlaufe der Selbstreinigung. Die Wasserwirtschaft **56** *8* (1966), 243

Re Velle, Ch. S., D. P. Loucks and W. R. Lynn: A Management Model for Water Quality Control. Journal WPCF **39** 7 (1967), 1164

Schmidt, U.: Über die Kosten der biologischen Abwasserreinigung. Veröffentlichung d. Institutes für Siedlungswasserwirtschaft der Technischen Hochschule Hannover 1964, *13*

Streeter, H. W. and E. B. Phelps: Studies of the Pollution and Natural Purification of the Ohio River. Public Health Bulletin Nr. 146 (1925)

v. Tümpling, W.: Probleme der Klassifizierung der Wasserbeschaffenheit aus biologischer Sicht. Fortschritte d. Wasserchemie **9** (1968), 141

v. Tümpling, W.: Kennziffern für die Investitionsvorbereitung wasserwirtschaftlicher Anlagen – Abwasserableitungsanlagen – herausgeg. vom Amt für Wasserwirtschaft der DDR, 10. 7. 1965

v. Tümpling, W.: Richtlinien über die Anwendung einheitlicher Kriterien und Normative für die Reinhaltung der Oberflächengewässer und Prinzipien ihrer Klassifizierung. Amt für Wasserwirtschaft, Berlin, 1. 7. 1964

v. Tümpling, W.: Wasserwirtschaftliches Modell – Pleiße – 1968, ausgearbeitet von einer sozialistischen Arbeitsgemeinschaft der Wasserwirtschaftsdirektion Halle

Manuskripteingang: 29. 10. 1969

Anschrift der Verfasser:

Dozent Dr.-Ing. habil. J. Fr. Gruhler, Dipl.-Ing. F.-R. Preuss, Sektion Wasserwesen der Technischen Universität Dresden, 8027 Dresden, George Bähr Str. 1, DDR

K. Bauer

Institut für Wasserwirtschaft, Berlin

Mathematische Methoden zur Auswertung von Befunden der Gewässerbeschaffenheit*)

Zusammenfassung: Ausgehend von der Notwendigkeit der Modellierung unserer Fließgewässer mit dem Ziel einer optimalen Wasserbewirtschaftung wird die Frage nach der mathematischen Auswertung der Befunde der Gewässeraufsicht diskutiert.
Es wird nachgewiesen, daß die mathematisch-statistische Methode für die Klassifizierung und Beurteilung der Belastung unserer Flüsse dann brauchbare Ergebnisse liefert, wenn die Beschaffenheitswerte, die Wassermengen und der Zeitfaktor als Einheit betrachtet werden.

Summary: Starting from the necessity of modelling our flowing waters with the aims of an optimal water management, the question of mathematical interpretation of statements from water protection control is discussed.
It is shown, that the mathematical statistical method for classification and judgement of the load of our river gets useful results, when the waterquality, discharge and the time factor is regarded as one unit.

Резюме: Исходя из необходимости моделирования наших проточных водоемов в целях их оптимального водохозяйственного использования обсуждается вопрос математической обработки результатов контроля водоемов.
Отмечается, что математико-статистический метод классификации и оценки загразнения нащих рек приводит к положительным результатам, если показатели качества и количества воды и фактор времени рассматриваются как целое.

Die weitere Forschungsarbeit an unseren Fließgewässern hat die Entwicklung von Modellen zur optimalen Wasserbewirtschaftung für die entscheidenden Flußgebiete zum Ziel. Auf der Grundlage dieser Modelle müssen die Wassergüte- und Wassermengenprobleme zusammengeführt und komplex betrachtet werden. In der Vergangenheit wurden diese Probleme mehr oder weniger getrennt voneinander behandelt.

Voraussetzung für eine erfolgreiche Sanierung unserer Schwerpunktsflußgebiete ist die Kenntnis der mathematischen Beziehungen zwischen den wichtigsten Einflußfaktoren der Wassermenge und Wassergüte, um so zu statistisch gesicherten Grunddaten zu gelangen.

*) Vortrag, gehalten auf der Jahrestagung des Fachverbandes Wasserchemie der Chemischen Gesellschaft in der DDR, Leipzig, April 1969

Berechtigterweise muß die Frage geprüft werden, welche bereits vorhandenen Analysendaten, die in der vergangenen Zeit gesammelt wurden, für die Modellbildung herangezogen werden können.

Voraussetzung für die Verwendung einer großen Anzahl Einzelbestimmungen die in den letzten zehn Jahren bestimmt wurden, ist nach MAŃCZAK, daß die untersuchten Werte einen zufallsbedingten Charakter besitzen, daß sie zeitlich und örtlich repräsentativ sind und daß das betrachtete Beobachtungsmaterial homogen ist.

Bei der kritischen Betrachtung der alten Daten im Hinblick auf eine Verwendung zur Modellierung unserer Flußgebiete ergibt sich, daß sich nur ein Teil für diese Zwecke eignet.

Unter bestimmten Bedingungen können die Kriterien des Salzhaushaltes mit Erfolg statistisch verarbeitet werden. Die Daten des Sauerstoffregimes sind hingegen nur in wenigen Ausnahmefällen verwertbar.

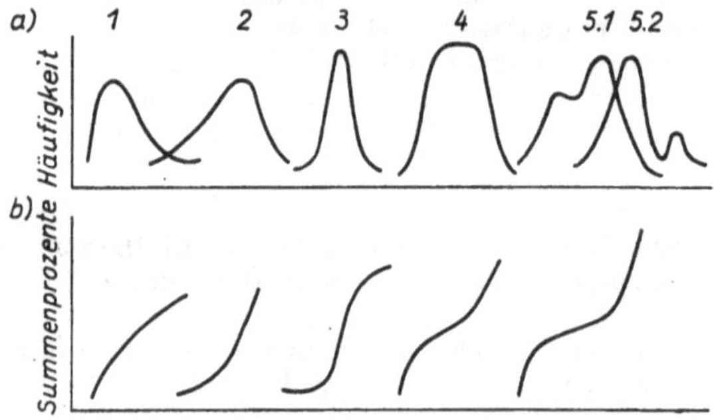

Abb. 1: Nicht normale Häufigkeitsverteilunaen und die dazugehörigen Summenprozentkurven im Wahrscheinlichkeitsnetz

Ziel dieser Betrachtung ist die Darlegung von mathematischen Methoden und Algorithmen, die für die Verarbeitung der überprüften Untersuchungsergebnisse angewendet werden können. Hierbei stützt sich diese Einschätzung auf einen Vergleich von Auswerteverfahren, wie sie in den Wasserwirtschaftsdirektionen Erfurt (v. TÜMPLING) und Halle (SCHMIDT) eingeführt wurden.

Vor jeder weiteren Bearbeitung des umfangreichen älteren Zahlenmaterials ist anzuraten, die Häufigkeitsverteilung nach den bekannten Methoden zu ermitteln.

Abb. 1 zeigt die bisher gefundenen Häufigkeitsverteilungen für die betrachteten Zahlenkollektive der Schwerpunktsflußgebiete. Unter der jeweiligen Häufigkeitsverteilung befindet sich die dazugehörige Summenkurve im Wahrscheinlichkeitsnetz (CAVALLI-SFORZA).

Folgende Typen wurden bisher ermittelt:

1. Der linksseitig asymmetrische bzw. linksschiefe Typ bzw. die Verteilung mit positiver Asymmetrie.
2. Der rechtsseitig asymmetrische bzw. rechtsschiefe Typ, bzw. die Verteilung mit negativer Asymmetrie.
3. Verteilung mit positivem Exzeß. Diese Verteilung ist spitzer als eine „Normalverteilung", da starke Abweichungen häufiger vorkommen.

4. Verteilung mit negativem Exzeß. Diese Häufigkeitsverteilung hat ein breites Maximum. Starke Abweichungen nach beiden Extremen kommen seltener vor.
5. Die zweigipflige Verteilung.

Diese Kurven sind ein Hinweis darauf, daß das Beobachtungsmaterial heterogen ist. Werte von diesen Kollektiven werden kaum für weitere statistische Betrachtungen in dieser Form brauchbar sein.

Die zugehörige „Hazensche Gerade“ unter den Häufigkeitsverteilungen ergeben bei der Normalverteilung eben eine Gerade, bei allen anderen Verteilungen die aufgezeigten Krümmungsformen. Dadurch entsteht eine Möglichkeit, schnell zu prüfen, ob eine unbekannte Verteilung einer Normalverteilung angenähert werden kann.

Generell wurde die Erfahrung gemacht, daß dann Geraden und damit normalverteilte Werte zu erwarten sind, wenn noch relativ ungestörte natürliche Ver-

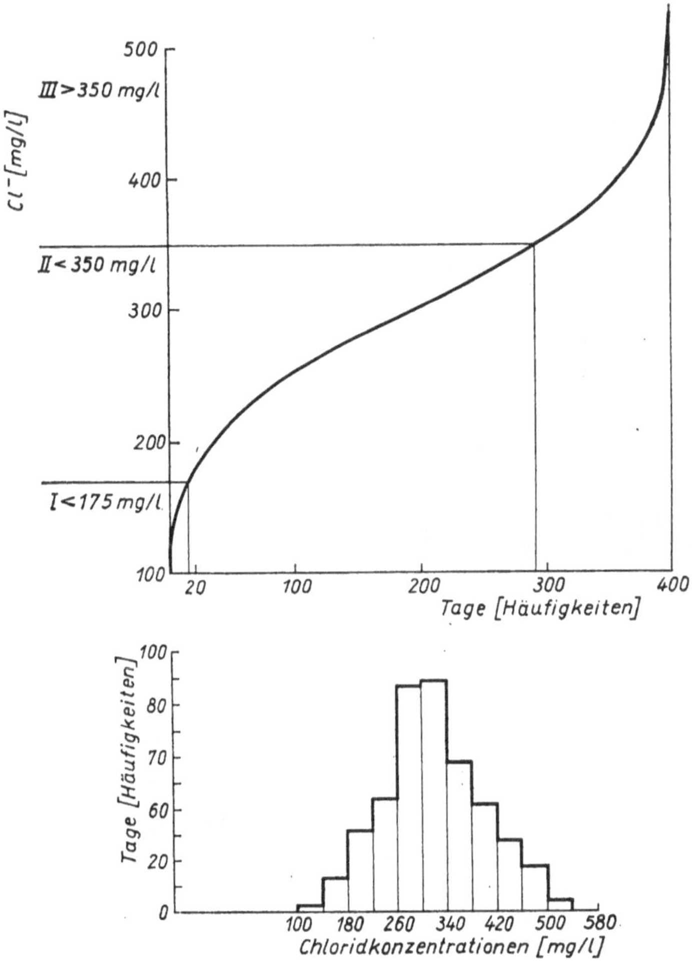

Abb. 2: Dauerlinie und Häufigkeitsverteilung der Chloridwerte der Saale, Gütepegel Dürrenberg (1. 8. 58···30. 9. 59)

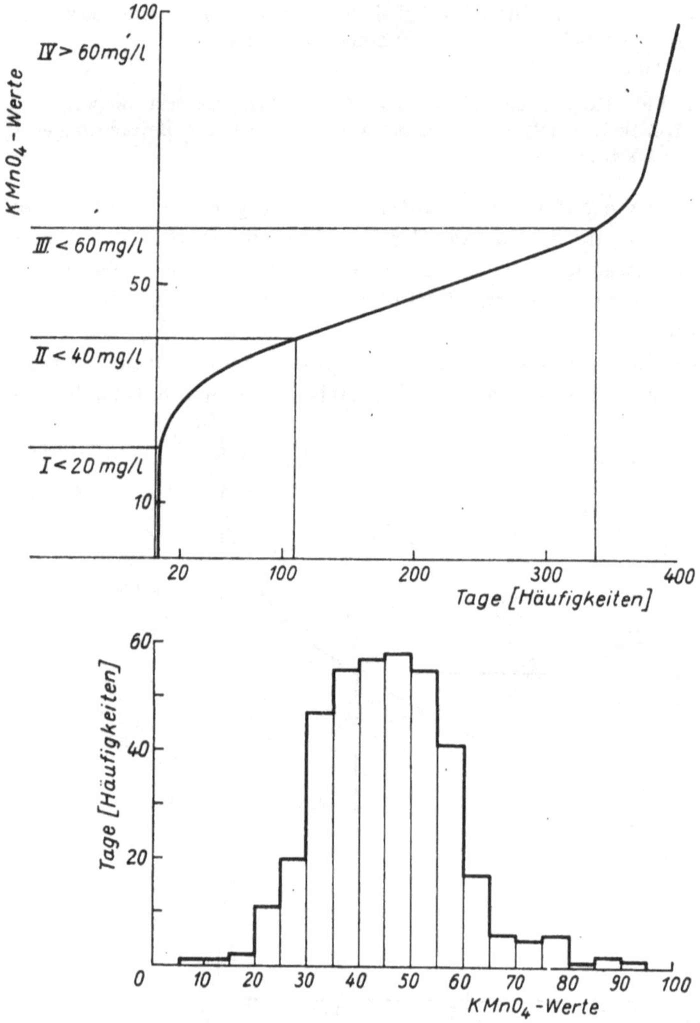

Abb. 3: Dauerlinie und Häufigkeitsverteilung der $KMnO_4$-Werte der Saale, Gütepegel Dürrenberg (1. 8. 58···30. 9. 59)

hältnisse vorliegen. Dies gilt für die Werte des Salzhaushaltes im Bereich der Wasserwirtschaftsdirektion Potsdam und der Oberflußmeisterei Berlin.

Wie die Abb. 2, 3 und 4 zeigen, sind die Häufigkeiten in den Schwerpunktflußgebieten nicht normal verteilt. Bei statistischen Betrachtungen dieser Art verwendet man die Häufigkeitsverteilung meist zur Ermittlung der sogenannten Dauerlinien. Durch die Bildung der Summenhäufigkeiten ergeben sich recht brauchbare und aussagekräftige Darstellungen, wie sie im oberen Teil der Abb. 2, 3 und 4 gezeichnet wurden.

Diese Abbildungen zeigen Häufigkeitsverteilungen, wie sie auch aus älterem Zahlenmaterial erhalten werden können. Die darüber gezeichneten Dauerlinien geben wertvolle Hinweise auf die Zeitdauer der einzelnen Güteklassen pro Untersuchungszeitraum.

Sie lassen gleichzeitig neue Wege der Klassifizierung unserer Gewässer erkennen.

Nach der Prüfung der Verteilung dieser Zahlenkollektive ist es Ziel dieser Betrachtung, Beziehungen zwischen Wassergüte- und Wassermengenpara-

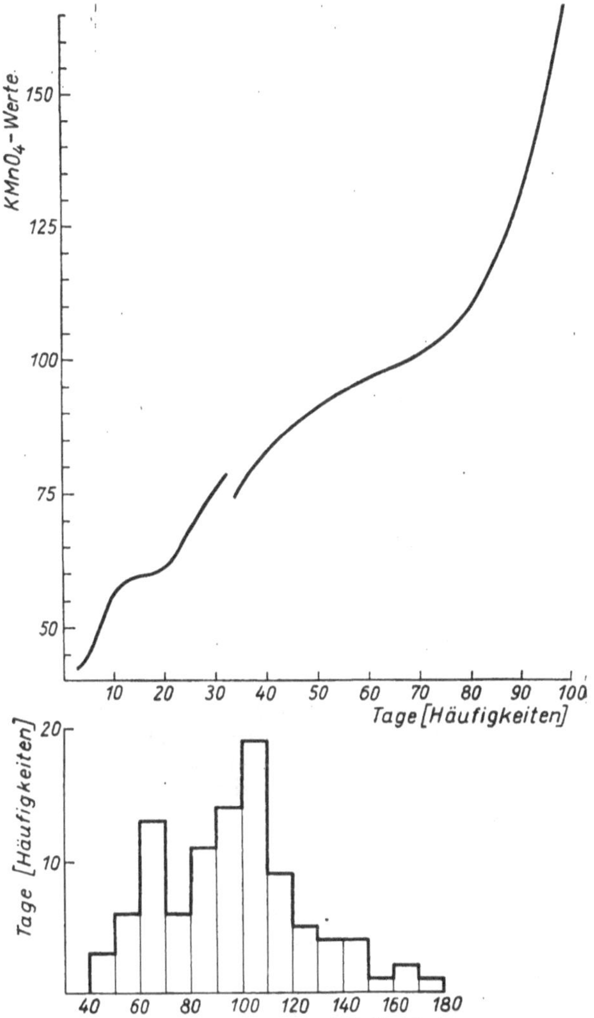

Abb. 4: Dauerlinie und Häufigketisverteilung des $KMnO_4$-Wertes der Saale, Gütepegel Schkopau 1958/59

metern herzustellen, die möglichst genau die natürlichen Verhältnisse widerspiegeln.

Als eine Methode, die von Schmidt mit Erfolg angewendet wurde, gilt das graphische Auswerteverfahren. Allerdings werden für diese Auswertung eine größere Anzahl von korrespondierenden Konzentrations-/Abflußwerten benötigt.

Die Auswertung vieler Gewässeruntersuchungen zeigt, daß sich zusammengehörige Konzentrations- und Abflußwerte eines Gütepegels im doppeltlogarithmischen Maßstab entlang einer Geraden, der sogenannten Regressionsgeraden, anordnen.

Um diese Regressionsgerade auf graphischem Wege zu erhalten, ist es vorteilhaft, mehrere Werte in einer Gruppe zusammenzufassen, von dieser Gruppe die Mittelwerte zu bilden und diese erhaltenen Angaben in das doppelt logarith-

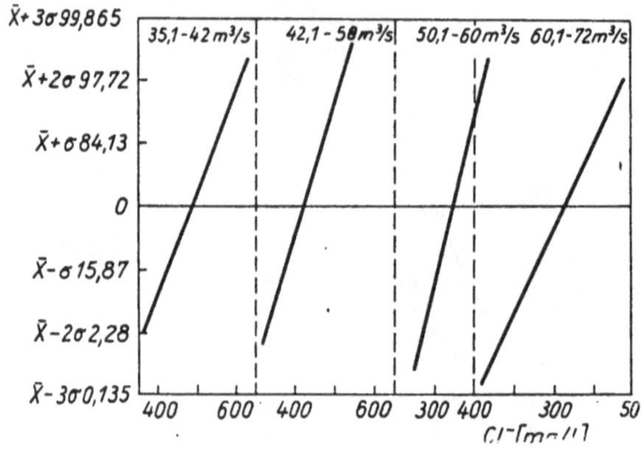

Abb. 5: Chloridkonzentrationen nach Durchflußgruppen geordnet im Wahrscheinlichkeitsnetz (35,1…72 m³/s)

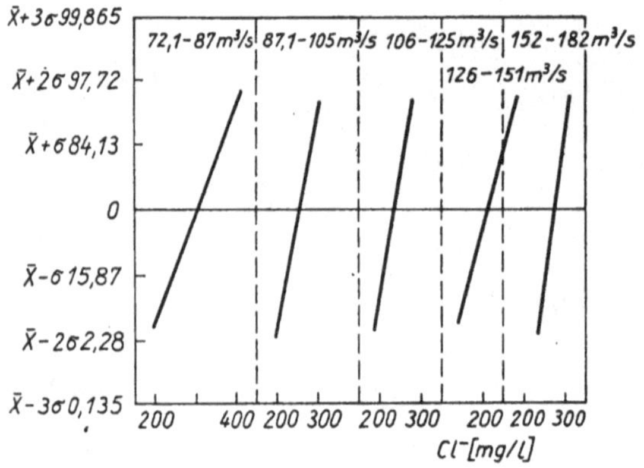

Abb. 6: Chloridkonzentrationen nach Durchflußgruppen geordnet im Wahrscheinlichkeitsnetz (72,1…182 m³/s)

mische Netz einzutragen. Der arithmetische Mittelwert wird hier als repräsentativer Wert verwendet. Dies setzt voraus, daß für die sortierten Gruppen die Gaußverteilung volle Gültigkeit besitzt.

Wie die Abb. 5 und 6 zeigen, besteht in diesem Falle die Annahme zu Recht. Es soll bereits an dieser Stelle darauf hingewiesen werden, daß speziell für Gebirgsflüsse diese Voraussetzung nicht gegeben ist.

Für die Zusammenfassung der Werte in Gruppen gilt folgendes Verfahren. Das hier interessierende Abflußmengenintervall wurde logarithmisch in sechs bis acht gleichgroße Klassen eingeteilt. Als nächstes wurden die Abflußmengen in diese Gruppen einsortiert, wobei gleichzeitig die korrespondierenden Konzentrationswerte mit erfaßt wurden.

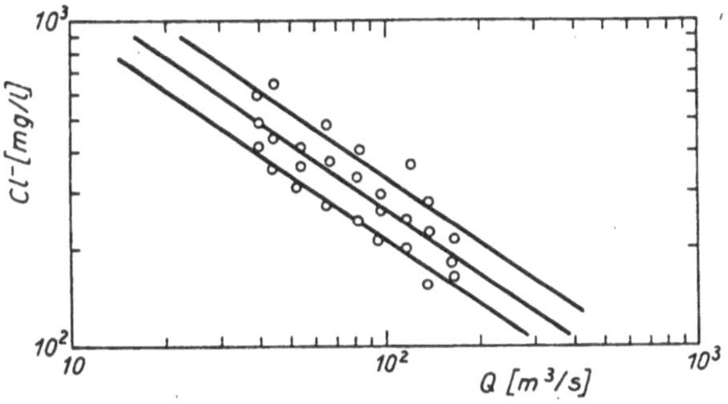

Abb. 7: Beziehung zwischen den Chloridkonzentrationen und dem Abfluß im Wahrscheinlichkeitsnetz

Ein Beispiel ergab, daß ca. 70···90 korrespondierende Wertepaare für dieses Verfahren notwendig sind. Die so erhaltenen Mittelwerte der Abflüsse und Konzentrationen wurden in doppelt-logarithmisches Papier eingetragen.

Wie ebenfalls am Beispiel der Saale bei Naumburg gezeigt wurde, ordnen sich die Extremwerte der Konzentrationen aus den einzelnen Gruppen mit den dazugehörigen Abflüssen entlang einer oberen und einer unteren Grenzkurve, so daß der 90%-Konfidenzbereich der Regressionsrechnung eingeschlossen wird.

Auf diese Art und Weise erhält man die Abb. 7.

Diese logarithmische Darstellung kann leicht in eine arithmetische transformiert werden. Die so erhaltene Abb. 8 zeigt eine Kurve vom hyperbolischen Typ.

Durch die Berücksichtigung der Abflußhäufigkeiten kann die statistische Auswertung der Beschaffenheitswerte noch weiter geführt werden.

Abb. 9 zeigt die Darstellung mit den eingezeichneten Abflußhäufigkeiten.

Durch Summieren der Häufigkeiten der Abflüsse und Konzentrationen erhält man außerdem eine kombinierte Wassergüte-Wassermengen-Dauerlinie. Abb. 10 zeigt den Kurvenverlauf im Beispiel der Saale, Abb. 11 für die Spree im Bereich der Mühlendammschleuse.

Diese graphischen Auswerteverfahren eignen sich ausgezeichnet für die Saale, sind aber für Betrachtungen an der Werra nicht brauchbar.

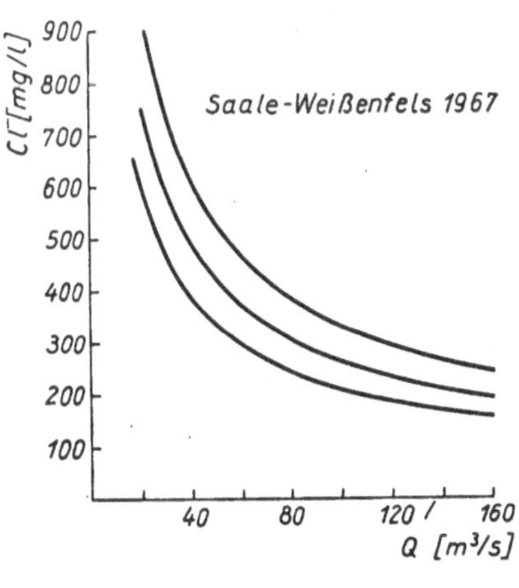

Abb. 8: Beziehungen zwischen den Chloridkonzentrationen und dem Abfluß für die Saale bei Weißenfels (1967)

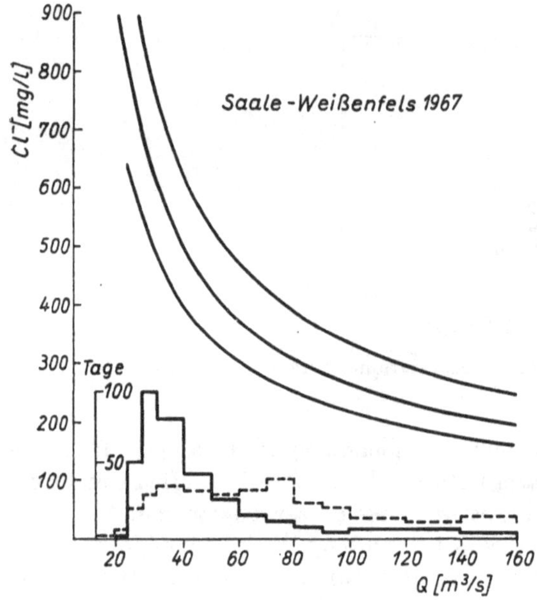

Abb. 9: Beziehungen zwischen den Chloridkonzentrationen und dem Abfluß unter Berücksichtigung der verschiedenen Abflußhäufigkeiten (Saale bei Weißenfels — 1967)

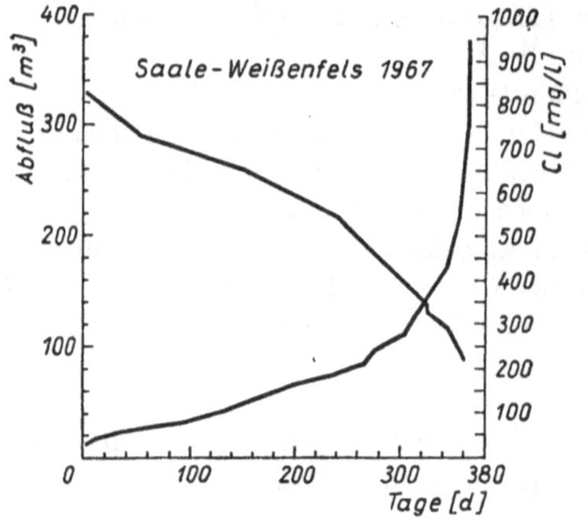

Abb. 10: Abflußdauerlinie und Gütedauerlinie gegenübergestellt für die Saale bei Weißenfels (1967)

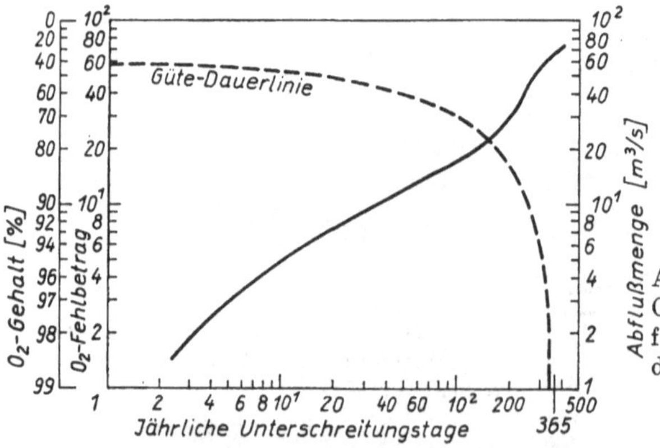

Abb. 11: Abflußdauerlinie und Gütedauerliniegegenübergestellt für die Spree an der Mühlendammschleuse

Die logarithmisch ermittelten Klassen ordnen sich für Gebirgsflüsse im Wahrscheinlichkeitsnetz nicht zu Geraden, genügen also keiner Normalverteilung.

Das Fehlen der erforderlichen Primärdaten (Mindestzahl 60) zwingt dazu, auf andere Methoden zurückzugreifen. Hier kommt man oft mit der einfachen Korrelations- und Regressionsanalyse erstaunlich weit. V. TÜMPLING konnte so z. B. für die Werra zeigen, daß folgende Gleichung für das Chloridion in Abhängigkeit vom Abfluß gilt:

für die Fracht: $g\ Cl^-/s = 63{,}1 + 10{,}8\ Q \pm 33{,}4$

für die Konzentration: $mg\ Cl^-/l = 10{,}8 + \frac{63{,}1}{Q} \pm \frac{33{,}4}{Q}$

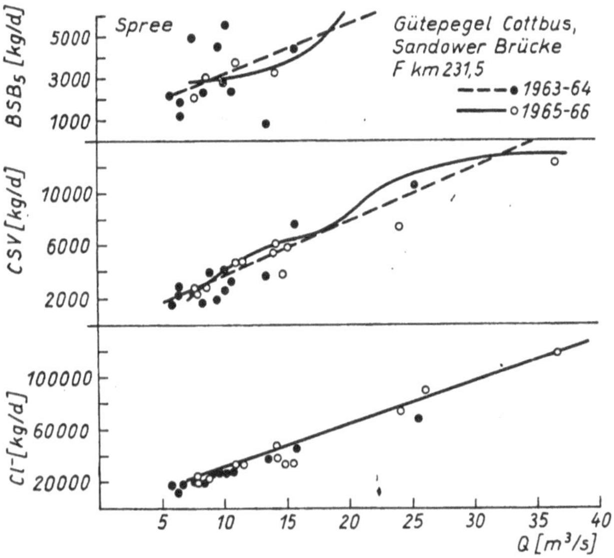

Abb. 12: Beziehungen zwischen Abfluß und Fracht bzw. Last der Spree bei Cottbus

Die Berechnung der vorhersagbaren Chloridwerte wurde hier zweckmäßigerweise über die Chloridfracht vorgenommen. Im allgemeinen ist anzunehmen, daß für einfache anorganische Ionen im *MNQ*-Bereich zwischen der Chloridfracht und dem Abfluß eine einfache lineare Regression besteht. Diese Annahme konnte, wie die Abb. 12···15 zeigen, für derartige Betrachtungen an der Spree belegt werden. Für die organischen Komponenten des Sauerstoffhaushaltes ergeben diese Berechnungen allerdings keine sicheren Aussagen.

Der Verlauf der Regressionsgeraden wird für die einfachen anorganischen Inhaltsstoffe mit Hilfe folgender Gleichung bestimmt:

$$y = y + b\,(x - \bar{x})$$

Für die Regressionsanalyse muß im speziellen Fall noch festgelegt werden, welche Variable die abhängige und unabhängige Größe ist. Hier liegt der Sachverhalt so, daß die Chloridfracht vom Abfluß abhängig ist. Die abflußbezogenen

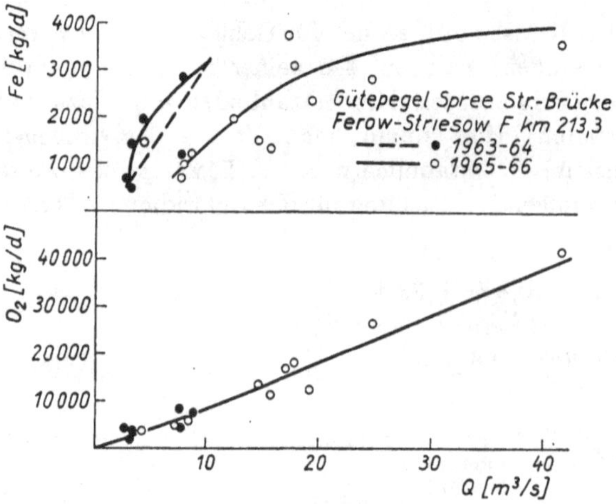

Abb. 13: Beziehungen zwischen Abfluß und Fracht bzw. Last für die Spree bei Fehrow-Striesow

Konzentrationsangaben müssen als stetige Zufallsvariable mindestens zu dreißig Wertepaaren vorliegen. Aus dem Originalmaterial sind folgende Werte zu berechnen:

- Summe aller Abflüsse
- Summe der Quadrate aller Abflüsse
- Summe aller Frachten
- Summe der Quadrate aller Frachten
- Summe des Produktes aus Abfluß und Fracht
- Bestimmung des Kollektivumfanges.

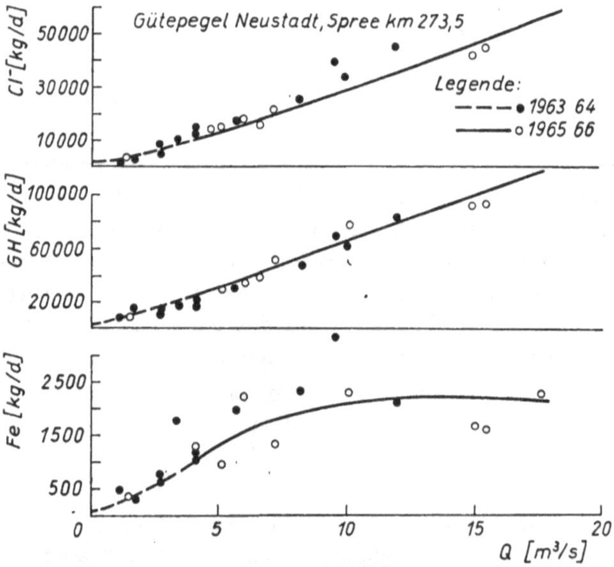

Abb. 14: Beziehungen zwischen Abfluß und Fracht der Spree bei Neustadt

Aus einem gegebenen Zahlenkollektiv können diese Werte recht schnell mit einer Tischrechenmaschine bestimmt werden.

Zur Reduzierung des Rechenaufwandes ist es nach v. TÜMPLINLG vorteilhaft, Null als vorläufiges Mittel anzunehmen.

Wie aus der Formelzusammenstellung der Tab. 1 hervorgeht, können die gewünschten Größen relativ einfach nach der dort angegebenen Methode ermittelt werden.

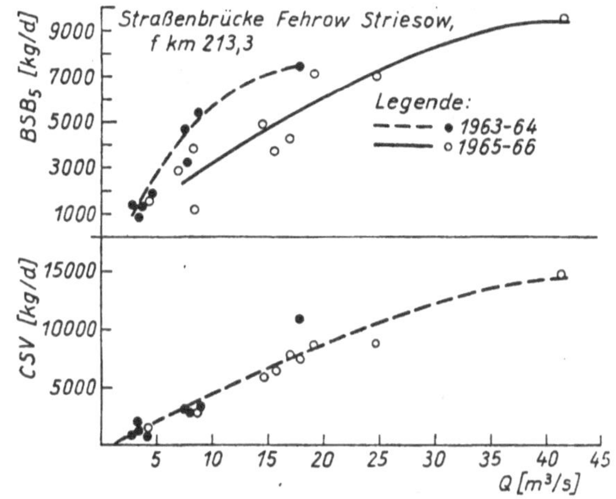

Abb. 15: Beziehungen zwischen Abfluß und Fracht bzw. Last der Spree bei Fehrow-Striesow

Tabelle 1

Formelzusammenstellung für die Korrelations- und Regressionsanalyse

Summe der Abweichungsquadrate $S\,A\,Q$

$$S\,A\,Q_x = S\,(x - \bar{x})^2 = S(x^2) - \frac{[S(x)]^2}{n} \qquad S\,A\,Q_y = S\,(y - \bar{y})^2 = S(y^2) - \frac{[S(y)]^2}{n}$$

Summe der Abweichungsprodukte $S\,A\,P$

$$S\,A\,P = S\,(x - \bar{x})\,(y - \bar{y}) = S\,(x \cdot y) - \frac{S(x) \cdot S(y)}{n}$$

Korrelationskoeffizient

$$r = \frac{S\,A\,P}{\sqrt{S\,A\,Q_x \cdot S\,A\,Q_x}}$$

Regressionskoeffizient

$$b_{x/y} = \frac{S\,A\,P}{S\,A\,Q_x} = \frac{S\,(x - \bar{x})\,(y - \bar{y})}{S\,(x - x)^2}$$

Regressionsgerade

$$y = \bar{y} + b\,(x - \bar{x})$$

Varianz der Beobachtungswerte um die Regressionsgerade

$$S^2 = \frac{1}{n - 2}\left[s\,(y - \bar{x})^2 - \frac{[S\,(x - \bar{x})\,(y - \bar{y})]^2}{S\,(x - x)}\right]$$

Streuung s der Beobachtungswerte um die Regressionsgerade

$$s = \pm\sqrt{s^2}$$

Die Anwendung dieses Rechenvorteiles wird sehr empfohlen, da die eingesparte Zeit im Vergleich zur bisher bekannten Methode sehr erheblich ist.

Als Ergebnis erhält man die theoretische Beziehung zwischen den Cl^--Komponenten und dem Abfluß, dargestellt in Abb. 16.

Diese Regressionsmethode geht, wie bereits erwähnt, davon aus, daß zwischen Abfluß und Fracht lineare Beziehungen bestehen. Diese Annahme besteht für die Werra zu Recht. Eine genaue Betrachtung und ein Vergleich beider Methoden zeigt aber, daß diese Annahme nur näherungsweise die wahren Verhältnisse

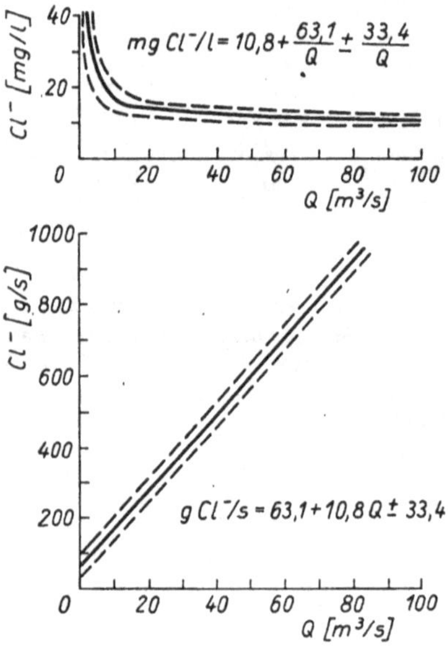

Abb. 16: Beziehungen zwischen den Cl^--Komponenten und dem Abfluß nach v. Tümpling

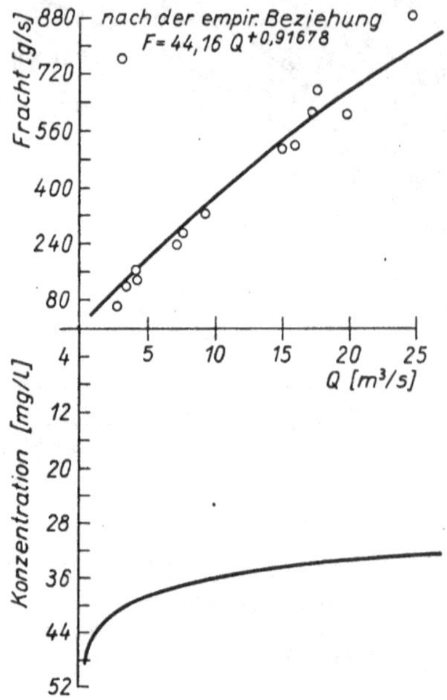

Abb. 17: Chloridfracht und Konzentration in Abhängigkeit der Spree bei Fehrow-Striesow

für andere Flußgebiete widerspiegelt. Es ist anzunehmen, daß im allgemeinen Fall die Beziehung Fracht/Abfluß nicht linear ist. Dies zeigt auch Abb. 17.

Eine theoretische Betrachtung zu dieser Problematik zeigt Tab. 2.

Ausgehend von Gleichung (1) gelangt man zur logarithmischen Beziehung (3). Mit Hilfe dieser Gleichung kann k auf sehr einfache Art und Weise bestimmt werden. Die angeführten Beispiele zeigen k-Werte für die Pleiße und für die Spree.

Die Leistungsfähigkeit beider Methoden wurde an einem ausgesuchten Beispiel der Saale bei Weißenfels verglichen. Abb. 18 zeigt die nach beiden Methoden erhaltenen Kurven. Oberhalb 64 m^3/s sind die Kurven der Maximal-, Mittel- und Minimalwerte nahezu identisch. Im Bereich zwischen 20 und 60 m^3/s liegen die Werte, die mit Hilfe der Regressionsanalyse erhalten wurden, für alle Werte höher. Dies ist aus dem Kurvenverlauf leicht ersichtlich.

Diese Werte sind für den Wassergütewirtschaftler die wichtigeren, da sie mit einer größeren Sicherheit nicht überschritten werden. Hier liegen also gewisse

Tabelle 2

Beziehungen zwischen Konzentration und Abfluß sowie Beispiele für die Pleiße und Spree

1. $\frac{dc}{c} = -k \frac{dQ}{Q}$ gültig für Cl^-, SO_4^-, KH, SH; bei Abflußschwankungen $> 1:3$.

2. $\int_{c_0}^{c_n} \frac{dc}{c} = -k \int_{1}^{Q_n} \frac{dQ}{Q}$

3. $\ln c_n = \ln c_0 - k \ln Q_n$

4. $c_n = c_0 \, Q_n^{-k}$

5. Pleiße [Crimmitschau]

   $[GH] = 17{,}6 \; Q^{-0{,}0607}$ [° dH]

   $[KH] = 8{,}6 \; Q^{-0{,}4828}$ [° dH]

   $[Cl] = 85 \; Q^{-0{,}4707}$ [mg/l]

6. Spree [Neustadt]

   $[Cl^-] = 5.14 \; Q^{-0{,}445}$ [mg/l]

7. Beziehung Fracht/Abfluß

   [Cl^--Fracht-Spree-Fehrow-Striesow]

   $F = 44{,}16 \; Q^{+0{,}9168}$ [g/s]

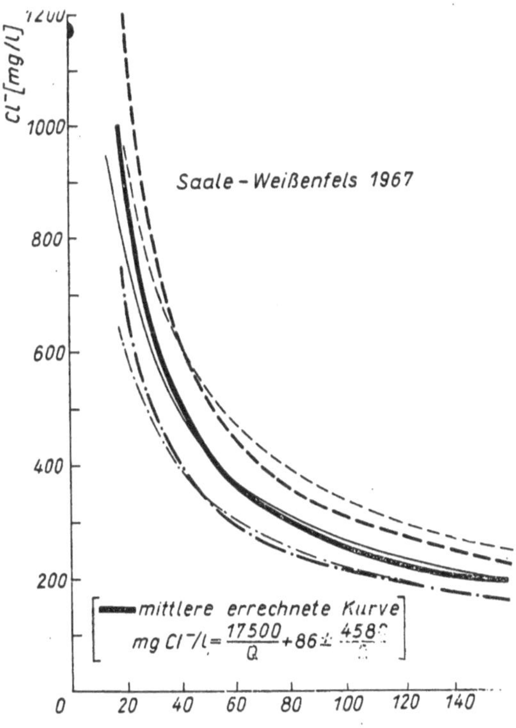

Abb. 18: Vergleich der graphischen Methode mit der Methode der einfachen Regression für die Werte der Saale bei Weißenfels (Abflußjahr 1967)

Vorzüge der Regressionsanalyse. Aus theoretischen Überlegungen muß einschränkend bemerkt werden, daß die Regressionsmethode von der Voraussetzung ausgeht, daß zwischen Fracht und Abfluß in allen Bereichen lineare Beziehungen vorliegen.

Dies gilt zwar mit guter Annäherung für die Flüsse der Mittelgebirge, ist aber für Flüsse mit geringem Gefälle sicher nicht gültig.

Hier zeigt sich eindeutig, daß die Zusammenhänge zwischen Abfluß und Konzentration logarithmischer Natur sind.

Wie allgemein festgestellt werden kann, liegen zwei prinzipielle Auswerteverfahren für die Befunde der Wassergütewirtschaft vor. Sie wurden deshalb entwickelt und getestet, um die Auswertung der Analysendaten auf eine höhere Stufe zu heben. Dadurch werden unsere Kenntnisse über die Vorgänge im Gewässer bereichert und die Laboratorien zu einer höheren Effektivität der Gewässerüberwachung geführt.

Literatur

Cavalli-Sforza, L.: Grundzüge biologisch-medizinischer Statistik. VEB Gustav-Fischer-Verlag, Jena (1969)

Mańczak, H.: Die Anwendung der statistischen Methode für die Bewertung des Verunreinigungsgrades von Fließgewässern. Prace Instytutu Gospodarski Wodnej *II* 2 (1963), 117

Schmidt, J.: Graphische Auswerteverfahren in der Wassergütewirtschaft. Nicht veröffentlichtes Arbeitsmaterial

Tümpling, v. W.: Korrelations- und Regressionsanalyse. Nicht veröffentlichtes Arbeitsmaterial

Anschrift des Verfassers:

Dr. Kurt Bauer, Institut für Wasserwirtschaft, 119 Berlin, Schnellerstr. 140, DDR

H. Mańczak

Institut für Wasserwirtschaft, Gewässerschutzanstalt, Wrocław

Einige Forschungsergebnisse auf dem Gebiet des Gewässerschutzes*)

Zusammenfassung: Die im Rahmen eines umfassenden Programms des Gewässerschutzes vorgenommenen und geplanten Maßnahmen werden besprochen. Hierzu gehören die Einrichtung von automatischen Meß- und Kontrollstationen an den wichtigsten Flußläufen zur qualitativen und quantitativen Beurteilung, die Auswertung der Meßergebnisse durch Datenverarbeitung und die sich daraus ergebenden notwendigen Reinigungsanlagen unter Berücksichtigung der Selbstreinigung der Gewässer. Bisherige Versuchsergebnisse werden durch umfangreiches Zahlenmaterial belegt.

Summary: Within the bounds of a comprehensive program of water protection the proposed and planned arrangements are discussed. Moreover belongs the equipment of automatical gauging and control stations at the important rivers for qualitative and quantitative judgement, the utilization of the results by datamachining and the submitting necessary purification plants under consideration of self-purification of waters. Hitherto existing results are proved by extended numerical material.

Резюме: Обсуждаются мероприятия, уже осуществленные и еще намечаемые в рамках охватывающей программы охраны водоемов. Сюда относятся создание по важнейшим рекам автоматических измерительных и контрольных станций для качественной и количественной оценки воды, обработка результатов измерений электронными вычислительными машинами и строительство необходимых очистительных сооружений с учетом самоочищения водоемов. Полученные до сих пор результаты опытов подтверждаются богатым численным материалом.

Einleitung

Die Bedeutung des Wassers für die Entwicklung der Industrie, den Städte- und Siedlungsbau, für die Landwirtschaft, die Schiffahrt und auch als Energieträger ist allgemein bekannt und braucht nicht besonders hervorgehoben werden.

Der stetig zunehmende Wasserbedarf und die steigende Verschmutzung der Gewässer verursachen, daß die Wasserversorgung der Bevölkerung, der Industrie und der Landwirtschaft immer schwieriger und kostspieliger wird. Man sieht voraus, daß in Polen im Jahre 1985 täglich 19.9 Millionen Kubikmeter Abwasser in Flüsse und Seen abgeleitet werden. Die im Abwasser enthaltene Schmutzmenge, bezogen auf BSB_5, wird etwa 4924 t/d betragen. Das entspricht einem Einwohnergleichwert von rund 91 Mio.

*) Vortrag, gehalten auf der Jahrestagung des Fachverbandes Wasserchemie der Chemischen Gesellschaft in der DDR, Leipzig, April 1969

Aus dem Nationalen Entwicklungsplan der Wasserwirtschaft, der die Jahre 1966···1985 umfaßt, geht hervor, daß über tausend Kläranlagen gebaut werden müssen, um den geforderten Reinheitsgrad der Gewässer zu bewahren. Hierfür kommen vorwiegend Anlagen mit zwei und mehreren Reinigungsstufen in Betracht, wie z. B. Kläranlagen mit mechanischer und biologischer bzw. mit mechanischer, biologischer und chemischer Reinigung des Abwassers.

Die technischen Konzeptionen, die für die Realisierung dieses Programmes angenommen wurden, sehen die Zusammenführung der verschiedenen Arten der Industrieabwässer und des städtischen Abwassers auf Zentral-, Gruppen- und Flußkläranlagen vor.

Die für die Erzielung des geforderten Reinheitsgrades der Gewässer notwendigen Baukosten betragen im Zeitraum bis zum Jahre 1985 etwa 47 Milliarden Zloty. Sie machen 32% des gesamten Kostenaufwandes aus, der für die Grundinvestitionen der Landeswasserwirtschaft benötigt wird.

Aus dem Perspektivplan geht weiterhin hervor, daß unter Berücksichtigung des Selbstreinigungsprozesses der Gewässer und die durch gegebene Möglichkeit der Erniedrigung des Reinigungsgrades des Abwassers, eine Kostenersparnis von ca. 6.5 Milliarden Zloty erreicht werden kann. Dieser Betrag stellt 14% des für den Bau der Kläranlagen nötigen Kapitalaufwandes dar.

Aus dieser Zusammenstellung ist zu ersehen, daß der Gewässerschutz ein Hauptproblem der polnischen Wasserwirtschaft ist. Die Ausführung dieses großen Investitionsvorhabens erfordert umfangreiche Studien-, Forschungs- und Projektierungsarbeiten.

Diese Arbeiten betreffen Verfahren zur Bestimmung des maßgebenden Reinheitsgrades der Gewässer und für die Erkennung der Parameter des Selbstreinigungsprozesses in den Gewässern sowie die Reinigungsverfahren für gewerbliche und städtische Abwässer.

Das vorliegende Referat berichtet über einige Ergebnisse der in Polen aktuell geführten Forschungsarbeiten auf dem Gebiete des Gewässerschutzes.

Die Bestimmung des maßgebenden Reinheitsgrades der fließenden Gewässer

Das richtige Leiten und Verwalten der Wasserwirtschaft erfordert eine systematische Beaufsichtigung des Wasservorrates, sowohl in quantitativer als auch in qualitativer Hinsicht.

Quantitative Veränderungen in den einzelnen Einzugsgebieten werden in Polen mit Hilfe eines zweckmäßig ausgebauten Pegelnetzes kontrolliert, die qualitativen Veränderungen auf Grund von Untersuchungsergebnissen. Die Untersuchungen werden periodisch auf Meßkontrollstellen ausgeführt, wobei die Proben manuell entnommen werden und die physikalische, chemische und hydrobiologische Zusammensetzung des Wassers im Labor festgestellt wird.

Die Anzahl der auf den einzelnen Meßkontrollstellen jährlich entnommenen Proben schwankt zwischen 4 und 365; üblich ist eine Entnahme von 12 Proben pro Jahr. Diese Anzahl reicht nicht aus, um den maßgebenden Reinheitsgrad eines Gewässers zu deuten. Dieser wird in Polen auf Grund der Korrelation zwischen der Konzentration der einzelnen Verunreinigungsindexe und der Durchflußmenge bestimmt.

Als maßgebende Konzentration eines Verunreinigungsindexes ist der Wert anzusehen, der typisch für den maßgebenden Durchfluß ist, der dem vieljährigen mittleren Niedrigwasser entspricht.

Verschiedene Korrelationsformen wurden auf dem Kolloquienvortrag des Fachverbandes Wasserchemie der chemischen Gesellschaft in der DDR am 17. 3. 1966 in Berlin besprochen (MÁNCZAK, 1967). Die Regressionsgleichungen, der Korrelationskoeffizient, die Restvariation sowie der Wert der maßgebenden Konzentration werden mit Hilfe elektronischer Rechenmaschinen ermittelt. Ein Zahlenbeispiel wird in Abb. 1 gezeigt.

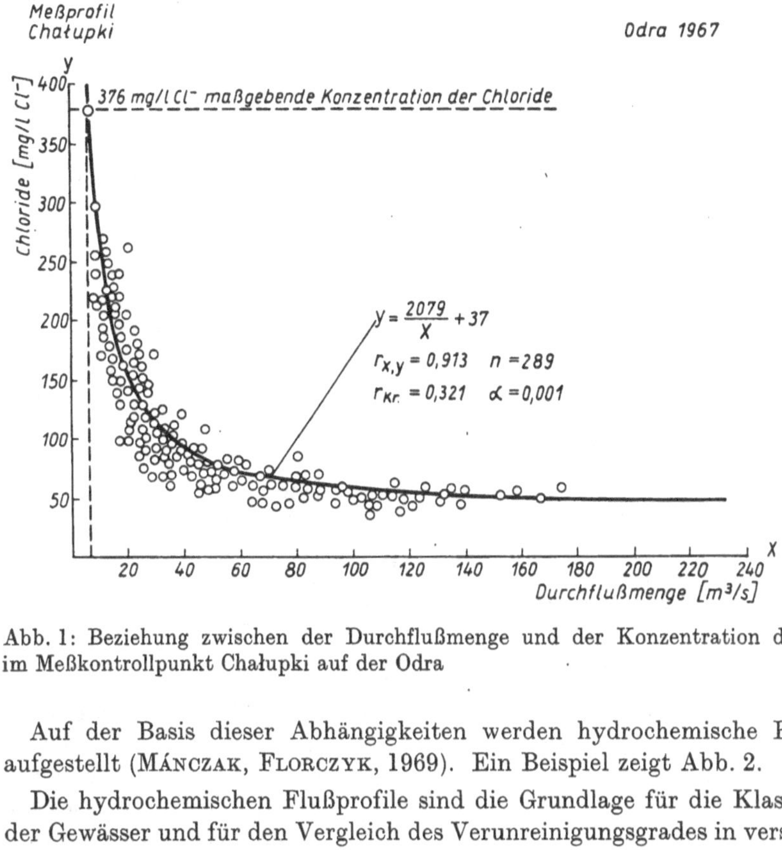

Abb. 1: Beziehung zwischen der Durchflußmenge und der Konzentration der Chloride im Meßkontrollpunkt Chałupki auf der Odra

Auf der Basis dieser Abhängigkeiten werden hydrochemische Flußprofile aufgestellt (MÁNCZAK, FLORCZYK, 1969). Ein Beispiel zeigt Abb. 2.

Die hydrochemischen Flußprofile sind die Grundlage für die Klassifizierung der Gewässer und für den Vergleich des Verunreinigungsgrades in verschiedenen Beobachtungsperioden. Gegenwärtig werden in Polen Vergleiche angestellt, die die Veränderungen der Wassergüte der Hauptflüsse im Zeitabschnitt 1964···1967 betreffen. Dabei werden rund 17000 km Flußlänge erfaßt.

Ein Verfahren zur Bestimmung der Veränderung des Reinheitsgrades eines Gewässers ist in Abb. 3 dargestellt (FLORCZYK).

Zwecks Steigerung des Genauigkeitsgrades der Messungen werden immer mehr automatische Apparaturen für die Probenentnahme und zur Registrierung einiger Verunreinigungsindices verwendet (CIBBS, CLEARY, HUSMANN, JOHNSON u. a. KNOP, MCCALLUM u. STJRRLJ, RUMMEL).

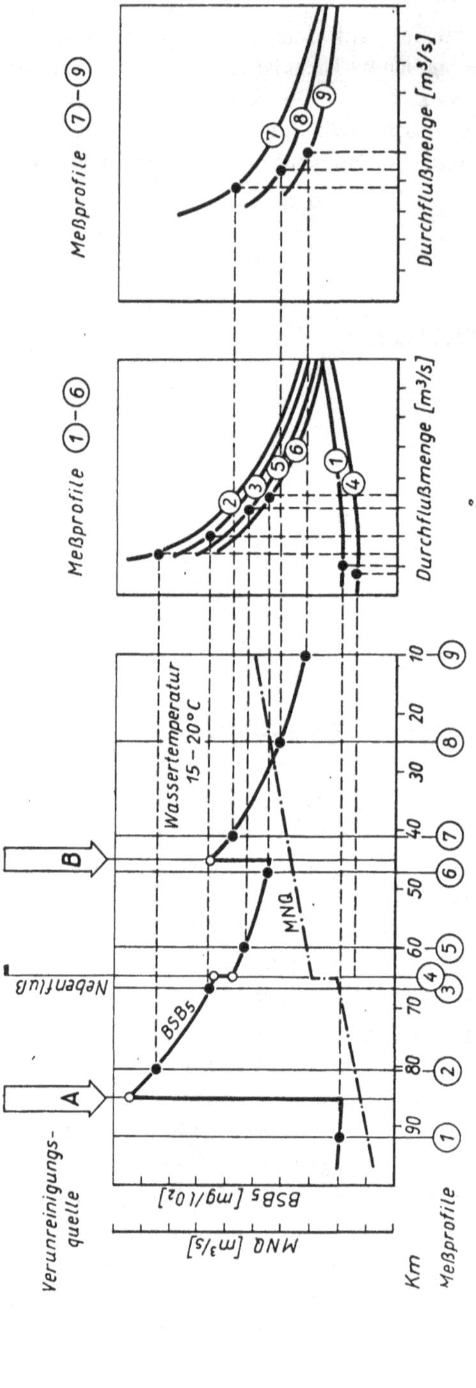

Abb. 2: Grundsatz für die Aufstellung hydrochemischer Profile auf Grund der Korrelationsbeziehungen zwischen den Konzentrationen der Verunreinigungsindexe und den Durchflußmengen auf den Meßkontrollpunkten

Es werden Landes- und Regionalnetze automatischer Meßkontrollstationen gebaut. Ähnliche Stationen bestehen in den Vereinigten Staaten, Schweden, England, in Westdeutschland und Polen (FEDERAL INSTITUTE OF HYDROLOGIE). In Polen wird der Bau von 53 automatischen Meßkontrollstationen geplant (Abb. 4) (MÁNCZAK, 1968).

Hierbei sind zwei Systeme und Zentralen vorgesehen, von denen die Zentrale Wrocław das Einzugsgebiet der Odra und die Zentrale Warszawa das Einzugsgebiet der Wisła bedienen soll. Automatische Meßkontrollstationen sollen an Flüssen gebaut werden, die die Staatsgrenze überschreiten, sowie an Bezirksgrenzen und Stellen, die für die Aufstellung einer Schmutzstoffsbilanz wichtig sind.

Dabei wird in Erwägung gezogen, die qualitativen Messungen auf dem Gebiete des Gewässerschutzes mit der quantitativen Kontrolle der übrigen Zweige der Wasserwirtschaft zu verbinden. Hierbei kommen in Betracht: der Hochwasserschutz, die Wasserenergiewirtschaft, die Binnenschiffahrt und die Wasserversorgung von Städten und größeren Industriebetrieben. Auf diese Weise kann ein einheitliches, komplexes System geschafft werden, das sowohl den qualitativen als auch den quantitativen Wasserhaushalt umfaßt.

Mit Hilfe der automatischen Meßkontrollstationen erhält

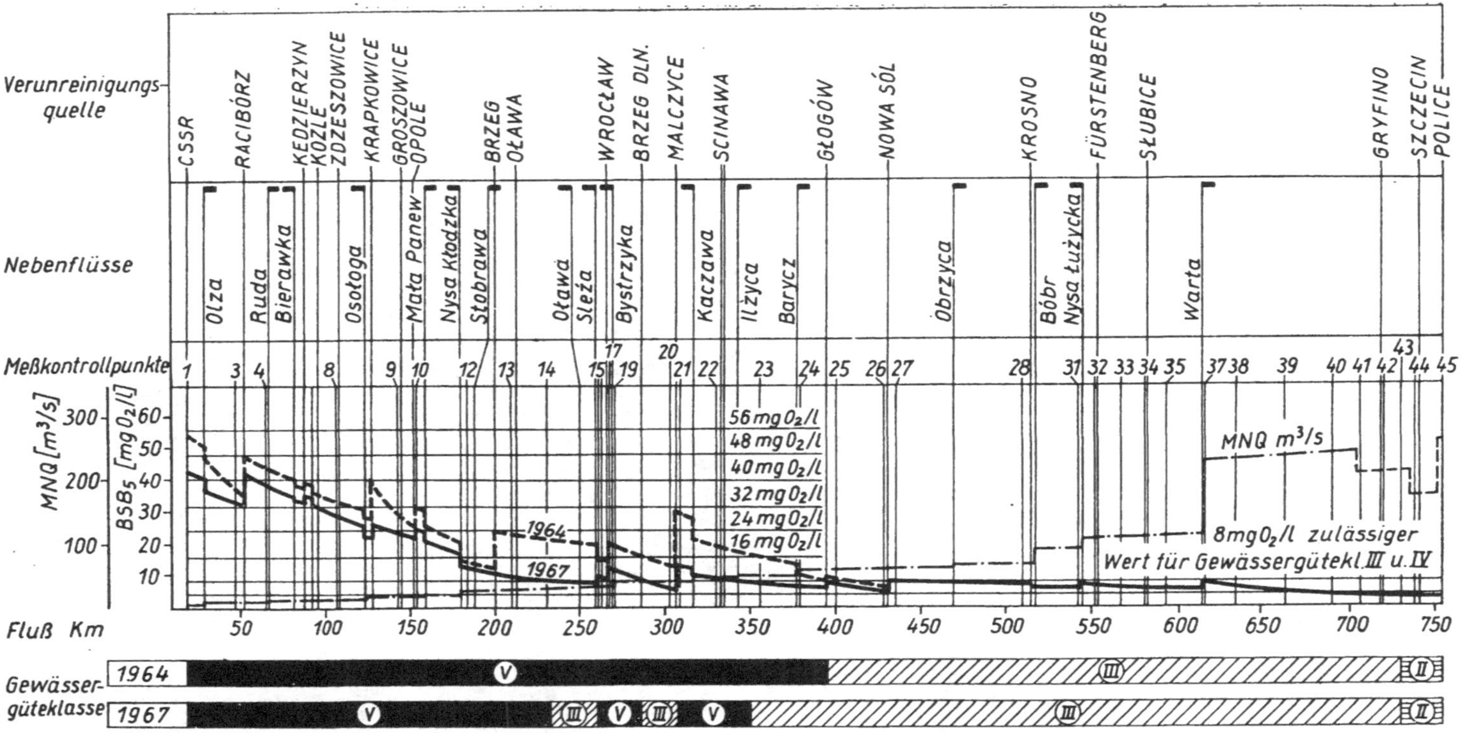

Abb. 3: Vergleich der Veränderungen des Reinheitsgrades der Odra 1964...1967 auf Grund des Indexes BSB_5

man eine genaue Charakteristik der Wassergüte. Hierbei werden stationäre und bewegliche Meßkontrollstationen unterschieden. In Polen werden sieben Meßkontrollstationen gebaut, von denen drei am oberen Flußlauf der Wisła lokalisiert sind und zwar in Mętków, Bielany und in Niepołomice. Die übrigen vier befinden sich am oberen Lauf der Odra in Chałupki, Januszkowice, Wróblin und in Wrocław. Die Stationen an der Wisła und in Chałupki sind schwimmende, die übrigen stationäre.

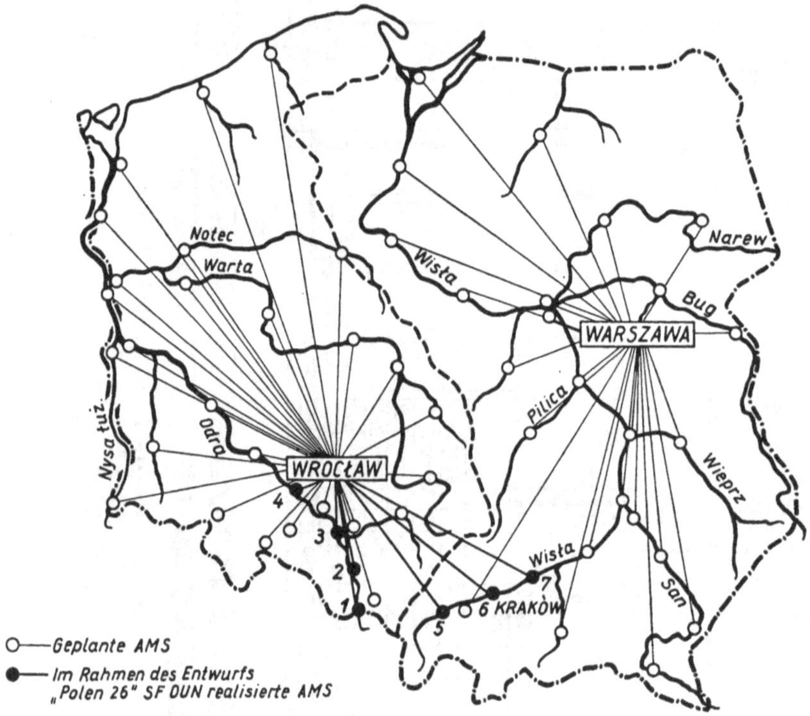

Abb. 4: Schema des Meßkontrollpunktnetzes in Polen

Die Meßergebnisse des Wasserverunreinigungsgrades werden telemetrisch zur Zentrale nach Wrocław übersandt. Die Ausrüstung der automatischen Meßkontrollstationen ist folgende:

ein Honeywell Monitor W-20
ein Voit-Sapromat
ein Apparat der Firma „Rock and Taylor“ mit 48 Zellen.

Mit dem Honeywell Monitor W-20 werden automatisch und kontinuierlich folgende Werte gemessen: Wassertemperatur, Wasserstand, pH-Wert, Leitfähigkeit, Trübe, gelöster Sauerstoff, Redox-Potential und Chloride.

Der Voith-Sapromat bestimmt und registriert automatisch den biochemischen Sauerstoffbedarf BSB_5.

Der Apparat der Firma „Roch and Taylor“ entnimmt kontinuierlich-Proben.

Die einzelnen Meßkontrollstationen besitzen physikalische, chemische, bakteriologische und limnologische Laboratorien, die für Forschungsarbeiten auf dem Gebiet der Wassertoxikologie mit Testlebewesen ausgestattet sind. Die Zentrale ist außer mit einer elektronischen Apparatur für die Registrierung, Umformung und Aufbewahrung der Meßwerte mit folgenden Anlagen ausgerüstet:
einem Technicon-Autoanalisator zur Bestimmung von: Phenolen, Detergentien, Sulfaten, Ammoniak. Nitriten, Nitraten, Eisen, Mangan, Kupfer, Blei, Zink, Chrom, Carbonaten, Orthophosphaten, Kieselerde und Formaldehyd sowie zur Bestimmung des Chemischen Sauerstoffbedarfes und der Oxydierbarkeit. Die Leistungsfähigkeit der Apparatur beträgt 15···60 Bestimmungen/h,
einem Analisator des organischen Kohlenstoffes der Firma Beckmann, mit einer Leistungsfähigkeit von 120 Bestimmungen/h,
einem Spektrophotometer SP 600-Unicam für kolorimetrische Bestimmungen, die parallel mit den Untersuchungen des Technicon-Analisators ausgeführt werden,
einem Zeiß-Flammenphotometer, zur Bestimmung von Natrium und Kalium,
einem Förster-Magnetoscop „F" Typ 1067, zur schnellen Messung von magnetischen Gleichfeldstärken und Differenzfeldstärken in den toxikologischen Versuchen,
einem Gas-Chromatograph mit Apparat für die Dünnschicht-Chromatographie, zur analytischen Bestimmung der in den Kontrollkolonnen adsorbierten organischen Verbindungen.

Verunreinigungsindices, die nicht auf dem Wege der Instrumentenanalyse bestimmt werden, wird man wie bisher mit konventionellen Methoden untersuchen. Dabei ist eine Fernübermittlung der Ergebnisse an die Zentrale in Wrocław vorgesehen. Das Telemetrienetz wird auf zweckmäßig ausgebauten Telephonverbindungen basieren.

Das Blockschema der elektronischen Apparatur auf den einzelnen Meßkontrollstationen, sowie in der Zentrale in Wrocław wird in Abb. 5 gezeigt.

Die Meßkontrollstation Chałupki, die von internationaler Bedeutung ist, wird zusätzlich mit einem Analog-Registrator mit Bandschreiber ausgerüstet. Die graphischen Aufzeichnungen werden Basis für spätere Verhandlungen zwischen den Regierungen Volkspolens und der Tschechoslowakischen Republik im Bereich der Wasserwirtschaft und des Gewässerschutzes sein.

Grundsätze für die Auslegung der Untersuchungsergebnisse sind aus Abb. 6 ersichtlich.

Die auf Perforierband aufgezeichneten Ergebnisse werden zur Festsetzung der maximalen und minimalen Konzentrationswerte und der ihnen entsprechenden Durchflußmenge dienen. Diese Werte werden die Grundlage sein für die Festlegung der mittleren Tageskonzentration, wie auch für die Bestimmung der Korrelation zwischen der Konzentration eines gegebenen Verunreinigungsindexes und der Durchflußmenge. Die Auslegung der Untersuchungs- und Meßergebnisse beruht auf statistischer Rechnung. Dabei werden elektronische Rechenmaschinen zu Hilfe gezogen, für die schon jetzt entsprechende Programme vorbereitet sind.

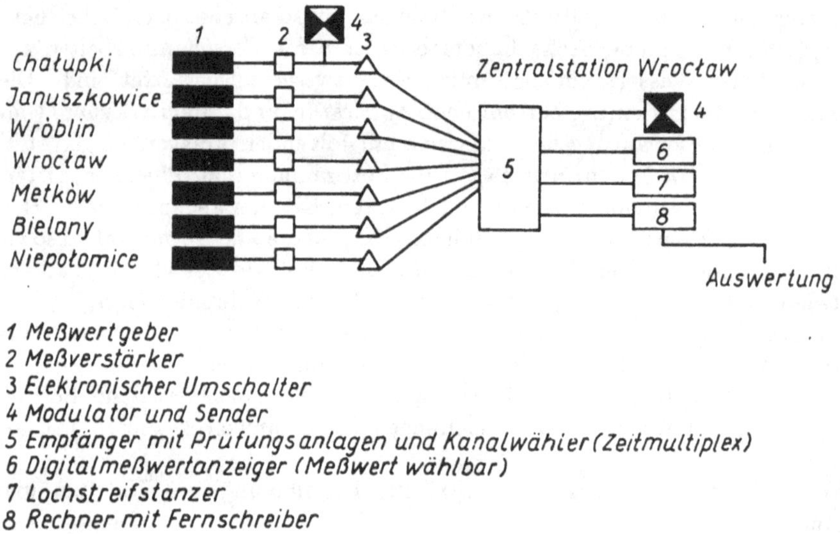

Abb. 5: Blockschaltungsschema der automatischen Meßkontrollstationen

Die Veröffentlichung der Ergebnisse wird in Form außerordentlicher und monatlicher Kommunikate, sowie in Form eines Hydrochemischen Jahrbuches erfolgen.

Untersuchungen zur Bestimmung der wirklichen Selbstreinigungsparameter der Gewässer

Die Kenntnis der wirklichen Parameter des Selbstreinigungsprozesses der Gewässer ist unumgänglich für das Aufstellen der Reinheitsprognose eines Gewäs-

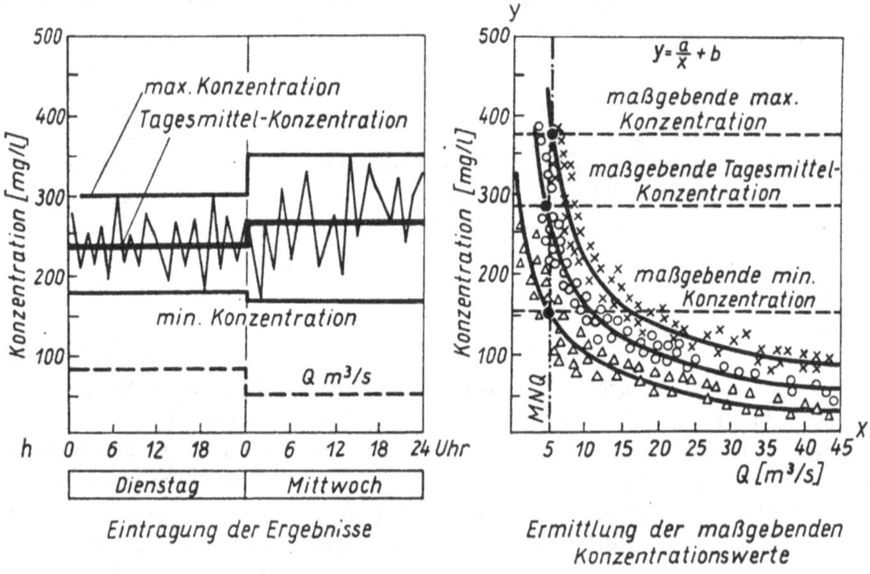

Abb. 6: Grundsätze für die Auslegung der auf den Meßkontrollpunkten gewonnenen Ergebnisse

sers und für das Festlegen des nötigen Reinigungsgrades der Abwässer. Im Zusammenhang mit diesem werden intensive Untersuchungen an den Gewässern geführt, die auf Landesgebieten liegen, in welchen eine fundamentale Investitionstätigkeit vorausgesehen wird. Dieses bezieht sich besonders auf den oberen Lauf der Flüsse Odra und Wisła, wie auch auf einige ihrer Nebenflüsse. Die Untersuchungsergebnisse werden gemäß dreier Kriterien ausgelegt und zwar:

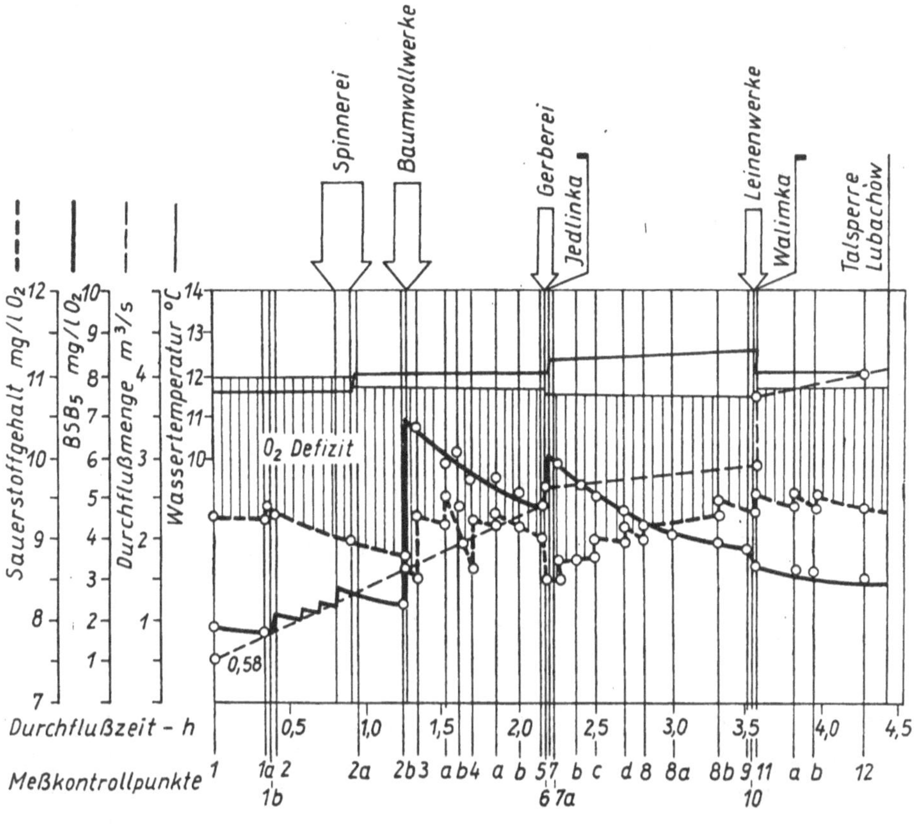

$k_{1t\,°C}/k_{1(5\,°C)}$	0,99/0,72	0,90/0,65	4,2/2,5	3,19/2,25	1,38/0,95	1,28/0,72	0,91/0,65
Abschnitt	1		2				

Abb. 7: Verlauf der Sauerstoffkurve für die Bystrzyca während der Sommeruntersuchungen

nach dem Sauerstoff, dem physikalisch-chemischen und dem hydrobiologischen Kriterium. Einige Untersuchungsergebnisse sind in Abb. 7 gezeigt. Sie stammen aus Untersuchungen, die zur Sommerzeit an der Bystrzyca durchgeführt wurden zur Bestimmung der Selbstreinigungsparameter dieses Gewässers. Abb. 7 stellt die während der Untersuchungszeit vorgefundenen Sauerstoff-, Temperatur- und hydrologischen Verhältnisse dar (FLORCZYK 1969b). Die Ergebnisse dienten als Grundlage zur Festlegung des Geschwindigkeitsindexes der biochemischen Zersetzung im Fluß, des sogenannten $k_{1(r)}$. Die gefundenen

Werte des Indexes sind aus Abb. 8 zu ersehen. Aus ihnen können folgende Schlüsse gezogen werden:

- Die Geschwindigkeit der biochemischen Zersetzung ist groß, da der k_1-Wert zwischen 0,7 und 4,0 schwankt. Der Grund dafür liegt im turbulenten Durchfluß des Wassers und in der guten Belüftung auf den Kaskaden und Staustufen der Bystrzyca (Kurve 2);
- auf einigen Flußabschnitten macht sich der toxische Einfluß der in den Industrieabwässern enthaltenen Stoffe bemerkbar. Dieses läßt sich aus den k_1-Werten ersehen, die auf den Kurven 1 mehr als dreimal kleiner sind als auf den Kurven 2, obwohl die Anfangswerte des BSB_5 die gleichen sind. Diese Erscheinung tritt sogar bei kleinen BSB_5-Anfangswerten auf, z. B. bei 5,0 mg O_2/l.

Diese Schlußfolgerung bestätigt die Richtigkeit der Konzeption, das Abwasser der Gruppenkläranlage „Bystrzyca" unterhalb der Talsperre Lubachów abzuleiten.

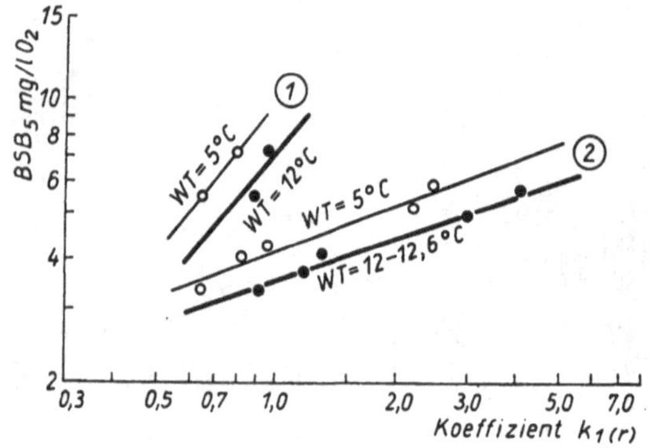

Abb. 8: Beziehung zwischen den Anfangswerten des BSB_5 und den Koeffizienten $k_{1(r)}$ für die Bystrzyca

1968 wurden Untersuchungen des Selbstreinigungsprozesses im Lubachów-Staubecken unternommen. Aus diesen geht hervor, daß es durch das jahrelange Ableiten ungenügend gereinigter Abwässer zu einer Ansammlung von Nährsalzen kam, die im Stausee die Entwicklung des Phytoplanktons fördert. Die hierbei entstehende organische Masse unterliegt nach dem Absterben einer heftigen Zersetzung und verursacht eine erhebliche Sauerstoffzehrung, die zu anaeroben Prozessen und anderen Begleiterscheinungen führt. Die dabei entstehenden Verbindungen wie Methan, Schwefelwasserstoff und Ammoniak verleihen dem Wasser einen ekligen Geschmack und Geruch.

In Abb. 9 werden die Ergebnisse von Sohlenmessungen des Lubachów-Staubeckens gezeigt, die im Juli 1968 mit Hilfe eines Echolotes durchgeführt wurden. Aus den Ergebnissen ist zu entnehmen, daß im Zeitraum 1935/1968 auf der Sohle eine fünfmetrige Schicht von Geröll und Bodenschlamm abgelagert wurde. Der negative Einfluß des Bodenschlammes auf den Sauerstoffhaushalt ist deutlich aus Abb. 10 ersichtlich. Die Untersuchungen zeigen, daß in einer Tiefe von 10 m der Gehalt des gelösten Sauerstoffs auf Null fällt und schon bei der Tiefe von 4,0 m der zulässige Sauerstoffgehalt unterschritten wird. Die organische Ver-

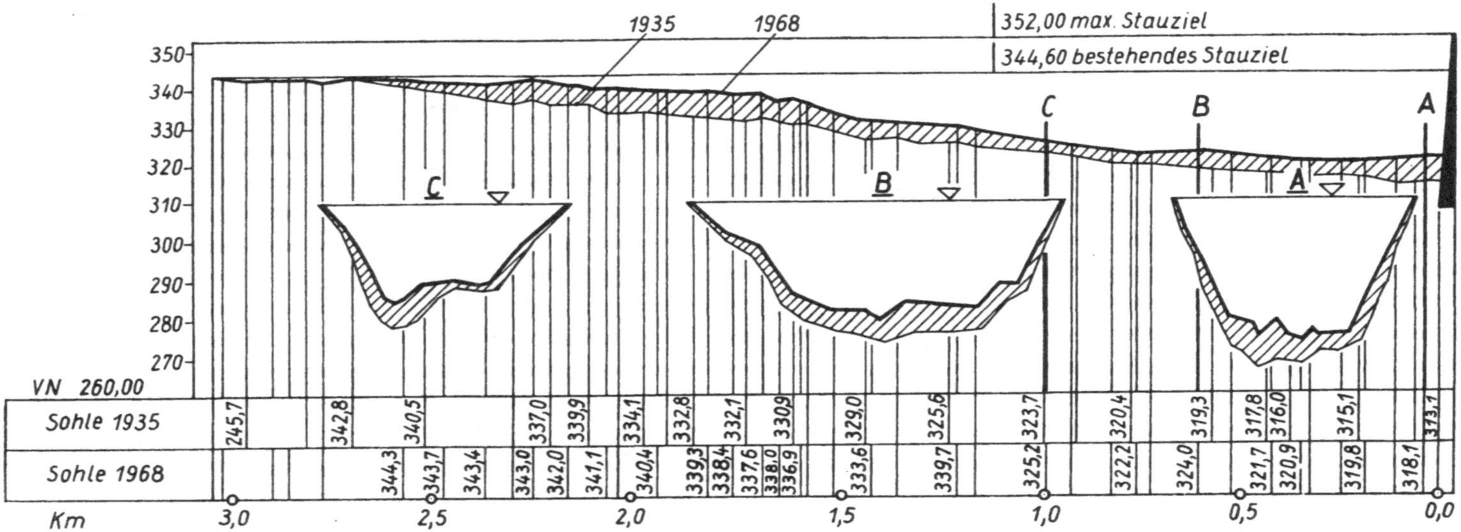

Abb. 9: Längs- und Querprofile der Talsperre Lubachów und Sohlensondierungsergebnisse

schmutzung des Wassers ist erheblich, und der Einfluß des Phytoplanktons macht sich durch den großen Unterschied der Oxydierbarkeit des rohen und geklärten Wassers sichtbar.

In Abb. 11 wird der Gehalt der Stickstoffverbindungen im Staubeckenwasser gezeigt. Hieraus ist ersichtlich, daß die Konzentration des organischen Stickstoffs bis 2 mg/l beträgt und den Normativwert, der aus Rücksicht auf den Eutrophierungsprozeß auf 0,3 mg/l beschränkt ist, mindestens sechsmal überschreitet.

Weitere Untersuchungen erstrecken sich auf die Bilanzierung der Nährstoffe und besonders der Phosphorverbindungen. Abschließend kommt man zu der Schlußfolgerung, daß stehende Gewässer einen kleinen Selbstreinigungsindex

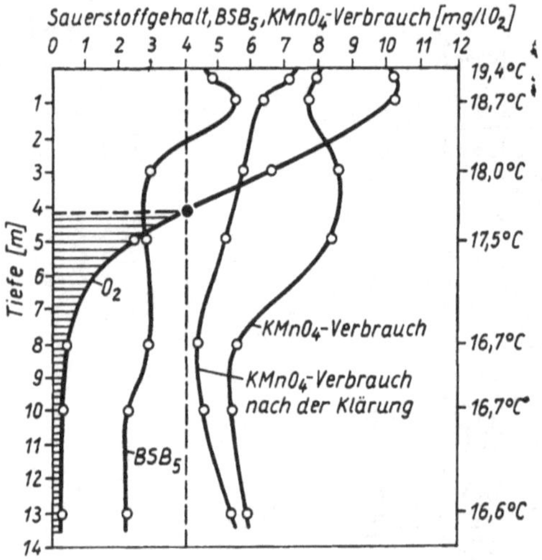

Abb. 10: Untersuchungsergebnisse des Sauerstoffhaushaltes auf der Talsperre Lubachów

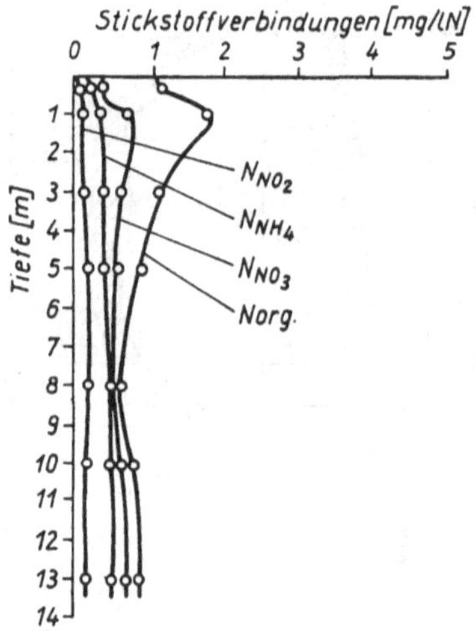

Abb. 11: Abbau der Nitratsverbindungen auf der Talsperre Lubachów

besitzen und aus diesem Grunde besonderen Schutzes vor Verunreinigung bedürfen. Grundsätzlich sollten Abwässer in diese Gewässer nicht abgeleitet werden.

Technologische Untersuchungen im Bereich der Verfahrungstechnik der Abwasserreinigung

Im Zusammenhang mit dem geplanten Bau der Gruppenkläranlage „Bystrzyca" in Jugowice, die die Aufgabe hat, den Stausee Lubachów vor Verunreinigung zu schützen, wurden Untersuchungsarbeiten unternommen mit dem Ziel, das richtige Verfahren für die Reinigung des Abwassers herauszufinden. Vorgesehen ist die gemeinsame Reinigung der kommunalen und der gewerblichen Abwässer. Die Industrieabwässer stammen aus der Textil-, Papier- und Lederindustrie. Das Verhältnis zwischen dem kommunalen und gewerblichen Abwasser beträgt 1:2,6.

Nach umfangreichen Untersuchungen am Ort über die Zusammensetzung und die Menge der Abwässer, wie auch die Produktionstechnologie der Betriebe, wurden später Untersuchungsarbeiten in einer Laborapparatur durchgeführt unter Anwendung des ein- und zweistufigen Belebtschlammverfahrens (Abb. 12).

Aus den Untersuchungen geht hervor, daß die Reinigung des der Gruppenkläranlage ,,Bystrzyca" zufließenden Abwassers schwierig ist, da der Geschwindigkeitskoeffizient der Reinigung mit Belebtschlamm ,,K" nur 0,00046 beträgt. Dieser Wert ist viel kleiner als die Werte, die v. D. EMDE für die Abwässer der Stadt Kassel fand.

Zur Erreichung eines BSB_5-Abflußwertes von 8 mg/*l* waren eine Schlammbelastung von 0,09···0,209 g BSB_5/g TS und eine Belüftungszeit von 6 h erforderlich. Dieses bestätigt noch einmal die Richtigkeit der Konzeption, die die Ableitung der Abwässer unterhalb der Talsperre vorsieht.

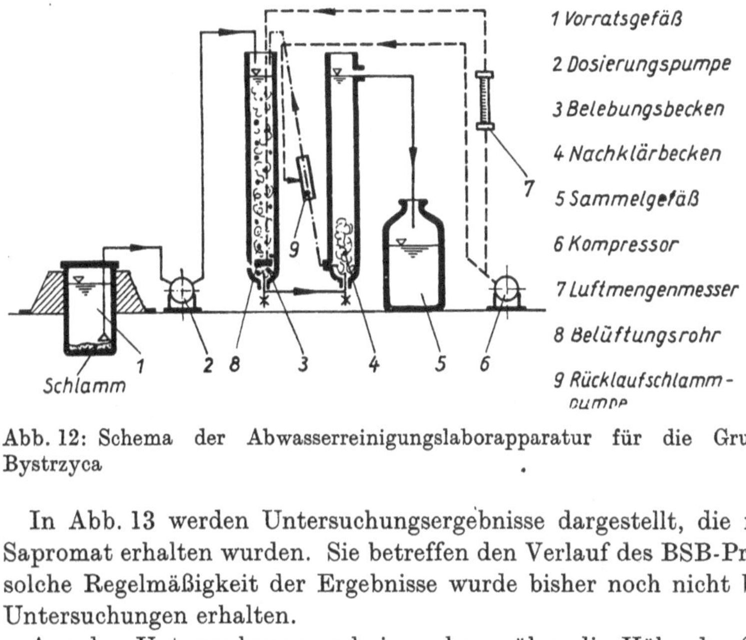

Abb. 12: Schema der Abwasserreinigungslaborapparatur für die Gruppenkläranlage Bystrzyca

In Abb. 13 werden Untersuchungsergebnisse dargestellt, die mit Hilfe des Sapromat erhalten wurden. Sie betreffen den Verlauf des BSB-Prozesses. Eine solche Regelmäßigkeit der Ergebnisse wurde bisher noch nicht bei manuellen Untersuchungen erhalten.

Aus den Untersuchungsergebnissen kann über die Höhe des Sauerstoffverbrauches, der durch die Mikroorganismen in dem gereinigten und ungereinigten Abwasser, sowie durch den Belebtschlamm hervorgerufen wird, gefolgert werden.

Falls das Abwasser aus der Gruppenkläranlage ,,Bystrzyca" in das Lubachów-Staubecken abgelassen würde, müßten vorher die Phosphorverbindungen eliminiert werden, um den Stausee vor Eutrophierung zu schützen. Weiterhin wäre auch das Entfernen der Farbstoffe nötig.

Die Ergebnisse der in diesem Bereich durchgeführten Untersuchungen sind aus Abb. 14 ersichtlich.

Zur Ausflockung der Phosphorverbindungen und Entfernung der Farbstoffe wurde ein chemisches Verfahren verwendet, wobei Eisen(III)-chlorid, Eisen(III)-sulfat und Aluminiumsulfat als Fällmittel benutzt wurden. Als bestes Fällmittel für die Phosphorverbindungen erwies sich Aluminiumsulfat bei einer Dosierung von 80 mg/*l*. Die Beseitigung dieser Verbindungen war befriedigend.

Während der Untersuchungen zur Entfernung der Farbstoffe stellte sich heraus, daß mit Aluminiumsulfat bei einer Dosierung von 100 mg/*l*, eine Verminderung der Farbstoffe von 70% erreicht werden kann. Versuche, die Farbstoffe am Entstehungsort mit Hilfe von Abfallchlorverbindungen zu beseitigen, wiesen die Anwendbarkeit solch eines Verfahrens nach.

Die nächste Etappe der Untersuchungsarbeiten wird auf einer Versuchsstation im halbtechnischen Maßstab in Głuszyca durchgeführt (Abb. 15).

Im Zusammenhang mit dem geplanten Bau der Flußkläranlage ,,Rawa" in Klimzowiec (Suschka u. Rusek) werden Untersuchungen zur Reinigung des Rawa-Flußwassers mit Hilfe von Belebtschlamm vorgenommen. Darüber hinaus wird versucht, das gereinigte Flußwasser durch weitere Aufbereitung für die Hüttenindustrie zugänglich zu machen. Der Bau einer Wasseraufbereitungs-

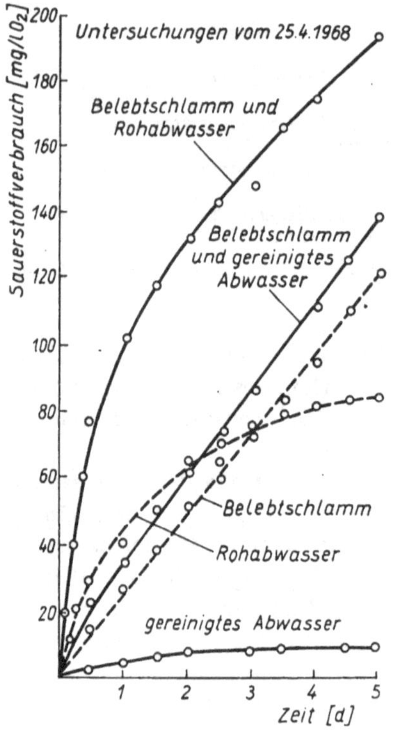

Abb. 13: Die mit dem Sapromat erhaltenen Untersuchungsergebnisse des Sauerstoffverbrauches des Abwassers der Gruppenkläranlage Bystrzyca

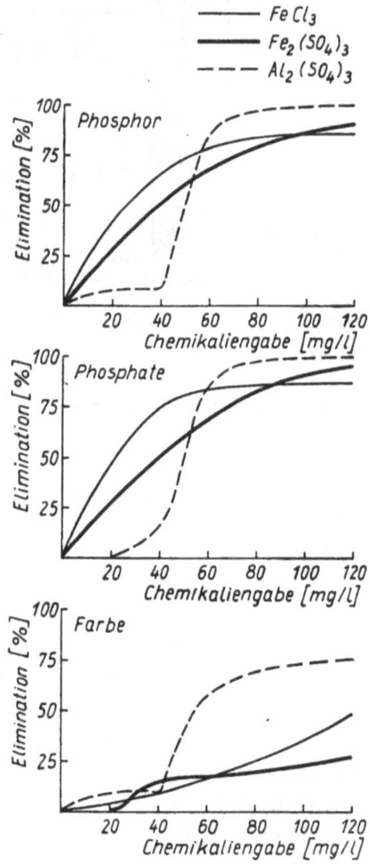

Abb. 14: Untersuchungsergebnisse der Ausfällung von Phosphorverbindungen und der Farbe auf der Gruppenkläranlage Bystrzyca

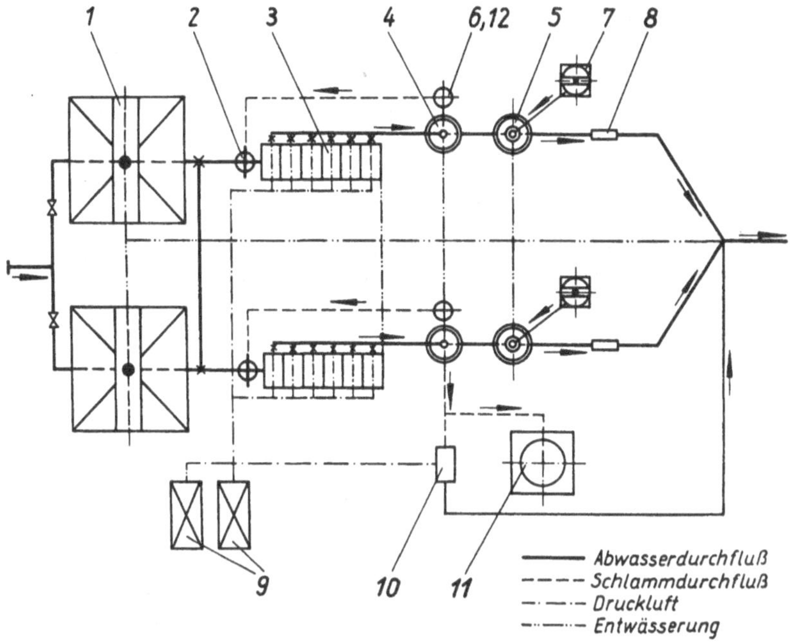

1 Behälter
2 Dosierungspumpe
3 Belüftungsbecken
4 Nachklärbecken
5 Chemische Fällung
6 Rücklaufpumpe
7 Vorbereitung der Chemikalien
8 Durchflußmengenmessung
9 Druckluftstation
10 Schlammstabilisierung
11 Schlammfaulung
12 Rücklaufschlammpumpe

Abb. 15: Schema der Modellkläranlage Bystrzyca

anlage mit einem großen Außenkreislauf des Wassers ist vorgesehen. Aus der Summendauerkurve der Durchflüsse des Rawa geht hervor, daß der Bau dieser Flußkläranlage zweckmäßig ist, da etwa an 360 Tagen im Jahr die ganze Durchflußmenge des Rawa biologisch gereinigt werden kann.

Die aus technologischen Untersuchungen gewonnenen Vorergebnisse machten es möglich, den Geschwindigkeitsindex des BSB_5-Abbaues für das Belebtschlammverfahren zu bestimmen. Wie aus Abb. 16 zu ersehen ist, beträgt der Wert dieses Indexes $k = 0{,}00054$. Er ist erheblich kleiner als die von der Fachliteratur angegebenen Werte. Daraus läßt sich folgern, daß das Wasser des Rawa Stoffe enthält, die sich dem biochemischen Abbau widersetzen. Außerdem können Rückschlüsse auf die Notwendigkeit, Belebtschlammbecken mit längerer Belüftungszeit anzuwenden, gezogen werden.

In Abb. 17 wurde die Beziehung zwischen der Belebtschlammbelastung und der BSB_5-Verminderung des Abwassers dargestellt. Die prozentual angegebenen Ergebnisse stammen aus den Untersuchungen in Klimzowiec.

Zusätzlich wurde in Abb. 17 die nach Imhoff für städtische Abwässer gültige BSB_5-Abbaukurve gezeigt. Sie verläuft erheblich höher als die Kurve, die in den Versuchungen des Rawa-Flußwassers gefunden wurde. Daraus kann geschlossen werden, daß eine bedeutende Abnahme des BSB_5-Wertes, der im untersuchten Wasser nach den Absetzbecken 182 mg/l beträgt, nur bei geringer Schlammbelastung möglich ist.

Um z. B. einen BSB_5-Abflußwert von 8 mg/l zu erzielen, was bezogen auf die biologische Reinigungsstufe einem Reinigungsgrad von 95,5% entspricht, muß eine Schlammbelastung von etwa 0,1 g BSB_5/g TS angenommen werden. Bei einem BSB_5-Abflußwert von 30 mg/l, der einem Reinigungsgrade von 83,5% entspricht, beträgt die Schlammbelastung 0,2 g BSB_5/g TS.

Im Zusammenhang mit den gewonnenen Untersuchungsergebnissen wird die Zweckmäßigkeit einer zweistufigen, d. h. einer biologischen und chemischen Reinigung des Wassers erwogen. Wegen der vorausgesehenen Ausnutzung des biologisch gereinigten Abwassers für die Hüttenindustrie wurden auch Untersuchungen im Bereich biologischer Methoden zur Entfernung der Stickstoffverbindungen durchgeführt. Das klassische Verfahren mit schwachbelastetem Belebtschlamm nach WUHRMANN, die JOHNSON-Methode und das IMZ-Verfahren wurden verwendet. Die besten Ergebnisse gab die IMZ-Methode bei Anwendung folgender Kennwerte: Raumbelastung: 0,4 g $BSB_5/m^3 \cdot d$, Temperatur: 20 °C, Aufenthaltszeit im Belebtschlammbecken: 4···5 h.

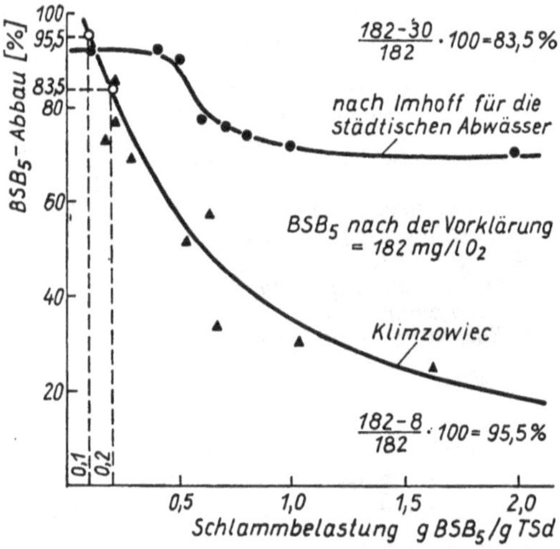

Abb. 16: Geschwindigkeitscharakteristik des BSB_5-Abbaus des auf der Versuchskläranlage Klimzowiec gereinigten Abwassers

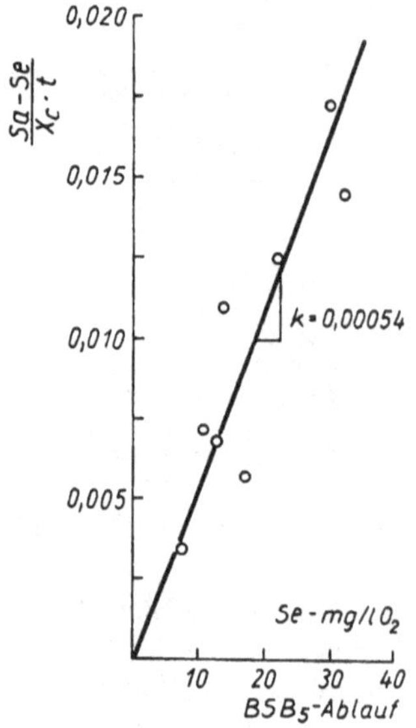

Abb. 17: Beziehung zwischen der BSB_5-Schlammbelastung auf der Versuchskläranlage

Insgesamt wurden bei der Reinigung des Abwassers folgende Prozesse angewendet: biologische Reinigung, Entfernung der Stickstoffverbindungen, Fällung mit Eisen(II)-salzen, pH-Korrektion und Schnellfilterung mit einer Geschwindigkeit von 10 m/h.

Das auf diese Art gereinigte Abwasser wurde danach Untersuchungen unterzogen, die die Eindickung der Verunreinigungen im Kühlwasserkreislauf feststellen sollten. Der festgestellte Eindickungsgrad betrug für das unstabilisierte Wasser $n = 4$ und nach Stabilisierung mit Natrium-Hexametaphosphat $n = 5$. Dabei stellte man eine übermäßige Eindickung der Sulfate fest. Bei $n = 5$ hatte die Konzentration einen Wert von 2800 mg SO_4/l erreicht. Die Untersuchungstemperatur betrug 80 °C, bei einer Wandtemperatur der Wärmeelemente von 95 °C. Im Kühlwasserkreislauf wurde kein Ausscheiden von Calciumsulfat festgestellt, da im Rawa-Flußwasser wahrscheinlich spezifische Stoffe enthalten sind, die das Steinbilden behindern.

Folgerungen

Aus den durchgeführten Untersuchungen können folgende Schlüsse gezogen werden:

— Im Zusammenhang mit den ständig anwachsenden Investitionsmitteln, die für den Gewässerschutz bestimmt werden, ist es nötig, genauere und neuzeitlichere Methoden zur Reinheitskontrolle der Gewässer anzuwenden. Zu diesen Methoden gehören automatische Meßkontrollstationen.

— Jeder Investitionstätigkeit beim Bau von Zentral-, Gruppen- und Flußkläranlagen für die Reinigung kommunaler und gewerblicher Abwässer müssen umfangreiche Forschungs- und Untersuchungsarbeiten auf Modellanlagen vorausgehen.

Literatur

Biczysko, J., Z. Pociecha, K. Jedrzejowski u. I. Sobota: Badania laboratoryjne nad wykorzystaniem ścieków z oczyszczalni grupowej Klimzowiec dla potrzeb hutnictwa Sprawozdanie z realizacji prac naukowo-badawczych. Instytut Metalurgii Żelaza–Gliwice (1969)

Cibbs, C. V.: Receiving Water Monitoring. Wat. Works., Wastes Engng. t. 1, **9** (1964), 52

Cleary, E. I.: An Electronic Monitor System for River-Quality Surveillance and Research Intern. J. Air. s. Wst. Poll. **4/5** (1963), 331

Florczyk, H.: Porównanie zmian poziomu czystości wód rzeki Odry w latach 1964 i 1967. Gospodarka Wodna (1969a), praca w druku

Florczyk, H.: Ocena przebiegu procesu samooczyszczania się wód rzeki Bystrzycy według kryterium tlenowego. Instytut Gospodarki Wodnej — Wrocław (1969b), maszynopis

Florczyk, H.: Badania nad technologią oczyszczania ścieków mieszanych na przykładzie oczyszczalni grupowej rejonu Górnej Bystrzycy. Sprawozdanie przejściowe z realizacji prac naukowo-badawczych. Instytut Gospodarki Wodnej — Wrocław (1969)

Husmann, W.: Meß- und Regelanlagen zur Gewässerüberwachung. Wasser u. Boden **13**, *6* (1961) 181

Johnson, W. D., B. L. Luris and S. Negrucias: Automatic Dissolved Oxygen Titration Apparatus. J. Wat. Poll. Control Federat. **11** (1963), 1489

Knop, E.: Kontinuierliche Messungen in Abwässer und Gewässer. Wasserwirtsch.-Wassertechn. **51** *4* (1961), 94

Mańczak, H.: Einige Merkmale der Selbstreinigungsvorgänge als Grundlage der Gewässerklassifizierung. Fortschritte d. Wasserchemie *6* (1967)

Mańczak, H.: Informacja o niektórych wynikach badań wykonanych w ramach Programu „Polska 26". Instytut Gospodarki Wodnej, Wrocław (1968)

Mańczak, H. u. H. Florczyk: Klasyfikacja wód płynących pod względem stopnia zanieczyszczenia na podstawie profilów hydrochemicznych. Gospodarka Wodna, 1969, praca w druku

McCallum, C. E. and H. Stirrli: How Automation Plays a Part in Water – Quality Surveillance. Wat. Works Engng. **5** (1964), 68

Rummel, W.: Die automatische Wasserprobeentnahme. Wasserwirtsch.-Wassertechn. **11** *10* (1961), 479

Suschka, I. u. I. Rusek: Badania technologiczne w skali ułamkowo-technicznej na stacji doświadczalnej Klimzowiec, nad oczyszczaniem ścieków za pomocą osadu czynnego. Sprawozdanie przejściowe z realizacji prac naukowo-badawczych. Instytut Gospodarki Wodnej, Katowice (1969)

Federal Institute of Hydrology, Koblenz, Federal Republic of Germany: „Experience in Setting up and Operating Automatic Water Quality Monitoring Stations“, report prepared for Economic Commision for Europe, Water/UTIL METH/20, 6 January 1969

Anschrift des Verfassers:

Dr. Ing.-habil. H. Mańczak, Institut für Wasserwirtschaft, Wrocław, Wyspianskiego 39 VR Polen

W. v. Tümpling, D. Ventz

Wasserwirtschaftsdirektion Werra–Gera–Unstrut, Erfurt
Wasserwirtschaftsdirektion Küste–Warnow–Peene, Stralsund

Über die Relationen zwischen BSB_5 und BSB_2 in Oberflächengewässern
I. Mitteilung: Statistische Untersuchungen*)

Zusammenfassung: Umfangreiches Untersuchungsmaterial der Gewässerkontrolle aus den Flußgebieten Mecklenburgs, Thüringens und der Elbe wird statistisch ausgewertet, um die Zusammenhänge zwischen dem zwei- und fünftägigen Biochemischen Sauerstoffbedarf zu untersuchen. Aus den bisher vorliegenden Ergebnissen ist keine eindeutige Aufklärung der kausalen Zusammenhänge zwischen BSB_2 und BSB_5, zumindest im Bereich geringer Respirationsintensität, erkennbar. Die Auswertung soll durch experimentelle Untersuchungen in einem weiteren Beitrag ergänzt werden.

Summary: Extensive investigation material of water pollution control from river basins of Mecklenburg, Thüringen and Elbe are statistical interpreted for the investigation of the relations between BOD_2 and BOD_5. Hitherto existing results don't give an unequivocal enlightenment of causal relations between BOD_2 and BOD_5 at the very least in the sphere of small intensity of respiration. The utilization is obliged to be completed in a further contribution by experimental investigations.

Резюме: Статистической обработке подвергается охватывающий материал контроля водоемов в речных водосборах Мекленбурга, Тюрингии, а также Эльбы с целью изучения связей между 2- и 5-дневными биохимическим потреблением кислорода. Предварительные результаты не допускают однозначных выводов о причинных связях между $БПК_2$ и $БПК_5$ — по крайней мере в пределах незначительной интенсивности дыхания. Данная оценка будет дополнена в предусмотренной в дальнейшем работе результатами экспериментальных исследований.

Allgemeines

Als Modell für die Kinetik des Biochemischen Sauerstoffbedarfes (BSB) der ersten Stufe, die den Abbau der Kohlenstoffverbindungen zum Inhalt hat, wird im allgemeinen die von Theriault empfohlene Gleichung einer Reaktion erster Ordnung angenommen, deren hinlängliche Gültigkeit als Modell für die Entwicklung des BSB in Abhängigkeit von der Reaktionszeit bei Abwässern vielfach bestätigt wurde. Dieselbe Gleichung wird aber oft auch für die Berechnung des Sauerstoffhaushaltes von Oberflächengewässern im Verlaufe der Selbstreinigung angenommen, wobei die anzusetzenden Werte für die Geschwindigkeitskonstante k bzw. k' (Basis e bzw. 10) durch experimentellen Verfolg des BSB bestimmt werden.

*) Vortrag, gehalten auf der Jahrestagung des Fachverbandes Wasserchemie der Chemischen Gesellschaft in der DDR, Leipzig, April 1969

Da die Abbaugeschwindigkeit recht unterschiedlich sein kann, wurden für k Werte zwischen 0,16 d^{-1} und 0,70 d^{-1} beobachtet (FAIR und GEYER). Außerdem liegen Hinweise dafür vor, daß die Geschwindigkeitskonstante k von der vorhandenen Menge organischer Substanz — der Substratkonzentration — abhängig ist. In jedem Falle, der dem Modell der THERIAULTschen Gleichung folgt, muß ein konstantes durch k in seiner Größe bestimmtes Verhältnis zwischen dem BSB_5 und dem BSB_2 auftreten.

Im Rahmen der Gewässerkontrolle wird im allgemeinen stillschweigend vorausgesetzt, daß der BSB der Substratkonzentration proportional und demzufolge ein Maß für die organische Belastung des Gewässers ist. Dabei werden im Rahmen der routinemäßigen Gewässeruntersuchung zumeist der BSB_2 und der BSB_5 als Biochemischer Sauerstoffbedarf nach zwei- bzw. fünftägiger Inkubationszeit bei 20 °C bestimmt. Für den Quotienten BSB_5/BSB_2 wird dabei meist der Wert 1,85 angenommen, was einem k-Wert von 0,23 d^{-1} entspricht. Mit der möglichen Schwankung des k-Wertes treten natürlich auch Schwankungen des Quotienten BSB_5/BSB_2 auf, wobei drei Extreme denkbar sind:

- ein sehr leicht abbaubares Substrat, das entspricht einem hohen k-Wert und dem fast vollständigen Abbau des Substrates innerhalb der ersten zwei Tage der Inkubation, woraus ein Quotient BSB_5/BSB_2 von nahezu 1 folgt
- ein sehr schwer abbaubares Substrat, dessen Abbau der Zeit fast linear proportional ist, das entspricht einem sehr kleinen k-Wert, der nur wenig von o verschieden ist, woraus sich ein Quotient von nahezu 2,5 ableitet
- das Substrat ist schon vor der Inkubation verbraucht, so daß in der Inkubationszeit nur die endogene Atmung gemessen wird, was einem Quotienten BSB_5/BSB_2 von 2,5 entspricht.

STURZ (1957, 1961) bestätigte für verschiedene Pegel an Donau, Lahn, Main, Mosel, Neckar und Rhein die offenbar allgemeine Gültigkeit des durchschnittlich angenommenen k-Wertes von 0,23 d^{-1}, in dem er nachweisen konnte, daß der Quotient BSB_5/BSB_2 1,85 betrug und lediglich Abweichungen von durchschnittlich $\pm 10\%$, maximal $\pm 20\%$ auftraten. SZEBELLÉDY konnte demgegenüber nachweisen, daß der Quotient BSB_5/BSB_2 an ein und demselben Pegel und im Laufe eines Tages erheblichen Schwankungen unterworfen sein kann und dabei Werte zwischen 1,78 und 5,01 annimmt, wobei aus ihrer Abb. 9 und 10 zu erkennen ist, daß sehr hohe Quotienten vor allem bei niedrigen Werten des BSB_2 auftreten.

Statistische Untersuchungen

Der überraschende Nachweis tageszeitlicher Variabilität des Quotienten BSB_5/BSB_2 in den Grenzen von 1,78···5,01, wie ihn SZEBELLÉDY erbrachte und die enorme Bedeutung, die die Kinetik des BSB in Oberflächengewässern für die modellmäßige Berechnung des Sauerstoffhaushaltes und der Selbstreinigung hat, veranlaßten uns, die Zusammenhänge zwischen dem BSB_5 und dem BSB_2 an einem größeren Material aus der routinemäßigen Gewässerkontrolle näher zu untersuchen.

Hierzu wurde Material der regelmäßigen Gewässerkontrolle aus möglichst unterschiedlichen Flußgebieten statistisch untersucht, wobei zunächst nicht der Quotient BSB_5/BSB_2 sondern der effektiv zu beobachtende Zusammenhang zwischen beiden Parametern der Wasserbeschaffenheit im Vordergrund stand und der Quotient BSB_5/BSB_2 erst sekundär betrachtet wurde.

Das Material entstammte dabei folgenden Quellen:

einem Teileinzugsgebiet der Wasserwirtschaftsdirektion Küste–Warnow–Peene (Mecklenburg) — 138 Untersuchungen,
der Elbebereisung des Institutes für Wasserwirtschaft 1965 — 51 Untersuchungen,
den 11 Hauptgütepegeln der Wasserwirtschaftsdirektion Werra–Gera–Unstrut (Thüringen) — 173 Untersuchungen.

In allen untersuchten Fällen ergaben sich, wie zu erwarten, hochsignifikante (Irrtumswahrscheinlichkeit kleiner als 0,1%) positive lineare Korrelationen zwischen dem BSB_2 und dem BSB_5, die sich durch entsprechende Regressionsgeraden quantitativ beschreiben lassen (Abb. 1···3):

Aus den Regressionsgleichungen läßt sich bei bekanntem BSB_2 der BSB_5 rechnerisch bestimmen. Die relativ große Standardabweichung im Material der Elbe und der 11 Thüringer Hauptgütepegel wird verständlich, wenn man die überaus unterschiedliche Abwasserherkunft und -zusammensetzung in der Elbe sowie die sehr unterschiedliche Lage und Belastung der Hauptgütepegel — kommunales Abwasser, Kampagnebelastung durch die Zuckerindustrie und Versalzung durch Kaliabwässer — berücksichtigt.

Auffällig ist, daß in allen untersuchten Fällen die Regressionsgerade nicht durch den Ursprung des Koordinatensystems verläuft sondern bei sehr geringen Werten des BSB_2 ein deutlich meßbarer BSB_5 auftritt, während nach dem bisher stets vorausgesetzten rein faktoriellen Zusammenhang zwischen BSB_2 und BSB_5 zu erwarten war, daß die Regressionsgerade kein absolutes Glied enthielte. Da alle untersuchten Oberflächengewässer trotz der großen hydrographischen, hydrochemischen und biologischen Unterschiede die gleichen Verhältnisse zeigen, ist zunächst die Feststellung berechtigt, daß der Zusammenhang zwischen dem BSB_2 und dem BSB_5 in Oberflächengewässern sehr viel komplizierter ist, als bisher angenommen wurde. Er kann deshalb nicht rein faktoriell betrachtet werden, sondern ist nur durch die Regressionsanalyse einwandfrei und eindeutig zu beschreiben.

Bei faktorieller Betrachtung des Zusammenhanges zwischen BSB_5 und BSB_2 (Abb. 4) ist zu erkennen, daß bei Werten des BSB_2 oberhalb von 4···5 mg/l bzw. des BSB_5 oberhalb 7,5···9 mg/l die Relation zwischen dem BSB_5 und dem BSB_2 allerdings wie im Abwasser auch im Oberflächengewässer rein faktoriell mit hinlänglicher Genauigkeit beschrieben werden kann, wobei der Quotient BSB_5/BSB_2 nur wenig von 1,85 abweicht. Dieser Zusammenhang ist auch auf Abb. 3 eindeutig zu erkennen: Oberhalb von $BSB_2 = 5$ mg/l ordnen sich die Werte des BSB_5 eindeutig um eine Gerade der Gleichung $BSB_5 = 1{,}85\ BSB_2$. Dieses Verhalten des Zusammenhanges zwischen BSB_2 und BSB_5 steht in guter Übereinstimmung mit den Ergebnissen von Szebellédy, die ebenfalls nur selten geringfügige Unterschreitungen des Quotientenwertes 1,85 beobachtete. Mit abnehmenden Werten des BSB_2 erreicht der Quotient BSB_5/BSB_2 jedoch ganz erhebliche Größen, so treten schließlich bei Werten des BSB_2 von 0,5 bzw. 0,2 mg/l Quotienten von 3,8 bzw. 7,1 auf (Abb. 4).

Aus allem ergibt sich, daß die Messung des BSB – insbesondere des BSB_5 – in mäßig belasteten Gewässern keinen Aufschluß über die organische Belastung

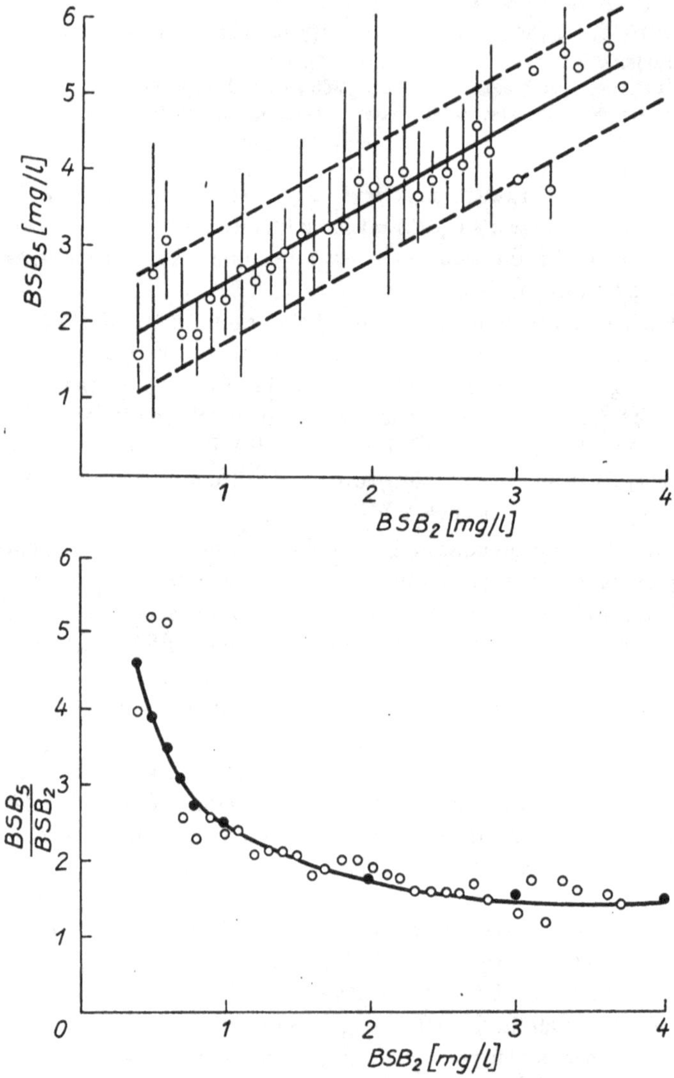

Abb. 1: Zusammenhang zwischen dem BSB_2 und dem BSB_5 in einem Teileinzugsgebiet der Wasserwirtschaftsdirektion Küste–Warnow–Peene (Mecklenburg)

Dargestellt sind die arithmetischen Mittel (o) sowie die Variationsbreiten (¦) des BSB_5 in Klassen mit dem Umfang von 0,1 mg BSB_2/l sowie die Regressionsgerade $BSB_5 = 1{,}4 + 1{,}1\ BSB_2 \pm 0{,}74$ und die Regressionslinie $\frac{BSB_5}{BSB_2} = 1{,}1 + \frac{1{,}4}{BSB_2}$

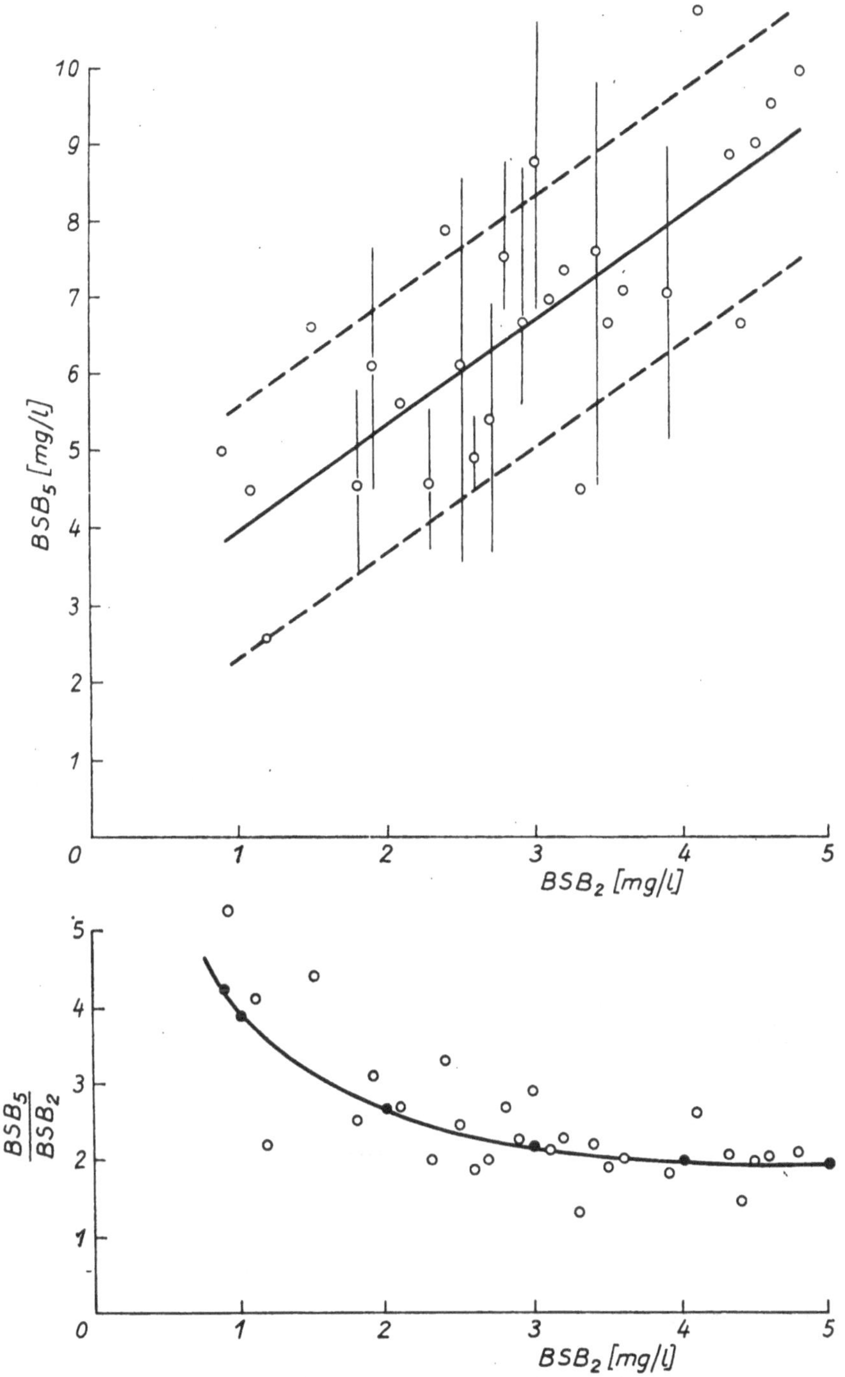

Abb. 2: Zusammenhang zwischen dem BSB_2 und dem BSB_5 in der Elbe
Dargestellt sind die arithmetischen Mittel (o) sowie die Variationsbreiten (¦) des BSB_5 in Klassen mit dem Umfang von 0,1 mg BSB_2/l sowie die Regressionsgerade $BSB_5 = 2{,}5 + 1{,}4\, BSB_2 \pm 1{,}6$ und die Regressionslinie $\frac{BSB_5}{BSB_2} = 1{,}4 + \frac{2{,}5}{BSB_2}$

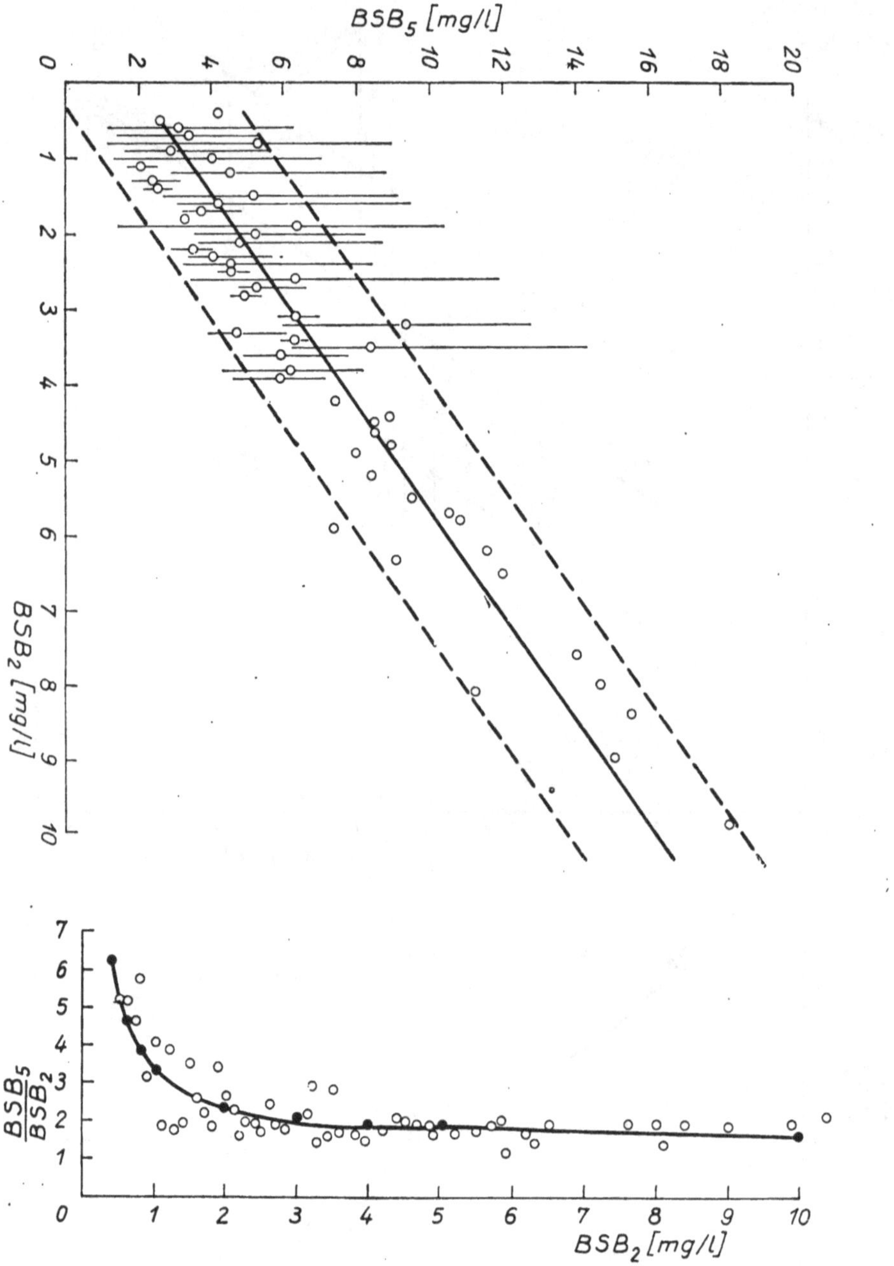

Abb. 3: Zusammenhang zwischen dem BSB_2 und dem BSB_5 für 11 Hauptgütepegel der Wasserwirtschaftsdirektion Werra–Gera–Unstrut (Thüringen)

Dargestellt sind die arthmetischen Mittel (o) sowie die Variationsbreiten (¦) des BSB_5 in Klassen mit dem Umfang von 0,1 mg BSB_2/l sowie die Regressionsgerade $BSB_5 = 1{,}9 + 1{,}4\,BSB_2 \pm 2{,}4$ und die Regressionslinie $\frac{BSB_5}{BSB_2} = 1{,}4 + \frac{1{,}9}{BSB_2}$

Herkunft	n	r	b	Gleichung der Regressionsgeraden
Mecklenburg	138	+0,772	+1,1	$BSB_5 = 1{,}4 + 1{,}1\ BSB_2 \quad \pm 0{,}74$
Elbe	51	+0,616	+1,4	$BSB_5 = 2{,}5 + 1{,}4\ BSB_6 \quad \pm 1{,}6$
Thüringen	173	+0,756	+1,4	$BSB_5 = 1{,}9 + 1{,}4\ BSB_2 \quad \pm 2{,}4$
Gesamtmaterial	362	+0,800	+1,6	$BSB_5 = 1{,}1 + 1{,}6\ BSB_2 \quad \pm 1{,}8$

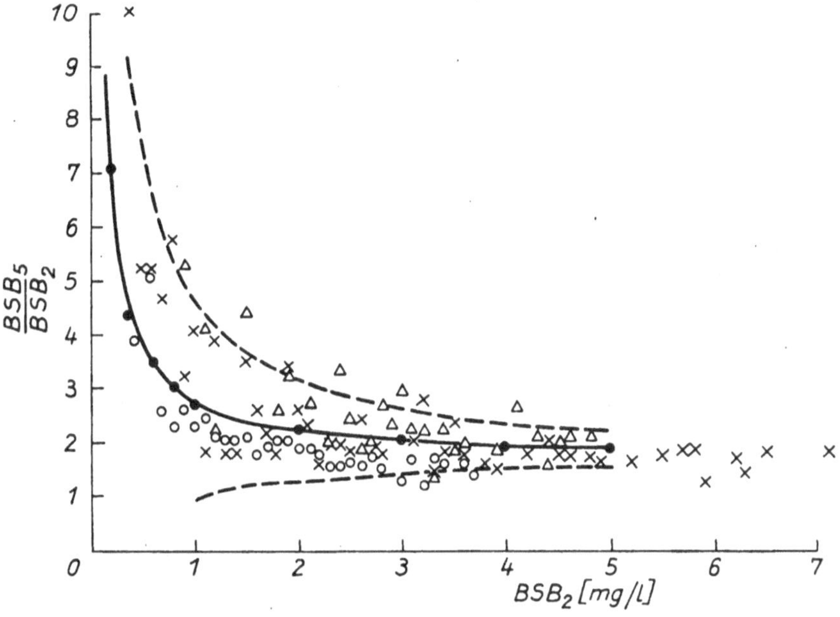

Abb. 4: Die Veränderung des Quotienten BSB_5/BSB_2 in Abhängigkeit von der Respirationsintensität, gemessen im BSB_2.
Dargestellt sind die Untersuchungsergebnisse Mecklenburger Gewässer (o), der Elbe (Δ) sowie der Thüringer Gewässer ($\times$) und die allgemeine Regressionslinie $\frac{BSB_5}{BSB_2} = 1{,}6 + \frac{1{,}1}{BSB_2} \pm \frac{1{,}8}{BSB_2}$

gibt, kein Maß für die Konzentration organischer Substanz im Gewässer darstellt. Das Ergebnis der Messung des BSB ist unter diesen Umständen eine Respirationsrate, die ganz offensichtlich stark durch andere Faktoren als die Konzentration des organischen Substrates bestimmt wird. Unter diesem Aspekt werden aber rechnerische Untersuchungen über den Sauerstoffhaushalt und die Selbstreinigung auf der Basis der Theriaultschen Gleichung sehr fragwürdig.

Die Frage nach der Kausalität der recht verwickelten Zusammenhänge zwischen dem BSB_2 und dem BSB_5 in mäßig verunreinigten Oberflächengewässern ist zunächst schwer zu beantworten. Die zunächst einfachste Lösung des Phänomens in Gestalt der Annahme einer primären Hemmung der Respiration bis zum Ablauf zweier Inkubationstage und der anschließenden Wirkung einer Adaptation in den folgenden drei Inkubationstagen muß verworfen werden, da das

Phänomen steigender Quotienten BSB_5/BSB_2 bei abnehmender Respirationsintensität in allen untersuchten Gewässern und an allen untersuchten Pegeln gleichartig auftritt.

Aus den gleichen Gründen ist es auch in hohem Maße unwahrscheinlich, daß das Phänomen ein Artefakt darstellt, also etwa durch einen grundsätzlichen Fehler in der Analysentechnik und der Durchführung des BSB-Testes unter Feldbedingungen verursacht wird. Eben dieselben Gründe lassen auch andere Arten eines artefiziellen Einflusses etwa in Gestalt des bekannten Oberflächeneffektes der Flaschenwandungen oder einer anderen Art der relativen Hemmung der Respiration in den ersten zwei Inkubationstagen bzw. der Förderung der Respiration in den weiteren Tagen der Inkubation als Ursache des überraschenden Phänomens der Vergrößerung des Quotienten bei sinkender Respirationsintensität ausscheiden. Derartige „Artefakte" oder auch „Kunstfehler" würden sich außerdem wohl kaum so regelmäßig auswirken und träten außerdem auch in allen übrigen Fällen — also auch bei Respirationsintensitäten oberhalb 4···5 mg BSB_2/l bzw. 7,5···9 mg BSB_5/l auf. Schließlich spricht auch das Ergebnis der Untersuchungen von SZEBELLÉDY mit dem Nachweis tageszeitlicher Veränderungen des Quotienten BSB_5/BSB_2 eindeutig gegen jede artefizielle Ursache des Phänomens.

Deshalb wurden zunächst noch weitere statistische Untersuchungen zur Klärung der Ursachen des steigenden Quotienten BSB_5/BSB_2 mit abnehmender Respirationsintensität unternommen:

In bisher unveröffentlichtem Material aus dem Einzugsgebiet der Weißen Elster (SCHULZ) tritt eine deutliche negative Korrelation zwischen dem Quotienten und dem aktuellen Sauerstoffgehalt des Vorfluters auf (Abb. 5). Der

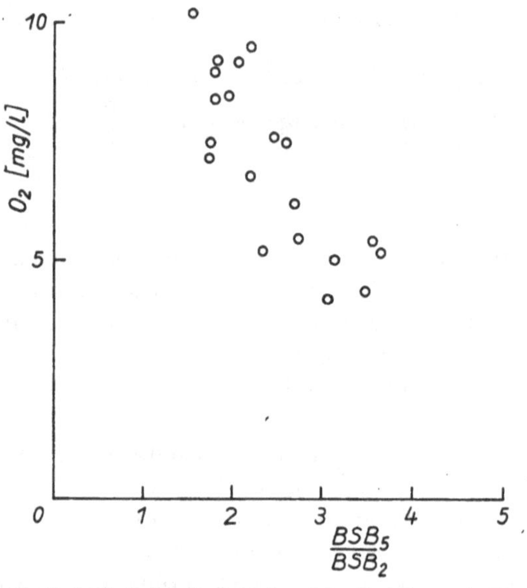

Abb. 5: Relation zwischen der aktuellen Sauerstoffkonzentration des Flußwassers und dem Quotienten BSB_5/BSB_2 nach Unterlagen aus dem Flußgebiet der Weißen Elster (SCHULZ)

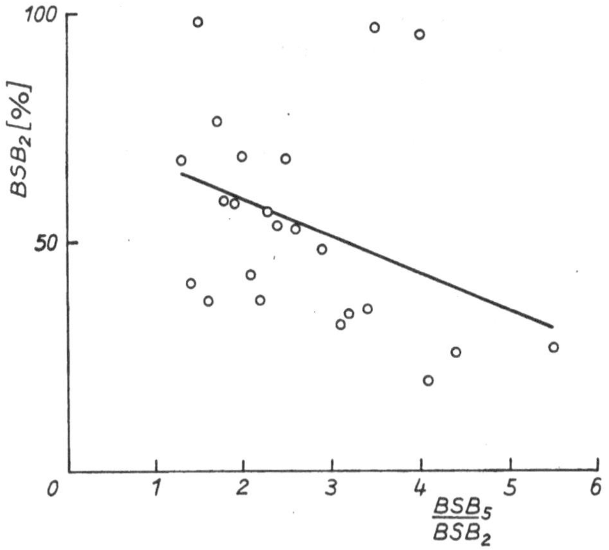

Abb. 6: Relation zwischen dem Quotienten BSB_5/BSB_2 und dem BSB_2 in Prozenten der aktuellen Sauerstoffkonzentration des Vorfluters in den Untersuchungsergebnissen aus der Elbe

Quotient ist also um so größer, je geringer die Sauerstoffkonzentration im Vorfluter ist. Die Untersuchung des gleichen Zusammenhanges im Material der Elbe ergab aber keine Korrelation zwischen dem Quotienten und der Sauerstoffkonzentration ($r = -0{,}03$). Hingegen konnte im Material der Elbe eine signifikante negative Korrelation ($r = -0{,}307$) zwischen dem Quotienten BSB_5/BSB_2 und dem BSB_2 in Prozenten des Sauerstoffsofortgehaltes nachgewiesen werden (Abb. 6). Der Quotient ist demnach um so größer, je geringer der BSB_2 und je größer der Restsauerstoffgehalt in der Probe nach Ablauf der zweitägigen Inkubationszeit ist.

Nach diesen Ergebnissen ist aus statistischen Untersuchungen an Analysenergebnissen aus Oberflächengewässern keine Aufklärung der kausalen Zusammenhänge in den Relationen zwischen BSB_2 und BSB_5 im Bereich geringer Respirationsintensitäten zu erwarten. Lediglich kann festgestellt werden, daß der Quotient BSB_5/BSB_2 mit abnehmender Respirationsintensität zunimmt und diese Vergrößerung des Quotienten offenbar gesetzmäßig im Gesamtstoffwechsel des Gewässers begründet ist. Dabei können sich sekundäre Korrelationen zwischen dem Quotienten und z. B. der aktuellen Sauerstoffkonzentration im Vorfluter oder der Restkonzentration an Sauerstoff am Ende der 48stündigen Inkubationszeit ergeben.

Zusammenfassung

In statistischen Untersuchungen an 362 Analysenergebnissen aus Fließgewässern Mecklenburgs, Thüringens und der Elbe wird nachgewiesen, daß zwischen dem BSB_5 und dem BSB_2 eine hochsignifikante positive lineare Korrelation besteht, die sich quantitativ durch entsprechende Regressionsgleichungen beschreiben läßt.

Die Regressionsgleichungen weisen bei Respirationsintensitäten von weniger als 4···5 mg BSB_2/l bzw. 7,5···9 mg BSB_5/l in jedem untersuchten Fall ein absolutes Glied auf. Der Zusammenhang zwischen dem BSB_2 und dem BSB_5 ist im Bereich geringer Respirationsintensitäten demzufolge nicht rein faktorieller Natur, sondern nur durch die Regressionsanalyse eindeutig und einwandfrei zu beschreiben.

Für Respirationsintensitäten von mehr als 4···5 mg BSB_2/l bzw. 7,5···9 mg BSB_5/l kann der Zusammenhang zwischen dem BSB_2 und dem BSB_5 durch den Quotienten $BSB_5/BSB_2 = 1,85$ mit hinlänglicher Genauigkeit dargestellt werden. Nur in diesem Bereich höherer Respirationsintensitäten folgt die Entwicklung des BSB offenbar der Gleichung einer Reaktion erster Ordnung nach Theriault, wobei für die Geschwindigkeitskonstante k bei 20 °C im Mittel der Wert von 0,23 d^{-1} als gültig angenommen werden darf.

Im Bereich geringerer Respirationsintensitäten nimmt der Quotient BSB_5/BSB_2 mit abnehmender Respirationsintensität stark zu. Über die Ursache dieser Veränderung des Quotienten in Abhängigkeit von der Respirationsintensität lassen sich auf der Grundlage statistischer Untersuchungen keine Aussagen machen.

Der Biochemische Sauerstoffbedarf (BSB) stellt in Oberflächengewässern im Bereich geringer Respirationsintensitäten von weniger als 4···5 mg BSB_2/l bzw. 7,5···9 mg BSB_5/l demzufolge kein Maß für die Konzentration biologisch abbaubarer organischer Substanz dar, sondern repräsentiert eine durch andere Faktoren stark modifizierte Respirationsintensität. In mäßig verunreinigten Gewässern wird die Anwendung der Gleichung nach Theriault für die Berechnung der Selbstreinigung und des Sauerstoffhaushaltes also zu Fehlurteilen führen.

Die Veränderung der Relationen zwischen dem BSB_5 und dem BSB_2 in Abhängigkeit von der Respirationsintensität läßt sich im Laborexperiment bestätigen. Sie stellt also kein Artefakt bei der Anwendung der Bestimmung des BSB unter Feldbedingungen dar, sondern ist Ausdruck einer ganz offensichtlich gesetzmäßigen Veränderung der heterotrophen Bioaktivität. Über die Auswertung der experimentellen Untersuchungen soll in einem weiteren Beitrag berichtet werden.

Literatur

Schulz, G.: Persönliche Mitteilung

Sturz, O.: Die Gültigkeit der Fairschen Abbau-Verhältniszahlen für Rhein, Mosel und Lahn. Dtsch. gewässerkundl. Mitt. **1** (1957), 84

Sturz, O.: Die Gültigkeit der Fairschen Abbau-Verhältniszahlen für Donau, Neckar und Main. Dtsch. gewässerkundl. Mitt. **5** (1961), 9

Szebellédy, J.: Bedeutung und Problematik der BSB_5-Bestimmung, dargestellt am Beispiel ungarischer Befunde. Fortschr. d. Wasserchemie *5* (1967), 9

Theriault, E. J.: The oxygen demand of polluted waters. U.S. Public Health Service Bull. **173** (1927), 174

Anschrift der Verfasser:

Dr. rer. nat. W. v. Tümpling, 50 Erfurt, Kartäuserstr. 23, DDR

Dipl.-Biol. D. Ventz, 23 Stralsund, Prohner Str. 57, DDR

W. Huhn

Sektion Wasserwesen der Technischen Universität Dresden

Pufferung und pH-Wertverschiebung in verschiedenartigen Oberflächenwässern*)

Zusammenfassung: Ausgehend von der Gleichgewichtskonstante der Kohlensäure wird gezeigt, wie sich der End-pH-Wert in Abhängigkeit vom Ausgangs-pH-Wert, *m*-Wert und der zugesetzten Säuremenge berechnen läßt. Der berechnete Kurvenverlauf wird mit den gemessenen Werten bei verschiedenartigen Oberflächenwässern verglichen. Dieses Verfahren besitzt praktische Bedeutung für die Vorausberechnung der pH-Wertverschiebung, wenn dem Wasser direkt (z. B. durch eine Säurehavarie) oder indirekt (z. B. durch eine Eisenoxydation bei der Wasseraufbereitung) Wasserstoffionen zugeführt werden.

Summary: Starting from the equilibrium constant of carbon dioxide it is shown, how the end-pH-value can be calculated in dependence of starting-pH-value, methyl orange alkalinity value and the added acid quantity. The calculated course of the curve is compared with the ascertained values in several surface waters. This method has practically importance for prognosis of pH-value change if hydrogen ions are directly or not directly supplied into the water (for instance by acid averages or ferrous oxidation during water conditioning)

Резюме: Исходя из константы равновесия углекислоты показан способ вычисления конечного pH в зависимости от исходного значения pH, значения m и добавленного количества кислоты. Исчисленный ход кривой сравнивают с измеренными показателями различных поверхностных вод. Этот метод обладает практическим значением для предварительного вычисления изменения pH при прямом попадании в воду водородных ионов (как например при кислотной аварии) или при косвенном их попадании (напр. в результате окисления железа при водоподготовке).

Bei der Enteisenung von Rohwasser wird durch die Oxydation des zweiwertigen Eisens und anschließender Hydrolyse eine äquivalente Menge an Wasserstoffionen frei. Da eine exakte analytische Unterscheidung zwischen zwei- und dreiwertigem Eisen z. Z. noch nicht möglich ist, kann die pH-Werterniedrigung als zusätzliche Kontrolle für den Oxydationsgrad des Eisens dienen. Als Voraussetzung dafür ist aber die genaue Berechnung der Pufferung eines Wassers notwendig.

Zunächst kann angenommen werden, daß die Pufferung eines natürlichen Wassers in erster Linie von seinem Hydrogencarbonat-Kohlensäure-Gleichgewicht abhängt. Nach der Wasserstoffionenkonzentration aufgelöst, ergibt sich für die 1. Dissoziationsstufe der Kohlensäure die bekannte Beziehung

*) Vortrag, gehalten auf der Jahrestagung des Fachverbandes Wasserchemie der Chemischen Gesellschaft in der DDR, Leipzig, April 1969

$$[H^+] = K_1 \frac{[CO_2 + H_2O]}{[HCO_3^-]}, \quad (1)$$

wobei K_1 die in der Praxis übliche scheinbare Dissoziationskonstante für die Lösung von Kohlendioxid in Wasser ist.

Tab. 1 gibt die Temperaturabhängigkeit von K_1 wieder.

Tabelle 1
Scheinbare Dissoziationskonstante der Kohlensäure nach WISSBRUN, FRENCH und PATTERSON

t [°C]	$K_1 \cdot 10^7$ Mol/l
5	3,04
15	3,80
25	4,45
35	4,91
45	5,14

Die Pufferung läuft so ab, daß sich jeweils 1 Mol Wasserstoffionen und 1 Mol Hydrogencarbonationen zu 1 Mol Kohlendioxid und Wasser verbinden. Die Konzentration an Kohlendioxid und Wasser nimmt entsprechend der zugegebenen Menge an Wasserstoffionen zu, während die Hydrogencarbonatkonzentration im gleichen Maße abnimmt. Die ursprüngliche Hydrogencarbonatkonzentration in Mol/l läßt sich aus dem m-Wert durch Multiplikation mit 10^{-3} berechnen; die ursprüngliche Konzentration von Kohlendioxid und Wasser über die Gleichgewichtsbeziehung, wenn dazu noch der Ausgangs-pH-Wert und die Temperatur des Wassers bekannt sind. Es ergibt sich für die Wasserstoffionen-Endkonzentration und damit für den End-pH-Wert die Beziehung

$$[H^+]_E = K_1 \left[\frac{[H^+]_A \cdot m\text{-Wert} \cdot 10^{-3} \cdot K_1^{-1} + [H^+]}{m\text{-Wert} \cdot 10^{-3} - [H^+]} \right]. \quad (2)$$

Die Gültigkeit dieser Gleichung ist auf den pH-Wert-Bereich beschränkt, wo Kohlensäure und Hydrogencarbonat nebeneinander vorliegen können. Die untere Grenze, bei der kein Hydrogencarbonat mehr existiert, ist dann erreicht, wenn die zugesetzte Wasserstoffionenmenge gleich dem m-Wert ist, der Nenner also 0 wird. Das ist bei pH-Wert 4,4 der Fall. Setzt man dem Wasser Hydroxylionen zu, dann kehren sich die Vorzeichen um. Die obere Grenze, bei der keine Kohlensäure mehr vorliegt, ist dadurch gekennzeichnet, daß der Zähler gleich 0 wird; der zugehörige pH-Wert ist 9,6.

Die Pufferung eines Wassers läßt sich auch experimentell durch Messung des pH-Wertes in Abhängigkeit von der zugesetzten Säure- bzw. Laugemenge ermitteln. Ein Vergleich der berechneten mit den gemessenen Pufferungskurven an Oberflächenwässern, die nach Herkunft, m-Wert und Gesamtverschmutzung sehr verschieden waren, ergab eine praktisch ausreichende Übereinstimmung. Es genügt, nur das Puffersystem Kohlensäure–Hydrogencarbonat zu berücksichtigen. Die Vorausberechnung der pH-Wertverschiebung aus den Daten, die gewöhnlich von einem Wasser bekannt sind, ist von Bedeutung, wenn dem

Wasser direkt (z. B. durch eine Säurehavarie) oder indirekt (z. B. durch eine Eisenoxydation bei der Aufbereitung) Wasserstoffionen zugeführt werden. Umgekehrt läßt sich auch im Gültigkeitsbereich des Kohlensäure–Hydrogencarbonat-Gleichgewichtes diejenige Säure- oder Laugenmenge berechnen, die zu einer gewünschten pH-Wert-Änderung erforderlich ist.

Anschrift des Verfassers:

Dipl.-Chem. W. Huhn, Technische Universität Dresden, Sektion Wasserwesen, Bereich Hydrochemie, 8020 Dresden, Zelle'scher Weg 40, DDR

V. VOBACH

Institut für Wasserwirtschaft, Berlin

Fortschritte auf dem Gebiet der stofftrennenden Analysenmethoden*)

Zusammenfassung: Aus einer heute bereits schwer übersehbaren Vielfalt von Bestimmungsmöglichkeiten organischer Komponenten in Wässern können bestimmte methodische Leitlinien herausgearbeitet und Zusammenhänge in einem neuartigen anschaulichen Modell dargestellt werden. Durch Beachtung wesentlicher Inhalte wird ein allgemeiner Überblick über methodische Fragen erreicht. Verschiedenste konkrete Analysenanweisungen lassen sich zwanglos in das Modell einordnen.

An Hand des Modells werden die Ansatzpunkte aufgezeigt, an welchen analytische Arbeiten unternommen wurden.

1. Aus dem Komplex der Anreicherungsverfahren wird ein neu entwickeltes Gerät vorgestellt, in welchem eine kontinuierliche Flüssig–flüssig-Gegenstromextraktionskolonne mit einer destillativen Lösungsmittelregeneration kombiniert ist. Das sich im Siedekolben anreichernde Substanzgemisch wird in einer zweiten Anreicherungsstufe kontinuierlich einem thermostatisierten Vertikaldurchlaufverdampfer zugeführt, so daß als Endprodukt ein eingeengtes Konzentrat organischer Extraktivstoffe anfällt.

2. Auf dem Gebiet der Dünnschichtchromatographie wird über ein neu entwickeltes Dosiergerät berichtet, das aus einer Mikromeßpipette und einer damit kombinierten hydraulischen Pumpe besteht. Mit diesem Gerät gelingen kontrollierbare, verlustlose und beschädigungsfreie Auftragungen auf Dünnschichten im Bereich von 0,1···100 μl. Außerdem wird über eine methodische Variante der quantitativen Flächenauswertung und mit Hilfe der Vorrichtung erzielte Analysenergebnisse berichtet.

3. Gaschromatographische Messungen direkt injizierter Wasserproben werden auch auf der Basis der Gelfiltrationsgaschromatographie ermöglicht. Unabhängig von der funktionellen Gruppe lassen sich kleine organische Moleküle bis maximal 8 C-Atome bis zu 10 mg/l Originalwasser bestimmen. An einigen Beispielen werden Möglichkeiten und Grenzen der Methode diskutiert.

Summary: Out of a today already not surveyable multiplicity of determination possibilities of organic water compounds fixed methodical guide lines can be elaborated and relations can be stated in an up to date obvious model. By consideration essential contents a general survey of methodical questions was obtained. Several concrete analytical instructions informal can be arranged in the model.

On the model was pointed out, what analytical works were undertaken.

1. Out of the complex of concentration methods a new developed apparatus is introduced in which a continuous liquid-liquid counter current extraction column is combined with a destillative solvent regeneration. The concentrated substance mixture is continuous supplied in a second concentrations step (thermostatical vertical passage evaporator), so that as endproduct a concentrate of organic extractive matter results.

*) Vortrag, gehalten auf der Jahrestagung des Fachverbandes Wasserchemie der Chemischen Gesellschaft in der DDR, Leipzig, 1969

2. In the field of thin layer chromatography it is told about a new developed feeding apparatus, which consits of a micro measuring pipette and a combined hydraulic pump. With this apparatus succeeds a controlable, lostless and damageless lay on at thin layer in the reach of 0.1···100 μl. Moreover it is told about a new methodical variant of quantitative plane utilization and the analytical results.

3. Gaschromatographical measurements of direct injected water samples are also possible on the base of gel filtration gaschromatography. Independent of the functional group little organic molecules up to maximum 8 C-atoms are determinable until 10 ppm in original water. On some examples the possibilities and limits of this method are discussed.

Резюме: На основе имеющихся в настоящее время уже точно обозримых многочисленных возможностей определения органических компонентов вод могут быть разработаны определенные методические нормативы и изложены на наглядной новой модели существующие связи.

Учитывая основные факторы достигается обший обзор методических вопросов. Самые разнообразные конкретные директивы по проведению анализов не препятствуют свободному их объединению в модели. На модели показаны те точки, исходя из которых проведены аналитические работы.

1. Из комплекса методов обогащения предлагается новый прибор, в котором скомбинированы непрерывная жидкостно-жидкостная противоточная экстракционная колонна с дестиллятивной регенерацией растворителей. Смесь веществ, сконцентрирующаяся в перегонной колбе, на втором этапе обогащения беспрерывно подается термостатизированному вертикально-проточному испарению, так что в качестве конечного продукта получается осушенный концентрат органических экстрактивных веществч.

2. В области тонкослойной хроматографии сообщается о новом дозировочном приборе, состоящем из измерительной микропипетки в сочетании с гидронасосом. Применяя этот прибор можно под контролем успешно использовать — без потерь и повреждения — тонкие слои порядка 0,1—100μл. Кроме того излагаются методический вариант количественной оценки площади и достигнутые при помощи данного устройства результаты анализа.

3. Измерение методом газовой хроматографии непосредственно введенных проб воды обеспечивается также на базисе гельфильтрационной газовой хроматографии. Независимо от функциональной группы могут быть определены небольшие органические молекулы до максимально 8 углеродных атомов до 10 мг/л оригинальной воды. На некоторых примерах обсуждаются возможности и границы данного метода.

Eine Voraussetzung für die Einschätzung eines jeden Fortschrittes ist wohl immer eine Bezugszahl oder ein bestimmtes Bezugssystem. Erst die Kenntnis eines solchen Bezugsrahmens ermöglicht die Beurteilung eines Fortschrittes. Angewandt auf die organisch-chemische Wasseranalyse würde das bedeuten, daß unser derzeitiger Stand der Analysenmethodik und Analysentechnik jenes Bezugssystem darstellt.

Im Rahmen von Arbeiten über die Erfassung organischer Inhaltsstoffe in Wässern mußte zunächst ein derartiges Bezugssystem geschaffen werden. Dabei wurde versucht, die Ergebnisse dieser Studien zu einem Schema zusammenzustellen.

In Abb. 1 (oben) ist durch ein Schema die Problematik der chemischen Methoden dargestellt. Das Modell repräsentiert die Gesamtheit der vorhandenen Wasserinhaltsstoffe. Die verschiedenen Segmente symbolisieren die unterschiedlichen Komponenten $K_1 \ldots K_n$ des Gemisches. Die unterschiedliche Breite der Segmente soll die unterschiedliche Konzentration der einzelnen Komponenten darstellen. Waagerechte Pfeile deuten analytische

Eingriffe in das Gemisch an. Senkrechte Pfeile bedeuten systematische und historische Zusammenhänge oder Entwicklungstendenzen. Schraffuren kennzeichnen durch den Eingriff erfaßte Komponenten. Räumliche Darstellungen bedeuten Variationsmöglichkeiten des analytischen Eingriffs. Das Ergebnis analytischer Bearbeitungen sind Aussagen $A_1 \cdots A_n$ über Art und Menge von Komponenten innerhalb des vorliegenden Gemisches. Eine Aufspaltung des Modells in seine Segmente repräsentiert eine physikalisch-chemische Trennung der Komponenten.

Nicht dargestellt ist das Wasser selbst. Vernachlässigt wird zunächst auch die Form, in der die Komponenten im Wasserkörper vorliegen (z. B. echt gelöst, kolloid gelöst

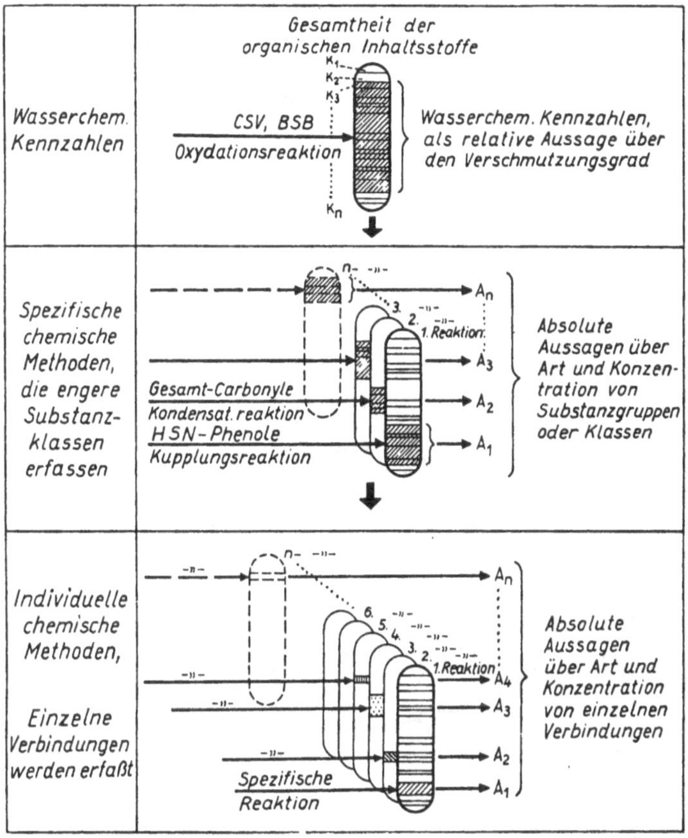

Abb. 1: Summative und spezifische chemische Methoden der Wasseranalytik

dispergiert, emulgiert, adsorbiert usw.). Im Fall der Darstellung der chemischen Methoden wird auch vernachlässigt, daß die häufig nach dem chemischen Eingriff folgende Messung ein physikalischer Vorgang ist.

Die summativen chemischen Methoden spielen in der Routineanalytik heute nach wie vor die wichtigste Rolle. Die Eingriffe sind ausschließlich Oxydationsreaktionen. Ausgehend von der begrenzten Aussagefähigkeit der erhaltenen Kennzahlen gingen die Bestrebungen dahin, mehr gruppenspezifische Reaktionen zur Erfassung bestimmter Stoffklassen des Gemisches heranzuziehen (z. B. Carbonylverbindungen, bromierbare Substanz, wasserdampfflüchtige Phenole) (Abb. 1, Mitte). Ein bis heute noch weitgehend unerschlossenes Gebiet sind streng spezifische Reaktionen auf individuelle organische Strukturen (Abb. 1, unten). Hier liegt allerdings der methodische Schwerpunkt der anorganisch-chemischen Wasseranalyse.

Die senkrechten Pfeile deuten an, daß auf dem Gebiet der chemischen Methoden eine Entwicklungstendenz hin zu einer immer weitergehenden Spezifizierung der analytischen Aussage festzustellen ist.

Entspricht der analytischen Aufgabenstellung aber eine weitgehende und differenzierte chemische Charakterisierung von Gewässern oder Abwässern, so ist ein völlig anderes methodisches Vorgehen zu beobachten (Abb. 2). In diesem Fall kommen primär überwiegend physikalisch-chemische Methoden zur Anwendung. Das Vorgehen ist gekennzeichnet durch einen komplexen Trennungsgang des vorliegenden Vielstoffgemisches, der in eine Differentialanalyse der aufgetrennten Gruppen, Klassen oder Individuen mündet.

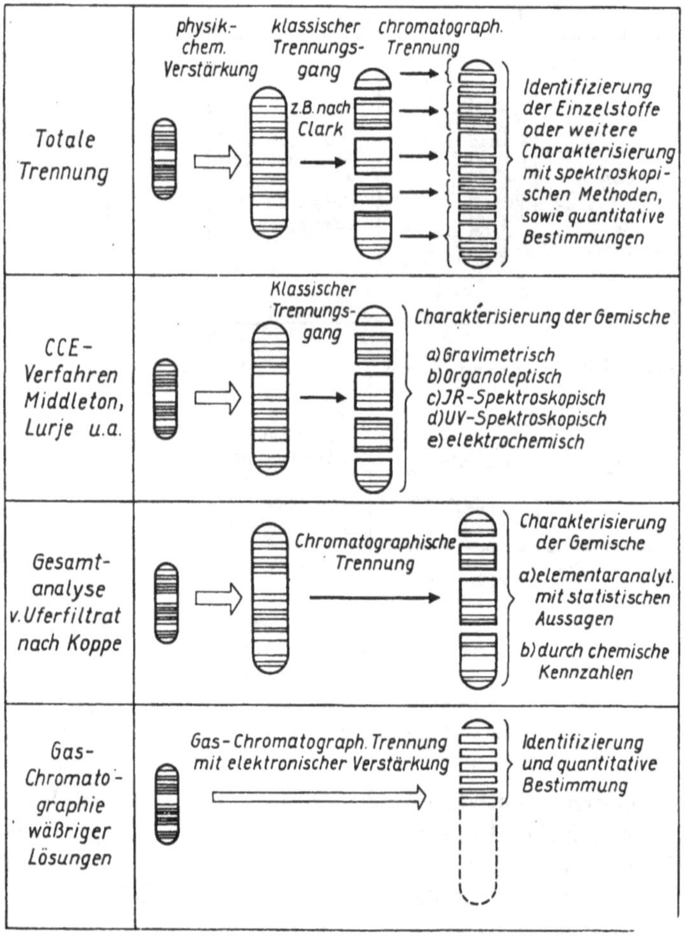

Abb. 2: Trennungsgänge und Gesamtanalyse eines organisch-chemischen Vielstoffgemisches – physikalisch-chemische Methoden

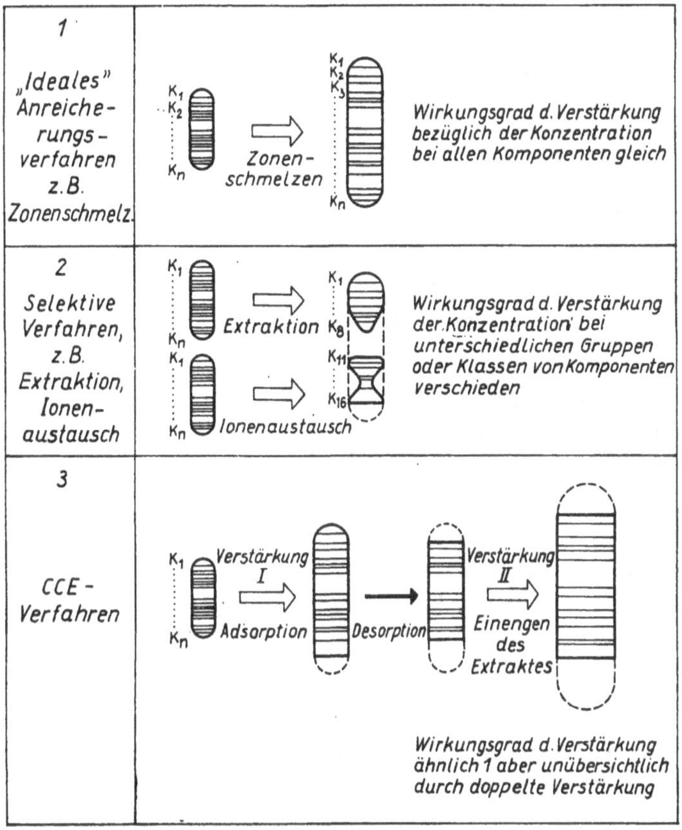

Abb. 3: Allgemeine Anreicherungsverfahren — physikalische-chemische Methoden der Verstärkung

Einer solchen Gesamtanalyse geht oft ein sogenannter Anreicherungsschritt voraus (angedeutet durch die hohlen Pfeile — Abb. 2). Eine weitgehende Trennung bis zu chemischen Individuen wird durch den Einsatz moderner stofftrennender Analysenmethoden erzielt, z. B. chromatographischer Verfahren. Im Anschluß an die Trennungsgänge erfolgen meist weitergehende Charakterisierungen der Klassen oder Individuen mit allen modernen analytischen Möglichkeiten, z. B. IR- und UV-Spektroskopie, Elementaranalyse, chemischen Kennzahlen, elektrochemischen Methoden usw.

Einen Spezialfall der Trennungsgänge stellt die direkte Gaschromatographie wäßriger Lösungen dar (Abb. 2, unten). Viele der sonst notwendigen Einzeloperationen sind hier in einem automatisierten Ablauf realisierbar. Allerdings wird aus methodischen Gründen keine Gesamtanalyse möglich sein.

In Abb. 3 sind einige Varianten von Anreicherungsverfahren dargestellt. Es handelt sich hierbei streng genommen um präparative Methoden, die der Gewinnung von organischem Material aus dem Wasser dienen. Diese Methoden tragen vor allem dem Gesichtspunkt der Spuren- und Rückstandsanalyse Rechnung und haben in der Gewässer- und Rohwasseranalytik eine große Bedeutung. Methodisch sind sie heute noch eine notwendige Voraussetzung für eine erfolgreiche Gesamtanalyse des Organischen in Wässern.

Anreicherungsverfahren können dahingehend unterschieden werden, ob sie Wasserinhaltsstoffe generell oder selektiv anreichern (Abb. 3, oben). Ein anderer Gesichtspunkt ist der, ob die Methode neben der Anreicherung auch gleichzeitig eine Isolierung des Organischen aus dem Wasserkörper bewirkt (Abb. 3, Mitte oben). Schließlich können Anreicherungsverfahren bereits eine quantitative Trennung vom Wasser und/oder von organischen Inhaltsstoffen und/oder zusätzlich von bestimmten organischen Komponenten bewirken.

Ein Verfahren, dessen Wirkungsgrad für alle organischen Komponenten gleich ist und eine erwünschte Trennung dieser Stoffe vom Wasser und anorganischen Komponenten zuläßt, ist bis heute nicht bekannt. Am nächsten kommt den genannten Forderungen wohl die Aktivkohleanreicherung (Abb. 3, unten). Allerdings ist das Verfahren nicht leicht zu handhaben und läßt sich auch nur schwer automatisieren.

Zonenschmelzen und Gefrieranreicherung reichern viele Inhaltsstoffe weitgehend gleichmäßig an. Diese sind jedoch nach dem Prozeß noch nicht vom Wasser getrennt, so daß für eine nachfolgende organisch-chemische Analyse meist noch ein extraktiver Arbeitsgang, der der Isolierung des Organischen aus dem Wasser dient, zwischengeschaltet werden muß.

Vorzugsweise selektiv wirkende Methoden sind die Flüssig-flüssig-Extraktion und der Ionenaustausch. Die Möglichkeiten für eine automatische und kontinuierliche Prozeßführung scheinen z. Zt. noch am ehesten bei der Flüssig-flüssig-Extraktion aussichtsreich.

Konkrete Analysenvorschriften zur Bestimmung einzelner oder einer Gruppe eng verwandter organischer Stoffe, wie sie in der gegenwärtigen Literatur in oft schwer übersehbarer Vielfalt erscheinen, enthalten nun fast immer die drei aufgezeigten methodischen Elemente in verschiedener Kombination und Reihenfolge:

- Anreicherungsschritte
- Physikalisch-chemische Trennungen
- Mehr oder weniger spezifische chemische Reaktionen.

Diese Zusammenhänge sind mit Hilfe des Modells an einigen Beispielen dargestellt (Abb. 4). Komplizierend wirkt häufig noch, daß im Gegensatz zur anorganisch-chemischen Wasseranalytik für den qualitativen Nachweis und die quantitative Bestimmung ganz verschiedene Wege beschritten werden, z. B. qualitativer Nachweis von Bioziden im Wasser mit Hilfe der Dünnschichtchromatographie, qualitative Bestimmung mit colorimetrischen Methoden. Ursache ist eben die mangelnde Spezifität der bekannten chemischen Nachweisreaktionen. Ein wesentlicher Fortschritt in der organisch-chemischen Wasseranalyse wird die Überwindung dieses methodisch-heterogenen Vorgehens sein.

Das abgebildete Schema läßt aber eine Reihe von Tatsachen unberücksichtigt und besitzt auch keinen Anspruch auf Vollständigkeit. Es ist auch nicht beabsichtigt, die heute bereits schwer übersehbare Vielzahl von bekannten und denkbaren Lösungswegen in ein Schema zu zwängen.

Anhand des Schemas können jetzt leicht die Stellen aufgezeigt werden, an denen unsere praktische Arbeit einsetzte.

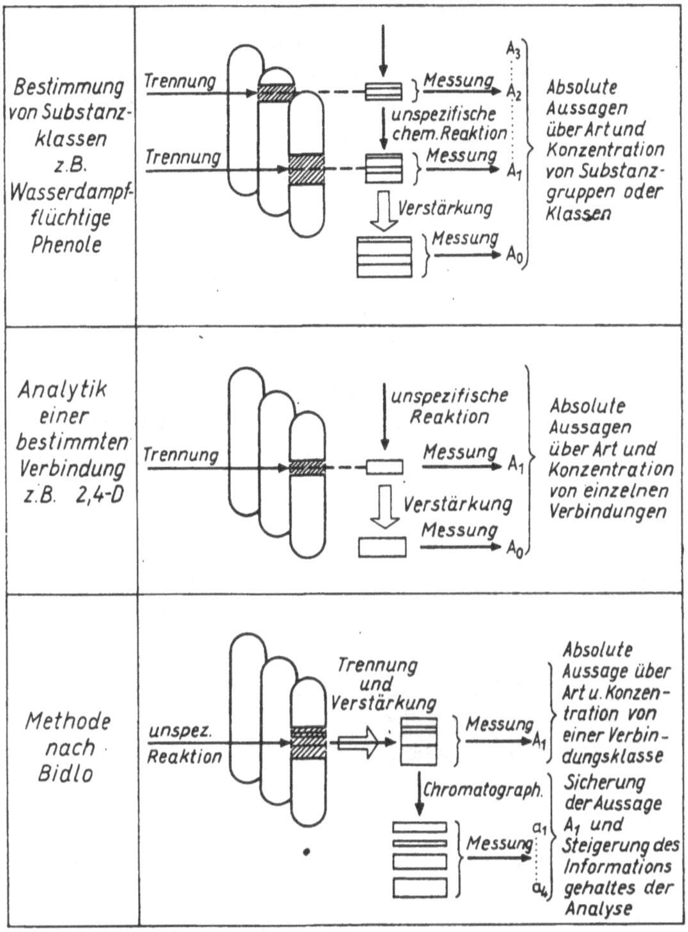

Abb. 4. Kombination zwischen Trennungsgang, Anreicherungsverfahren und chemische Methoden

- Aus dem Komplex der Anreicherungsverfahren beschäftigten wir uns bevorzugt mit der Flüssig-flüssig-Extraktion. Zahlreiche Analysenvorschriften enthalten extraktive Arbeitsgänge, die häufig manuell oder halbautomatisch betrieben werden. Hier könnte eine apparative Verbesserung zweckmäßig sein.
- Auf dem Gebiet der Dünnschichtchromatographie wurde das Problem der quantitativen Dosierung von Lösungen bearbeitet und im Zusammenhang damit Untersuchungen zur Methodik der quantitativen Auswertung von Dünnschichtchromatogrammen in Angriff genommen.

– Neben anderen gaschromatographischen Arbeiten wurde besonders dem Problem der direkten Injektion und Messung von Wasserproben Aufmerksamkeit gewidmet.

Zur Flüssig-flüssig-Extraktion

Extraktionen mit organischen Lösungsmitteln können der Isolierung, Anreicherung oder Trennung von Stoffen und Stoffgemischen dienen. Alle drei Gesichtspunkte können eine automatisierte oder kontinuierlich arbeitende Apparatur erfordern. Die hier und da beschriebenen apparativen Lösungen für eine Automatisierung der Operationen in der Wasseruntersuchung gehen meist nicht weit über verbesserte KUTSCHER-STEUDEL-Apparaturen hinaus, z. B. KAHN u. WAYMAN, SANDERSON u. CERESIA, WERNER u. WALDICHUK.

Der Wirkungsgrad derartiger ein- oder zweistufiger Extraktoren dürfte nur bei schlecht wasserlöslichen lipophilen Stoffen ausreichend sein. Der Durchsatz bei kontinuierlicher Arbeitsweise ist gering. Nachteilig ist bei den in der Wasserbehandlung und Untersuchung angewandten Geräten, daß sie meist nur für den Einsatz einiger weniger organischer Lösungsmittel geeignet sind, so daß die Geräte nur einen engen Anwendungsbereich haben.

Obwohl sich aus der Theorie der Verteilung von Stoffen zwischen Flüssigphasen gewisse Möglichkeiten der Isolierung und Anreicherung zahlreicher organischer Körperklassen voraussagen lassen, scheint ein Mangel auf rein apparativem Gebiet die Realisierung derartiger Arbeiten bislang gehemmt zu haben. Die Abschätzung der Möglichkeiten und Grenzen einer Direktextraktion als Anreicherungsverfahren und Gewinnungsverfahren in der Abwasser- und Gewässeruntersuchung und die Differenzierung gegenüber der Wirksamkeit etwa der Aktivkohleadsorption wird also erst nach Bereitstellung geeigneter Geräte wirklich möglich sein.

SCHULZE, KÖLLE und HABERER haben den Bau einer kontinuierlich arbeitenden Pulsationskolonne mit Lösungsmittelregeneration zur Anreicherung von Spurenstoffen aus dem Wasser beschrieben. Jedoch erschien uns auch dieser Versuch, wie auch das von DRESCHER angegebene Gerät, apparativ noch viel zu speziell.

Eine volle Ausschöpfung der Möglichkeiten einer Direktextraktion ist nicht durch eine einzelne Apparatur zu erreichen. Aus diesem Grunde wurde ein Gerätesatz entwickelt, der in Form eines Baukastensystems die Bearbeitung vieler denkbarer Extraktionsprobleme ermöglichen soll.

Der Baukasten besteht zunächst aus zwei aufeinander abgestimmten Einheiten:

– Flüssig-flüssig-Kolonnen-System
– System für Lösungsmittelregeneration und Konzentratgewinnung.

Abb. 5 zeigt zunächst das Kolonnensystem. Die Extraktion erfolgt nach dem Gegenstromprinzip. Das Kolonnengehäuse ist so ausgelegt, daß die bewährtesten, bereits bekannten Einrichtungen zur Erzeugung optimaler Oberflächen zwischen Flüssigphasen leicht auswechselbar eingesetzt werden können, z. B. pulsierend betriebene Füllkörperschüttungen oder Siebbodeneinbauten oder vibrierend betriebene Dispersionseinrichtungen sowie zentral rotierende oder von uns vorgeschlagene exzentrisch rotierende Dispersionswellen in Kombination mit geeigneten auswechselbaren Dispersionseinrichtungen, die auf die Wellen aufgezogen werden können.

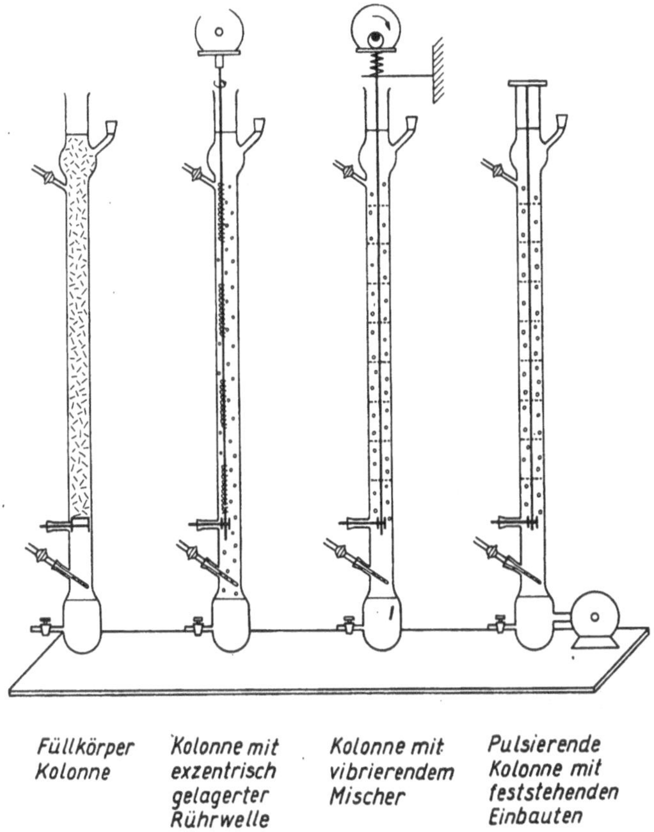

Abb. 5: Übersicht der Anwendungsmöglichkeiten des Perforators

Abb. 6 zeigt das System für die Lösungsmittelregeneration. Das System für den Lösungsmittelkreislauf wird destillativ betrieben und besteht aus einem Siedekolben mit Füllstandsregelung (Nachspeisung von Lösungsmittel in den Siedekolben bei Verlusten). Oberhalb des Siedekolbens können Einrichtungen zur Destillation und Rektifikation von Lösungsmitteln unter Normaldruck oder Vakuum angeordnet werden. Unterhalb des Siedekolbens ist ein thermostatisierter Durchlaufverdampfer zur Konzentratgewinnung sowie eine Vorlage mit Konzentratentnahmehahn vorgesehen. Die Funktionsweise eines Grundgerätes ist an folgendem Beispiel dargestellt:

Kontinuierliche Extraktion einer verdünnten Lösung extrahierbarer organischer Komponenten mittels eines spezifisch schweren Lösungsmittels, mit geringer Dichtedifferenz zwischen kontinuierlicher und disperser Phase (Abb. 7). Die Kolonne ist in diesem Fall zweckmäßig als pulsierte Siebbodenkolonne ausgelegt. Die zu extrahierende Lösung gelangt von unten in die Kolonne und durchströmt sie als kontinuierliche Phase. Die Lösung verläßt die Kolonne am oberen Überlaufkörper. Aus dem Lösungsmittelkreislauf gelangt Kondensat von oben in die Kolonne, wird dispergiert und strömt als disperse Phase zur unteren Klärkammer. Über einen Siphon gelangt das extraktionsgutenthaltende Lösungsmittel in den Siedekolben zurück. Die Füllstandsregelung mit Schwimmer – Relais – Membranpumpe – Vorratsgefäß – Dosierleitung gewährleistet konstante Siedeverhältnisse im Kolben, einen konstanten Dampfstrom zum Kühler, damit einen konstanten Kondensatzulauf zur Kolonne und dadurch schließlich ein konstantes Phasengrenzniveau in der Kolonne. Voraussetzungen dafür sind lediglich außerdem noch ein konstanter Zulauf der konti-

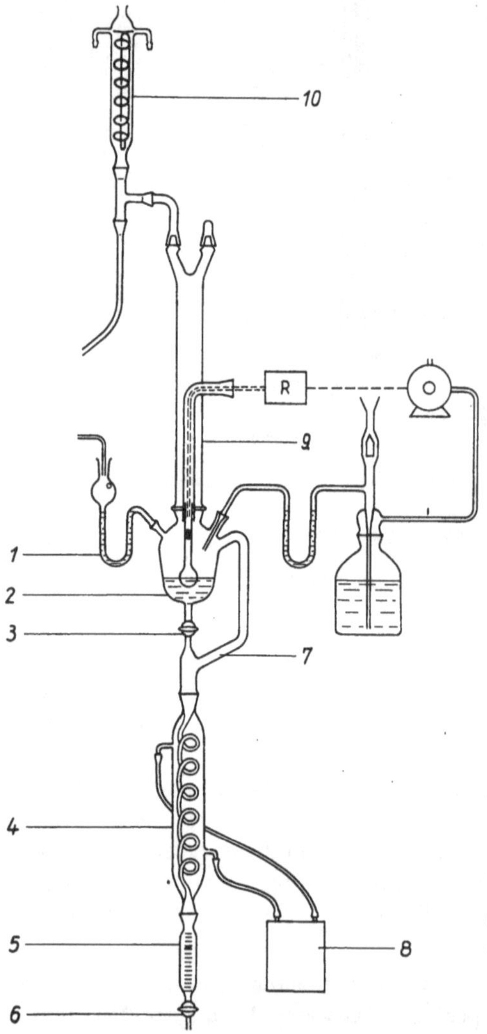

Abb. 6: System für Lösungsmittelregeneration und Konzentratgewinnung

1 – Vorrichtung zur Einspeisung von Lösungsmittel in den Siedekolben; 2 – Siedekolben mit Schwimmer; 3 – Spezialhahn; 4 – Durchlaufverdampfer; 5 – Vorlage; 6 – Ablaßhahn; 7 – Dampfleitung; 8 – Thermostat; 9 – Dampfsteigerohr; 10 – Rückflußkühler

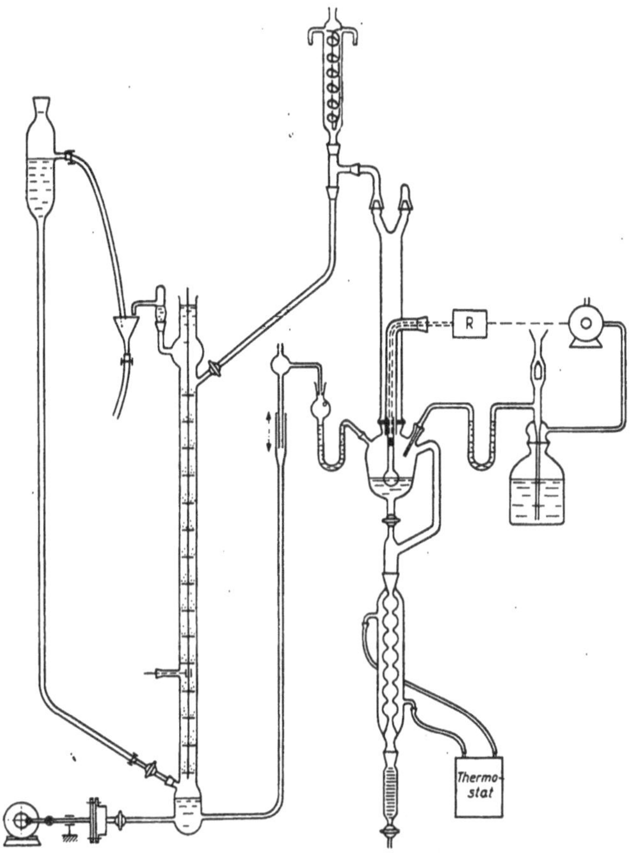

Abb. 7: Aufbau des Gerätes für kontinuierliche Extraktionen wäßriger Lösungen mit einem spezifisch schweren Lösungsmittel

nuierlichen Phase (leicht realisierbar) und konstante Funktion der Dispersionseinrichtungen. Wenn auch diese Bedingung erfüllt ist, entfällt eine komplizierte Regelung des Phasengrenzniveaus innerhalb der Kolonne. Weiterhin ermöglicht die Füllstandsregelung eine einfache Kombination mit einem geeigneten thermostatisierten Durchlaufverdampfer. Nach einmaligem Einregeln des Ablaufes am Hahn ist der Zustrom zum Verdampfer ebenfalls konstant, da sich der statische Druck der Lösungsmittelsäule durch das Ablaufen nicht ändert. So entsteht kontinuierlich Konzentrat, was von Zeit zu Zeit aus der Vorlage entnommen werden kann. Extraktstoffe haben also eine mittlere Verweilzeit im Siedekolben, die von der Verdampferleistung des Durchlaufverdampfers abhängig ist. Der Vorteil besteht in der Möglichkeit, thermisch labile Extraktstoffe ständig aus dem Bereich thermischer Belastung zu entfernen und in einer kühlen Vorlage stark angereichert zu sammeln (Die Geräte wurden zum Patent angemeldet.)

Anwendbarkeit im Bereich Flüssig-flüssig-Extraktion:

Durch das Auswechseln jeweils einiger bestimmter Bausteine des Grundgerätes lassen sich folgende Extraktionsprobleme bearbeiten:

Kontinuierliche und diskontinuierliche Extraktionen

- mit spezifisch leichten und schweren Lösungsmitteln,
- mit hoch- und niedrigsiedenden Lösungsmitteln (Vakuumregeneration des Lösungsmittels),

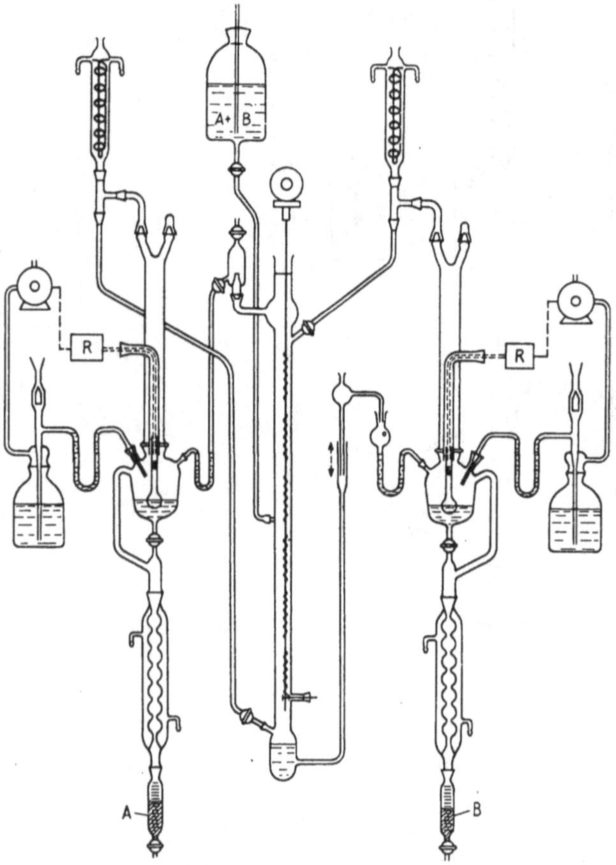

Abb. 8: Aufbau des Gerätes für kontinuierliche Flüssig-flüssig-Verteilung zur Stofftrennung

- bei Raumtemperatur und erhöhter Temperatur,
- thermisch empfindlicher Stoffe,
- mit kontinuierlicher Konzentratgewinnung,
- in Zweiphasensystemen mit geringer und hoher Dichtedifferenz.

Anwendbarkeit im Bereich Flüssig-flüssig-Verteilung:

Durch geeignete Kombination einer Flüssig-flüssig-Kolonne mit zwei Einheiten zur Lösungsmittelregeneration (Abb. 8) (gegebenenfalls 1. Einheit für Vakuumregeneration, 2. Einheit für Normaldruckregeneration von Lösungsmitteln) lassen sich zahlreiche destillativ nicht lösbare Trennaufgaben bei organischen Stoffgemischen bearbeiten. Die Einspeisung des Gemisches wird in diesem Fall in der Mitte der Kolonne erfolgen. Hierbei fallen dann zwei Konzentrate an, die die Stoffe gemäß ihrem Verteilungskoeffizienten getrennt enthalten.

Die Konzeption eines Baukastens schließt ein, daß die Geräte in mindestens zwei verschiedenen Größenordnungen zur Verfügung stehen:

- 1··5 l/h – Durchsatz an kontinuierlicher Phase
- 10···50 l/h – Durchsatz an kontinuierlicher Phase.

Weiterhin können die Geräte in Batterien je nach Aufgabenstellung hintereinander oder nebeneinander angeordnet werden.

Die Möglichkeiten des Einsatzes der Geräte für kontinuierliche Gegenstromverteilung zur Stofftrennung deuten an, daß die Anwendbarkeit über den Rahmen der Wasserwirtschaft hinausgeht.

Wir glauben, daß durch die Entwicklung dieses Gerätesatzes die Voraussetzung für systematische Untersuchungen des Wirkungsgrades der Methode in der Wasseranalytik gegeben ist und wir hoffen dadurch Aufschluß zu erlangen über extraktive Möglichkeiten selektiver und summativer Stoffgewinnung aus Wässern.

Zur Dünnschichtchromatographie

Der zweite Ansatzpunkt der praktischen Arbeiten ist die Dünnschichtchromatographie. Hier ging es vor allem um die Möglichkeit einer direkten quantitativen Auswertung von Chromatogrammen. Die einfachste und schnellste Methode ist die direkte graphische Auswertung der Chromatogrammflecken. Hierbei sind keine zusätzlichen und meist aufwendigen Auswerteapparaturen notwendig. Für eine breite Anwendung der Dünnschichtchromatographie in der Praxis zur Bestimmung z. B. von Biozidrückständen in Wässern wäre eine Verbesserung der häufig mit 20···30% Fehlern behafteten Analysenergebnisse von großem Wert. Hoffnung, auf diesem Gebiet voranzukommen, gaben uns die Arbeiten von Purdy u. Truter (1962a u. b, 1964), unbeschadet der kritischen Einstellung diesen Arbeiten gegenüber, z. B. durch Jork.

Eine wesentliche Voraussetzung für die Fleckenauswertung ist die Möglichkeit einer kontrollierbaren Dosierung von Lösungsmengen auf die Dünnschicht. Es gibt in der Literatur zahlreiche Vorschläge für die Übertragung und Dosierung kleiner Lösungsmengen. Für unsere Arbeiten sollte die Auftragevorrichtung vor allem folgende Bedingungen erfüllen:

- Eine mechanische Beschädigung der chromatographischen Schicht durch den Vorgang der Dosierung soll weitgehend ausgeschlossen werden.
- Die Dosierung von Lösungsmengen zwischen 0,1 und 100 μl soll ohne Veränderung des Prinzips möglich sein.
- Eine nachträgliche Kontrolle der tatsächlich aufgebrachten Lösungsmenge soll gewährleistet sein.

Wir glauben, diesen Forderungen mit der entwickelten Mikromeßpipette mit Hydraulik nähergekommen zu sein (Abb. 9).

In ein mit einer Sperrflüssigkeit (Wasser) gefülltes, kalibriertes Gefäß (Pumpenkörper) taucht ein mit einer Markierung versehenes Pumpenrohr ein, das über einen Verbindungsschlauch mit einer senkrecht durch eine Führung bewegbar und gefedert aufgenommenen geeichten Meßpipette in Verbindung steht. Die Meßpipette wird manuell gegen einen wachsenden Federdruck der chromatographischen Schicht soweit genähert, daß eine Berührung des an der Pi-

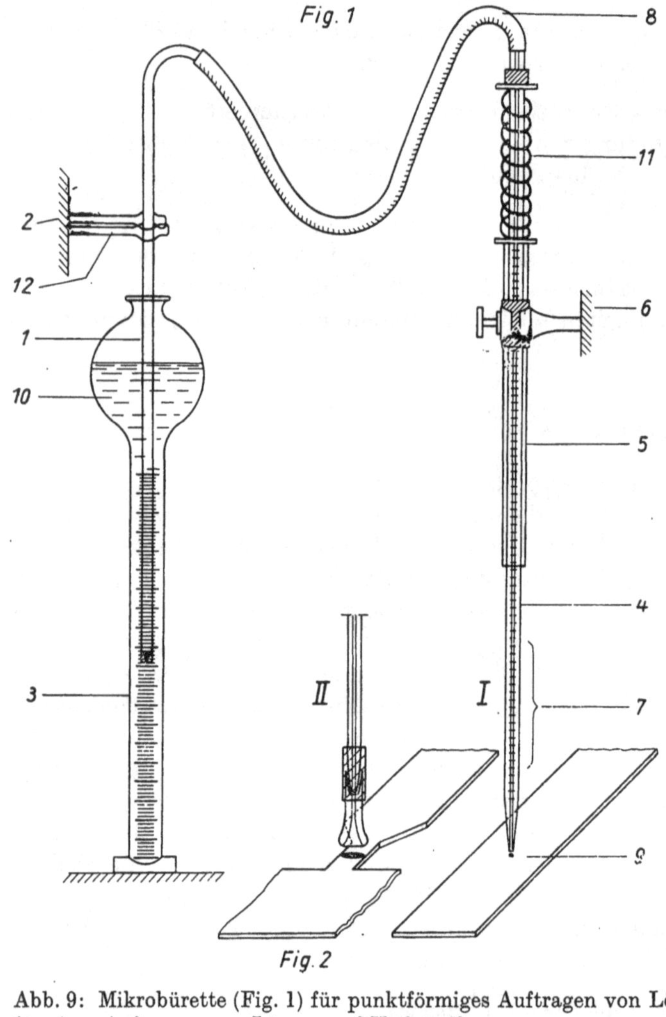

Abb. 9: Mikrobürette (Fig. 1) für punktförmiges Auftragen von Lösung, (Fig. 2) für bandförmiges Auftragen von Lösung auf Keilstreifen

Fig. 1: 1 – Pumpenrohr; 2 – Stativ; 3 – Pumpenkörper; 4 – Mikropipette; 5 – Führungsrohr; 6 – Stativ; 7 – Zone für manuelle Betätigung der Dosierung; 8 – Verbindungsschlauch; 9 – DC-Platte; 10 – Sperrflüssigkeit; 11 – Druckfeder; 12 – Klemmhalterung

Fig. 2: Mikropipette mit Schlitzdüse zur Dosierung auf die Keilzunge

pettenspitze anhaftenden Lösungsfilmes mit der Schicht erfolgt. Die Kapillarkräfte der Schicht entziehen der Pipette die Lösung. Bei Rückführung in die Ausgangslage auf Grund der Federwirkung wird die Dosierung unterbrochen. Durch Heben und Senken des Pumpenrohres in der Halterung erfolgt ein vollständiges Füllen oder Entleeren (z. B. Spülen) der Pipette. Nach Füllen der Pipette können durch Nachregulieren mittels der Hydraulik die Druck- und Volumenverhältnisse des Systems so eingestellt werden, daß eine bestimmte Lösungsmenge in der Zeiteinheit von der chromatographischen Schicht abgesaugt wird. Die dosierte Menge ist gleich der ablesbaren Differenz der Flüssigkeitssäule in der Meßpipette. Das abgebildete Gerät wird an einem geeigneten Stativ befestigt und kann mit weiteren mechanischen Vorrichtungen kombiniert werden (das Gerät wurde zum Patent angemeldet).

Die in Fig. II, Abb. 9, dargestellte Vorrichtung ist eine Schlitzdüse, die es ermöglicht, auf die Keilzunge bei Anwendung der Keilstreifentechnik Lösungen in Form schmaler Streifen aufzubringen. Diese Möglichkeit war von besonderem Interesse, da auf Grund einiger theoretischer Überlegungen die Möglichkeiten der quantitativen Auswertung von Keilstreifenchromatogrammen überprüfen werden sollten. Die Entwicklung des Dosiergerätes bildete dabei die Grundlage für weiterführende Untersuchungen.

Bei der dünnschichtchromatographischen Bestimmung von Herbiziden und Pestiziden ist eine quantitative Auswertung der Flecken im Bereich 1···10 µg mehrfach beschrieben worden. Während einige Autoren eine direkte lineare Abhängigkeit zwischen der Konzentration und der Fläche finden, z. B. Ragab, empfehlen andere, z. B. Abbott, nach Purdy u. Truter (1962) den Logarithmus der Menge aufgebrachter Substanz gegen die Quadratwurzel der Fleckenfläche aufzutragen.

Im Rahmen einiger Arbeiten zur Herbizidanalytik in wäßrigen Lösungen wurde die Möglichkeit der Flächenauswertung durch Formgebungstechnik veränderter Flächen überprüft. Drei Versuchsvarianten wurden ausgewählt:

- Auswertung der üblichen kreisförmigen Flächen als Bezugsmessung
- Auswertung der nahezu rechteckigen Flächen bei der Keilstreifentechnik
- Auswertung der nahezu rechteckigen Flächen bei der Doppelkeilstreifentechnik.*)

Anregung dazu gab die Arbeit von Mori auf dem Gebiet der Papierchromatographie. Die Versuche wurden zuerst mit chlorierten Phenoxialkansäuren und später mit anderen Verbindungen durchgeführt.

Bereits die Ermittlung der Fleckenflächen selbst ist durchaus problematisch. Der rein visuelle Größenvergleich soll hier als subjektive Methode nicht disku-

*) Chromatographische Bedingungen: Platten 200 × 200 mm, Kieselgel G „Merck nach Stahl", 0,15···0,25 mm manuell beschichtet mittels DC-Beschichtungsgerät, aktiviert, mittels Schablone in je 10 einfache oder doppelte Keilzonen aufgeteilt (s. Abb. 10). Laufstrecke: 120 mm, Laufzeit je nach Schichtdicke: 30···55 min, Horizontalkammer, Start 2,5 cm vom unteren Plattenrand. Temperatur: 21 ± 2 °C, Fließmittel: Benzol–Methanol–Eisessig = 63:31:6. Nachweis: Besprühen mit 0,1 n $AgNO_3$-Lösung + 3% Methanol und 10···15 min Belichten im UV-Licht, schwarzbraune Flecken auf grauem bis zart braunem Untergrund.

tiert werden. Die planimetrische Bestimmung der Fläche kann sowohl durch Auszählen von Quadratmillimetern auf transparentem Millimeterpapier, durch Planimetrieren oder durch Messung des Durchmessers bei Kreisflecken erfolgen. Während die ersten beiden Möglichkeiten recht mühsam sind, setzt die dritte Möglichkeit das Vorliegen idealer Kreise voraus. Praktisch wird aber die geometrische Kreisform wohl selten erreicht. Die Flecken sind oft elliptisch oder unregelmäßig verformt, so daß sich Fehlermöglichkeiten ergeben.

Wurde aber ein Durchmesser ermittelt, so lautete die Bestimmungsgleichung:

$$F = f(c)\,, \qquad \text{wobei } F = r^2 \pi \text{ ist}\,. \tag{1}$$

Benutzt man für die Analyse identische vorgeformte Elemente (Keilstreifen) und trägt die Lösungen über die gesamte Breite der Keilzunge beschädigungsfrei auf, so verformen sich die sonst annähernd kreisförmigen Flecken in bekannter Weise zu nahezu rechteckigen oder gleichmäßig gewölbten Zonen oder Banden.

Ist die Form dieser Zonen auf allen Streifen einer Platte gleichmäßig ausgeprägt und auf ein Rechteck zurückführbar, so geht die Bestimmungsgleichung (1) in die Form (2) über

$$F = f(c)\,, \qquad \text{wobei } F = a \cdot b \text{ ist}\,. \tag{2}$$

Unter der Voraussetzung, daß die Keilstreifenbreite b in allen Fällen konstant ist, erhält die Gleichung die endgültige Form (3)

$$a = f(c)\,, \qquad \text{genauer } a = f(\log c)\,. \tag{3}$$

Also besteht eine einfache funktionelle Abhängigkeit einer meßbaren Strecke, der Bandenhöhe a, von der Konzentration c eines Stoffes. Die Auswertung ist daher besonders einfach. Die median auf dem Keilstreifen gemessene Bandenhöhe wird ohne weitere Umrechnung in Abhängigkeit von der Konzentration oder dem $\log c$ in ein Diagramm eingetragen und die Analysenwerte aus der Eichkurve entnommen (Abb. 10).

Bei beiden Methoden der Formgebungstechnik wurde eine bedeutende Zunahme der Fleckenfläche im Vergleich zu den kreisförmigen Flecken gefunden. Bei konstanter Koordinatenteilung ist ebenfalls eine Zunahme des Anstieges der Eichgeraden nachweisbar. Die Streuungen der Einzelwerte um die Eichkurve sind in allen drei Versuchsvarianten etwa gleich.

Im Konzentrationsbereich 1···10 (15) μg wurde stets eine direkte und ausreichend lineare Abhängigkeit der Fleckenfläche von der Konzentration gefunden. Im Konzentrationsbereich von 10···100 μg wurde dagegen die bekannte exponentielle Abhängigkeit zwischen Konzentration und Fleckenfläche bestätigt.

Sowohl die erhebliche Flächenvergrößerung als auch die stärkere Neigung der Eichgeraden deutet auf eine erwartete stärkere Abflachung der Konzentrationsgradienten der Substanzen während der Chromatographie hin, die wohl vor allem während der Spreizung beim Übertritt von der Keilzunge auf den Keilstreifen erfolgt. Diese stärkere Nivellierung der Konzentrationsprofile dürfte auf eine erzwungene Streudiffusion zurückzuführen sein.

Verflachen sich die Gradienten in Abhängigkeit von der Konzentration bei der Formgebungstechnik stärker als bei der üblichen DC, und das scheint nach den Ergebnissen wahrscheinlich zu sein, so müßten sich größere meßbare Unterschiede bei der Fleckenflächen- oder Fleckenhöhenbestimmung ergeben. Daraufhin sollte mit einer Verbesserung der quantitativen Auswertbarkeit nach der Fleckenfläche oder Höhe zu rechnen sein.

Diese Erwartungen konnten für den Konzentrationsbereich von 1···10 (15) µg nicht bestätigt werden. Die Analysenergebnisse bei Kreisflecken und Keil-

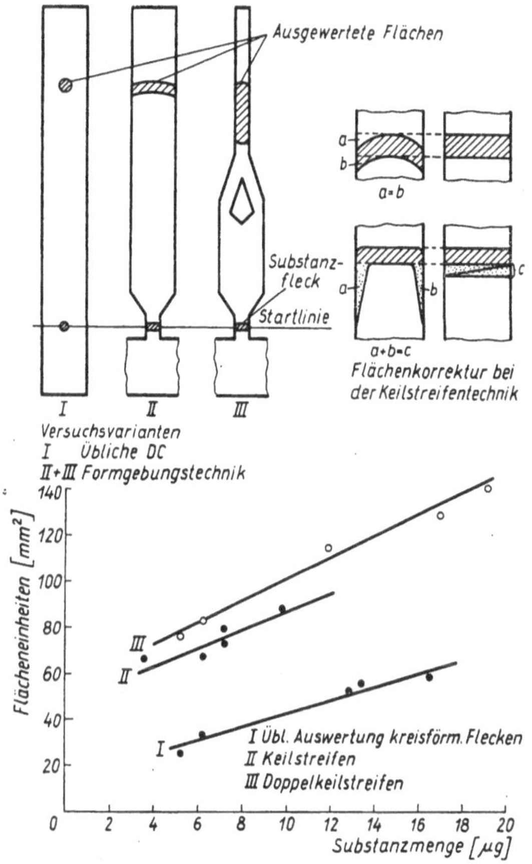

Abb. 10: Eichkurven von 2,4 D mit Versuchsvarianten
— die Geraden repräsentieren die Mittelwerte größerer Scharen —

streifenauswertung waren gleichmäßig schlecht. Standardabweichungen von mehr als ±20% sind die Regel. Wesentlich günstiger waren allerdings die Ergebnisse im Konzentrationsbereich von 10···100 µg. Hier wurden Näherungsstandardabweichungen von ±5%, in anderen Fällen von ±10% gefunden. Wie die Eichkurven in Abb. 11 zeigen, läßt sich sicher eine ganze Reihe von Verbindungen, die als Wasserschadstoffe Bedeutung haben, auf diese Weise schnell und rationell quantitativ bestimmen. Wie Purdy u. Truter schon fanden, führt eine direkte quantitative Auswertung von Dünnschichtchromatogrammen mit einer einfachen graphischen Methode vielfach zu genauso befriedigenden Ergebnissen wie langwierige und aufwendige indirekte Methoden oder apparativ durchgeführte direkte Bestimmungen.

Zur Gaschromatographie

Hier interessierte aus den bereits genannten Gründen vor allem die Möglichkeit der direkten Messung von Wasserproben. Viele Versuche anderer Autoren liegen auf diesem Gebiet bereits vor. Die Hauptlösungswege sind folgende:

- Vor einer gaschromatographischen Trennung der organischen Komponenten erfolgt in einer Vorsäule die Eliminierung des Wassers mit Phosphorsäureanhydrid (JACOBS) oder die Umsetzung des Wassers mit Calciumcarbid zu Acetylen (KUNG u. Mitarb.).
- Der Einsatz speziell entwickelter Liquidphasen führt zu einer sehr stark verzögerten Elution des Wassers. LEMOINE u. Mitarb. empfahlen als Liquidphase N,N,N'N'-Tetrakis(-Hydroxipropyl)äthylendiamin.
  McDONALD u. BURNET mischen Trikresylphosphat mit 5% Glyzerin.
  SCHLUNEGGER synthetisiert das 1-Nonylphenoxypropandiol-2,3, das sich zur Trennung der niedermolekularen n-Alkanole in wäßriger Lösung bewährt.
- Die Head-gas-Technik, angewandt von BASETTE u. Mitarb. u. a., sieht eine Probenahme aus dem Dampfraum über einer wäßrigen Lösung vor, in dem sich die niedermolekularen organischen Stoffe durch das Erwärmen des Probegefäßes anreichern.

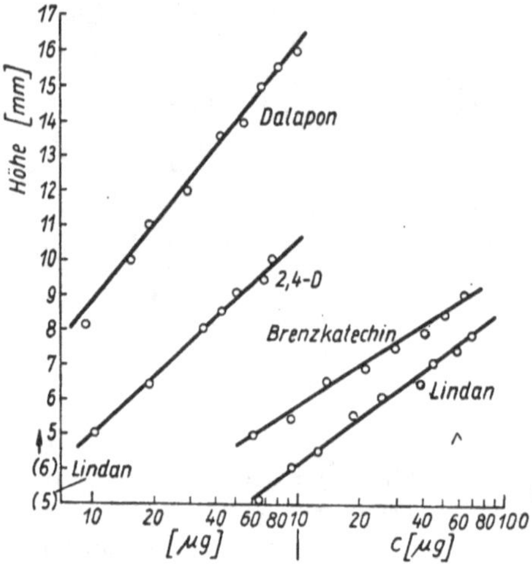

Abb. 11: Abhängigkeit der Bandenhöhe auf Keilstreifenchromatogrammen von der Konzentration verschiedener Wasserschadstoffe

Alle diese Methoden erfordern zusätzliche Einrichtungen oder Arbeitsgänge und sind jeweils wieder nur speziell einsetzbar. Immerhin haben diese Methoden eine Reihe von Störungen, die der Wasseranteil bei der Gaschromatographie verursacht, ausschalten können und viele interessante Ergebnisse gebracht.

1966 wurden Arbeiten von HOLLIS bekannt, der über eine neue stationäre Phase für die Gaschromatographie berichtete. Das Präparat, ein granuliertes, poröses, organisches Polymer ist unter der Bezeichnung Porapak im Handel. HOLLIS konnte zeigen, daß auf der Grundlage der Gelfiltrationschromatographie unter den apparativen Bedingungen der Gaschromatographie gute Trennungen und Messungen von Wasserspuren in organischen Lösungsmitteln möglich sind. Die für die Wasseranalytik interessante Frage, ob mit Hilfe dieser neuen stationären Phase auch Analysen von Spuren organischer Verbindungen neben großen Mengen Wassers möglich sind, wurde untersucht. Die Nachteile der bisher verwendeten Flüssigphasen der Gasverteilungschromatographie müßten bei dem Übergang zur Gelfiltrationsgaschromatographie entfallen, und deshalb sollte sich die volle Empfindlichkeit des Flammenionisationsdetektors (FID) ausschöpfen lassen, die für die Spurenanalyse so wertvoll ist. Die bereits bekannte schnelle, frühzeitige und scharfe Elution des Wassers auf Porapak dürfte weiter auf eine einwandfreie Abtrennung von organischen Spuren hoffen lassen und eine ungestörte Detektion ermöglichen. Bei der Verwendung eines für Wasser unempfindlichen Detektors, wie es der FID ist, müßte sich eine indirekte Eliminierung des Wassers erreichen lassen, so daß auf Porapak trennbare organische Verbindungen direkt aus wäßriger Lösung meßbar gemacht werden können.*)

Zunächst wurde das Verhalten des verwendeten Flammenionisationsdetektors gegenüber steigenden Mengen destillierten Wassers überprüft. Obwohl auf Grund der Theorie des FID eine Detektion von Wassermolekülen ausgeschlossen ist, konnte bei den Versuchen ein durch das Wasser verursachtes Signal festgestellt werden.

Doch ergab sich kein linearer Zusammenhang zwischen Wassermenge und Peakfläche oder Peakhöhe. Die Peakform war von der Menge des dosierten Wassers abhängig, was auf eine verzögerte Verdampfung im Verdampfersystem schließen läßt und der verwendeten Apparatur zuzuschreiben ist. Auch bei der Dosierung von 1/2 m*l* Wasser war kein Verlöschen der FID-Flamme zu beobachten.

Durch einige qualitative Analysen einer Reihe von Testgemischen, die dann auf dieser stationären Phase ausgeführt wurden, konnten die Vermutungen bestätigt werden (Abb. 12). Die qualitativen Untersuchungen ergaben, daß eine gute Trennung innerhalb der homologen Reihen und von Gemischen verschiedener homologer Reihen niedermolekularer organischer Verbindungen unabhängig von der Art der funktionellen Gruppen gelingen. Die Trennung erfolgt nicht nach Siedepunkten, wie es bei der Gasliquidchromatographie der unpolaren Flüssigphasen bekannt ist und auch in erster Linie nicht auf Grund der Polarität, sondern nach der Molmasse (Abb. 13). Die Eigenschaften von Porapak erinnern also an bestimmte Eigenschaften der anorganischen Molekularsiebe, deren Anwendungsbereich ja die Gasanalyse im engeren Sinn ist.

Zusammenfassend kann zur qualitativen Analytik gesagt werden:

Niedermolekulare Kohlenwasserstoffe, Olefine, Alkohole, Aldehyde, Ketone, Ester, Äther und halogenierte aliphatische Kohlenwasserstoffe usw. lassen sich

*) Die Versuche wurden an einer 1-m-Säule, gefüllt mit Porapak Typ Q, mit den Geräten der Firma Giede, Berlin, unter Verwendung eines Wärmeleitdetektors und eines Flammenionisationsdetektors durchgeführt. Als Trägergase dienten Wasserstoff bei Verwendung des Wärmeleitdetektors und Stickstoff bei Verwendung des Flammenionisationsdetektors. Die Säulentemperatur betrug 150 und 200 °C. Die maximale Stromempfindlichkeit des verwendeten FID-Verstärkers lag bei 10^{-9} Amp. Die Flamme des FID wurde mit Reinstwasserstoff 2,5 *l*/h und Reinstsauerstoff 5,0 *l*/h gespeist.

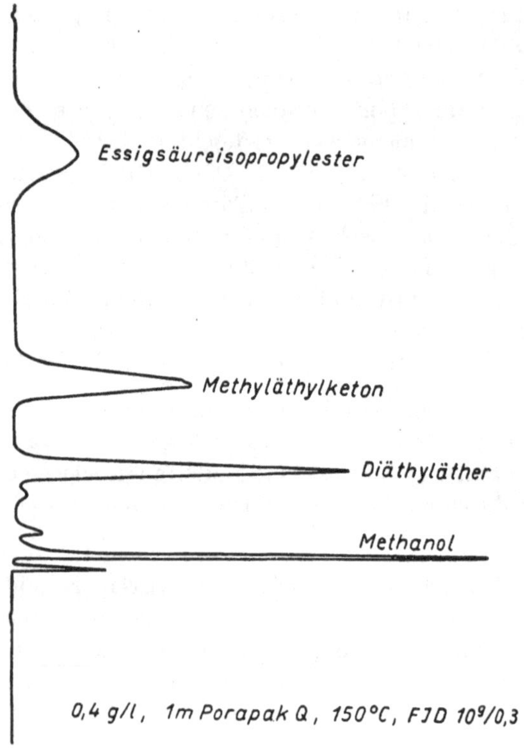

Abb. 12: Gaschromatogramm einer direkt dosierten wäßrigen Lösung von Methanol, Diäthyläther, Methyläthylketon und Essigsäureisopropylester; Konzentration der Komponenten 0,4 g/l, dest. Wasser

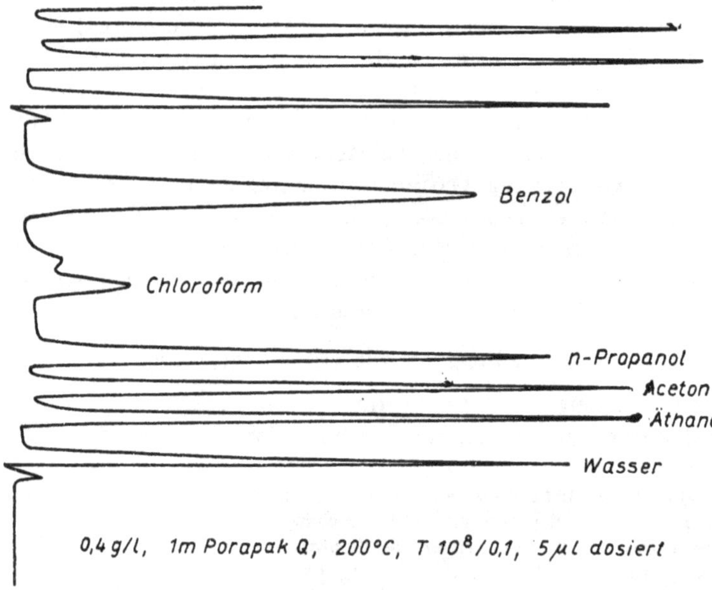

Abb. 13: Gaschromatogramm einer direkt dosierten wäßrigen Lösung von Äthanol, Aceton, n-Propanol, Chloroform und Benzol; Konzentration der Komponenten 0,4 g/l, dest. Wasser

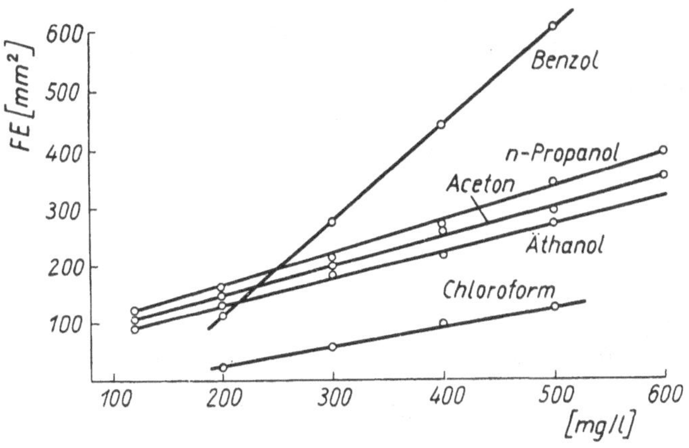

Abb. 14: Eichkurven von wäßrigen Lösungen niedermolekularer Verbindungen durch Dosierung einer konstanten Menge (4 μl) von Standardlösungen verschiedener Konzentration

innerhalb der homologen Reihen von $C_1 \cdots C_6$ (C_8) gut und untereinander mit den genannten Einschränkungen direkt aus wäßriger Lösung messen. Leider ist die Anwendung von Porapak durch Polarität und Molekülgröße beschränkt. Aliphatische Säuren ab C_2, Phenole und Amine lassen sich schlecht chromatographieren. Moleküle mit mehr als 6—8 C-Atome werden auf Grund ihrer Molekülgröße irreversibel adsorbiert und entziehen sich einer erfolgreichen Messung.

Die Möglichkeit einer quantitativen Auswertung wurde an einigen Stoffen überprüft (Abb. 14). Dabei ergeben sich lineare Eichkurven im untersuchten Konzentrationsbereich. Die Standardabweichung liegt um V 3%. Die Erfassungsgrenze für n-Propanol (Abb. 15) liegt etwa bei 10 mg/l Wasser.

Ein Vergleich mit dem Arbeitsaufwand und den notwendigen Zusatzeinrichtungen anderer Methoden der direkten gaschromatographischen Messung von

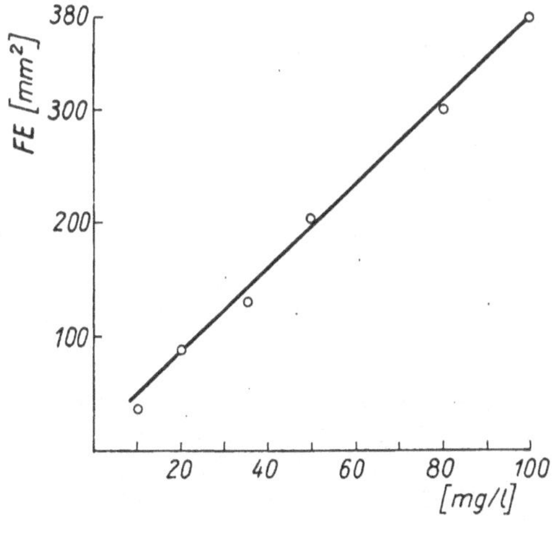

Abb. 15: Eichkurve von n-Propanol in wäßriger Lösung

Wasserproben zeigt, daß die Gelfiltrationsgaschromatographie trotz ihrer Anwendungsgrenzen eine wertvolle Bereicherung des methodischen Rüstzeuges zur Erfassung kleiner organischer Moleküle in Wässern ist.

Wir danken Frau Dr. Chr. LEGLER für ihre ständige Förderung der Arbeiten und Frau U. KARSCH für die Durchführung einiger Versuchsreihen zur Dünnschichtchromatographie.

Literatur

ABBOTT, D. C., J. A. BUNTING and J. THOMSON: The thin-layer chromatographic determination of triazineherbicides in soil and water. Analyst. **90** (1965), 356

BASETTE, R., S. OZERIS and C. H. WITHNAH: Gas chromatographic analysis of head space gas of dilute aqueous solutions. Anal. Chem. **34** (1962), 1540

DRESCHER, N.: Nachweis und Bestimmung von Pflanzenschutzmitteln im Wasser. Vom Wasser, **19** (1967), 224

HOLLIS, O. L.: Separation of gaseous mixtures using porous polyaromatic polymer beads. Anal. Chem. **38** (1966), 309

JACOBS, E. S.: Gas chromatography of aqueous solutions .Determination of Hydrocarbons and Halocarbons. Anal. Chem. **35** (1963), 2035

JORK, H.: Die direkte quantitative dünnschichtchromatographische Analyse. Zeitschr. f. anal. Chemie **236** (1968), 310

KAHN, L. and C. H. WAYMAN: Apparatus for continuous extraction of nonpolar compounds from Water applied to determination of chlorinated Pesticides and Intermediates. Anal. Chem. **36**, *7* (1964), 1340

KUNG, J. T., I. E. WHITNEY and J. C. CAVAGNOL: Analysis of aqueous solutions by gaschromatography. Anal. Chem. **33** (1961), 1505

LEMOINE, T. J., R. H. BENSON and C. R. HERBECK: Elimination of chromatographic "ghosting" from water samples. J. Gas Chromatography **3** (1965), 189

LURJE, J. J.: Analyse natürlicher Wässer und Abwässer. Gidrochim. Mater. **45** (1967), 227

LURJE, J. J.: Die Bestimmung organischer Stoffe in natürlichen Wässern und Abwässern. Fortschritte d. Wasserchemie *7* (1967), 81

MCDONALD, R. and P. E. BURNET: Modification of Gas chromatographic columns by addition of glycerol. J. Chromatog. **12** (1963), 266

MORI, J.: A new technique for quantitative paper chromatography. Science **119** (1954), 653

PURDY, S. J. and E. V. TRUTER: Quantitative analysis by thin-film chromatography. Analyst **87** (1962, a), 802

PURDY, S. J. and E. V. TRUTER: The weight-area relationship in thin film chromatography. Chemistry and Industry (1962, b) 1, 506

PURDY, S. J. and E. V. TRUTER: The quantitative analytical methods of film chromatography. Laboratory Practice **13** (1964), 500

RAGAB, M. T.: Abstr. Meet. Weed. Soc. Am. (1966), 71

SANDERSON, W. W. and G. B. CERESIA: Continuous extraction of chlorinated aromatic pesticides in parts per billion. J. Water Poll. Contr. Feder. **67** (1965), 1176

SCHLUNEGGER, U. P.: Direkte gaschromatographische Bestimmung der einfachen Alkoholisomeren bis zu n-Pentanol in verdünnten wäßrigen Lösungen. J. Chromatog. **24** (1966), 165

SCHULZE, W., W. KÖLLE und U. HABERER: Eine Pulsationskolonne zur Anreicherung von Spurenstoffen aus größeren Wassermengen. Zeitschr. f. anal. Chemie **230**, *1* (1967), 7

SEMENOV, A. D.: Chemische Natur organischer Stoffe von Oberflächenwässern. Gidrochim. Mater. **45** (1967), 155

STRADOMSKAJA, A. G. und I. A. GONČAROVA: Verfahren zur Trennung und Bestimmung flüchtiger organischer Säuren in Wasser. Gidrochim. Mater. **44** (1966), 78

VOBACH, V.: Verfahren und Vorrichtung zur kontinuierlichen Gegenstromextraktion von Lösungen. WP 42 1/133 303 (1968), Wirtschaftspatentanmeldung

Vobach, V.: Verfahren und Vorrichtung zur kontinuierlichen Gewinnung von Konzentraten aus Flüssig-flüssig-Extrakten mittels Durchlaufverdampfung. WP 42 1/136 869 (1968), Wirtschaftspatentanmeldung
Vobach, V. und U. Karsch: Einrichtung zur Dosierung und Übertragung kleiner Flüssigkeitsmengen. WP 42 1/133 207 (1968), Wirtschaftspatentanmeldung
Vobach, V.: Verfahren und Vorrichtung zur kontinuierlichen Gegenstromextraktion wäßriger Lösungen. WP 42 1/128 916 (1967), Wirtschaftspatentanmeldung
Werner, A. E. and M. Waldichuk: A continuous liquid-liquid extractor. Anal. Chem. **34** (1962), 1674

Anschrift des Verfassers:

V. Vobach, Institut für Wasserwirtschaft, 119 Berlin, Schnellerstr. 140 – DDR

R. Hering

Pädagogisches Institut Güstrow
Sektion Biologie/Chemie

Anwendungsmöglichkeiten chelatbildender Ionenaustauscher in der Wasseranalytik*)

Zusammenfassung: Die bisher gesammelten Erfahrungen beim Einsatz chelatbildender Ionenaustauscherharze in der Wasseranalytik zeigen, daß die analytische Bearbeitung von Meer- und Oberflächenwasser sowohl hinsichtlich der Anreicherung von Spurenmetallen und Komplexbildnern als auch hinsichtlich seiner Untersuchung der Existenzformen der im Wasser enthaltenen Metalle und Metallkomplexe möglich ist.

Summary: This paper will show, that it is possible, to use chelating ion exchange resins for water analysis. Chelating resins are applicable to concentrate trace amounts of metal ions as well as complex forming substances. The investigation of structure of metal complexes can be carry out in part by variation of pH, temperature and type of the chelating resins.

Резюме: Наш опыт в области использования хелатообразующих смоляных ионообменивателей при анализе воды указывает на то, что аналитическая обработка морской и поверхностной воды возможна как и в отношении обогащения микрометаллами и соединениями, образующими комплексы, так и в отношении исследования форм существования содержащихся в воде металлов и металловых комплексов.

Im Verlaufe der Entwicklung und Anwendung von Ionenaustauschmaterialien erwuchs ständig steigend die Forderung nach Adsorbentien, die nur auf bestimmte Stoffe bzw. Stoffgruppen ansprechen. Seit Kriegsende erschien eine Vielzahl einschlägiger Arbeiten (Hering 1967), die vor allem auf die Synthese metallselektiver Adsorbentien abzielten. Wegen entscheidender anwendungstechnischer Vorteile hebt sich in den letzten Jahren besonders eine Gruppe heraus, die auf Grund ihrer analogen Struktur zu den in der Chelatometrie benutzten Chelonen als Chelon-Harze bzw. Chelonite bezeichnet werden. Sie basieren ebenso wie die meisten konventiellen Ionenaustauschharze auf vernetztem, perlpolymerisiertem Styrol, tragen jedoch anstatt saurer bzw. basischer funktioneller Gruppen chelatbildende Ankergruppen mit N-(poly)-carbonsäure-Strukturen.

Diese Chelon-Ankergruppen bewirken — weitgehend in Analogie zu den komplexchemischen Grundlagen der Chelatometrie — auf Grund ihrer differenzierten Komplexbildungstendenz ausgeprägte Selektivitätsunterschiede für die verschiedenen Metallionen, die durch geeignete Bedingungswahl in vielfältiger

*) Vortrag, gehalten auf der Jahrestagung des Fachverbandes Wasserchemie in der Chemischen Gesellschaft der DDR, Leipzig, April 1969

Weise zu metallspezifischen Ad- und Desorptionsprozessen ausnutzbar sind (HERING 1967, 1965a).

Für die Trennleistung dieser Chelonite spielt die Einheitlichkeit ihrer Chelon-Ankergruppen eine entscheidende Rolle, weshalb bei ihrer Anwendung grundsätzlich zu beachten ist, ob monofunktionelle Typen (mit einheitlichen Chelon-Ankergruppen) eingesetzt werden müssen oder polyfunktionelle Typen (mit gemischten Chelon-Ankergruppen) verwendet werden können (HERING 1967, 1966, 1965a).

Zum gegenwärtigen Entwicklungsstand sind monofunktionelle Chelonite sowohl mit verschiedenartigen Gelstrukturen als auch mit makroretikularer Struktur synthetisierbar. Besonders geeignet für quantitative metallspezifische Trennoperationen erwiesen sich drei monofunktionelle Chelonite (HERING 1965b, 1967).

p.a. IDE-Harz (§ Y):	Polystyrolgerüst (§–) mit einheitlichen Iminodiessigsäure-Ankergruppen (–Y).
p.a. Sarkosin-Harz (§ X):	Polystyrolgerüst mit einheitlichen Methylaminoessigsäure-Ankergruppen (–X).
p.a. IEP-Harz:	Polystyrolgerüst mit einheitlichen Iminoessigsäurepropionsäure-Ankergruppen.

Diese drei monofunktionellen Chelonite unterscheiden sich in erster Linie durch ihre Komplexbildungstendenz gegenüber komplexbildenden Metallionen. p. a. IDE-Harz > p. a. IEP-Harz > p. a. Sarkosin-Harz (HERING 1965b, 1967).

Polyfunktionelle Chelonite sind seit 1960 unter der Bezeichnung „Dowex Chelating Resin A-1" (Dowex A-1) und seit 1968 unter der Entwicklungsbezeichnung Wofatit Y 20 erhältlich.

Die Ankergruppenzusammensetzung und damit gleichzeitig die Eigenschaften des Dowex A-1 wurden im Verlaufe der Weiterentwicklung stark verändert. Die letzten Auslieferungen tragen vorwiegend IDE-Ankergruppen, jedoch auch Aminoessigsäure- und einen geringen Teil Amino-Ankergruppen. Im üblichen Anwendungs-pH-Bereich von 0···8 besitzt Dowex A-1 eine sehr große Atmungsdifferenz, die das analytische Arbeiten im Säulenverfahren beträchtlich erschwert.

Das vom VEB Farbenfabrik Wolfen seit 1968 bereitgestellte polyfunktionelle Chelonit läuft unter der vorläufigen Entwicklungsbezeichnung Y 20. Es enthält ebenfalls IDE- und Aminoessigsäure-Ankergruppen, jedoch anders strukturiert als im Dowex A-1. Im pH-Bereich von 0···8 quillt es nur wenig, so daß es im Säulenverfahren sehr gut zu handhaben ist. Auch hinsichtlich mechanischer und chemischer Resistenz sowie verschiedener komplexchemischer Eigenheiten verhält sich Y 20 recht vorteilhaft. Die Austauschgeschwindigkeit ist etwas geringer als bei den uns bekannten Cheloniten.

Ohne auf die in (HERING 1967) ausführlich behandelte allgemeine Komplexchemie und Anwendbarkeit von Cheloniten näher eingehen zu wollen, sollen an dieser Stelle die für die Wasserchemie bedeutsamen Fakten erörtert werden:

Hier ist nicht nur die generell abgestufte Metallionenselektivität der Chelonite und ihre Fähigkeit, Metallkomplexe zu zerlegen, maßgebend, sondern darüber hinaus auch die Eigenart der komplexierten Chelonite, Ligandenaustauschreaktionen einzugehen, d. h. in Wasser gelöste Komplexbildner reversibel zu fixieren. Diese Eigenschaften bergen mannigfaltige Anwendungsmöglichkeiten sowohl für die Meerwasseranalytik (HERING u. a.) als auch für die Analytik und Aufbereitung anderer Wässer.

Die Selektivitätsfolge der genannten Chelonite lautet im allgemeinen (gekürzt):

Fe^{3+} Cu^{2+} UO_2^{2+} Pb^{2+} Ni^{2+} Cd^{2+} Zn^{2+} Co^{2+} Fe^{2+} Mn^{2+} Ca^{2+} Mg^{2+} Alkaliionen, NH_4^+.

Im interessierenden pH-Bereich 5···8 werden daher diejenigen Metallionen, die stabilere Komplexe als Calcium und Magnesium bilden, stark bevorzugt fixiert. Für die Wasseranalytik ergibt sich daraus in erster Linie die Möglichkeit, Spuren stark komplexbildender Metallionen quantitativ anzureichern und nach erfolgter Desorption zu bestimmen. Auch wenn Calcium und Magnesium in großem Überschuß vorhanden sind und demzufolge beim Säulen-Filtrationsprozeß anfänglich alle Ankergruppen mit Calcium bzw. Magnesium besetzen

$$\S\, YH^- + Ca^{2+} \rightarrow \S\, CaY + H^+ \qquad (1)$$

wird der quantitative Verlauf der Spurenanreicherung trotzdem nicht behindert, da die nachfolgenden stärker komplexbildenden Spurenmetalle (Me) das Calcium bzw. Magnesium wieder aus der Komplexfixierung verdrängen können, z. B.:

$$\S\, [CaY] + Me^{2+} \rightarrow \S\, [MeY] + Ca^{2+}\,. \qquad (2)$$

Diese Austauschreaktionen beziehen sich, streng genommen, jedoch nur auf den Austausch von Metallaquokomplexen. In der Praxis, vor allem in der Wasserchemie werden sie durch kinetische Effekte (Temperatureinfluß; Existenz inerter Metallkomplexe im Wasser; Bildung inerter Komplexe mit den Chelon-Ankergruppen), durch Redoxvorgänge (Verschiebung von Redoxpotentialen bei der Komplexierung) und vor allem durch die im Wasser vorliegenden Metallkomplexe und Komplexbildner in mannigfaltiger Weise beeinflußt. Obgleich diese Einflüsse die theoretische Durchdringung beträchtlich behindern, so zeichnet sich doch bereits ab (HERING u. a.), daß u. U. gerade hierdurch auch eine Reihe diffiziler Wasserprobleme lösbar wird.

Die im Wasser enthaltenen Spurenmetalle liegen nur in der Minderheit in Form idealer Aquokomplexe vor. Die stark komplexbildenden Metallionen sind in der Regel in vielerlei Weise mehr oder weniger stabil und inert an die verschiedensten organischen Komplexbildner gebunden. Das bewirkt, daß die genannten Chelonite aus nicht vorbehandeltem Wasser stets nur einen bestimmten Teil der Spurenmetalle durch Komplexierung bzw. Umkomplexierung binden können.

Zur allgemeinen Erläuterung sollen hier an Hand einer Metallionenart (Me) die generell möglichen Komplexformen (MeA···MeE) mit ihrem Verhalten gegenüber zwei verschieden stark komplexbildenden Cheloniten (§X und §Y) bei zwei verschiedenen Temperaturen (ohne Berücksichtigung verschiedener pH-Varianten und spezieller Vorbehandlungen der Wasserproben) zusammengestellt werden.

Für die Metallkomplexe MeA···MeE bedeutet:

MeA: geringe thermodynamische und geringe kinetische Stabilität
MeB: geringe thermodynamische und hohe kinetische Stabilität
MeC: mittlere thermodynamische und geringe kinetische Stabilität
MeD: mittlere thermodynamische und hohe kinetische Stabilität
MeE: hohe thermodynamische bzw. extrem hohe kinetische Stabilität

Die relativ schwache Komplexbildungstendenz des p. a. Sarkosin-Harzes (§X) reicht bei 20° nur zur Umkomplexierung thermodynamisch und kinetisch labiler Komplexe (MeA) (3). Bei 90° dagegen werden auch die thermodynamisch labilen Komplexe mit höherer Aktivierungsenthalpie (MeB) (4) umkomplexiert. In analoger Weise vermag das stärker komplexbildende p. a. IDE-Harz (§Y) auch stabilere Komplexe (MeC bzw. MeD) zu zerlegen (5), (6). Sehr stabile Komplexe (MeE) werden in dieser Weise nicht erfaßt.

$$\text{MeA}\cdots\text{MeE} \xrightarrow{\S\,X,\,20^\circ} \S\,[\text{MeX}] + \text{A} + \text{MeB} + \text{MeC} + \text{MeD} + \text{MeE} \quad (3)$$

$$\text{MeA}\cdots\text{MeE} \xrightarrow{\S\,X,\,90^\circ} 2\,\S[\text{MeX}] + \text{A} + \text{B} + \text{MeC} + \text{MeD} + \text{MeE} \quad (4)$$

$$\text{MeA}\cdots\text{MeE} \xrightarrow{\S\,Y,\,20^\circ} 2\,\S\,[\text{MeY}] + \text{A} + \text{C} + \text{MeB} + \text{MeD} + \text{MeE} \quad (5)$$

$$\text{MeA}\cdots\text{MeE} \xrightarrow{\S\,Y,\,90^\circ} 4\,\S\,[\text{MeY}] + \text{A} + \text{B} + \text{C} + \text{D} + \text{MeE} \quad (6)$$

Bereits diese Auswahl gibt einen Einblick in die vielfältige Nutzungsperspektive. Durch geeignete Vorbehandlungen der Analysenproben, durch abgestufte Vorwahl der Temperatur, des pH bzw. durch Auswahl der Chelonite können die Schlußfolgerungen über die Existenzformen der im Wasser enthaltenen Spurenmetalle noch differenzierter getroffen werden.

Zur Erfassung sämtlicher komplexbildender Spurenmetalle ist es erforderlich, die anwesenden Komplexe und Komplexbildner vor der Spurenanreicherung zu zerstören. Gegenwärtig ist dafür keine vollkommenere Methode bekannt, als die Wasserprobe zur Trockene einzudampfen, den Rückstand evt. unter Zusatz geeigneter Oxydationsmittel und Natriumchlorid zu glühen, in Säure wieder zu lösen, auf pH 5···6 zu neutralisieren und dann die Lösung über ein stark komplexbildendes Chelonit (p. a. IDE-Harz, Wofatit Y 20, Dowex A-1) bei 90° zu filtrieren.

Eine weitere Anwendungsmöglichkeit bietet sich in der Verwendung komplexierter Chelonite zur Anreicherung, Gewinnung und Bestimmung von in Wasser enthaltenen Komplexbildnern.

Bei der Komplexbildung zwischen einer Chelon-Ankergruppe und einem Metallion werden nicht alle Koordinationsstellen des Metallions durch die koordinierenden Atome der Chelon-Molekel beansprucht. Die restlichen Koordinationsstellen des Metallions sind auch danach noch mit mehr oder weniger leicht austauschbaren monomeren Liganden besetzt. Derart komplexierte Chelonite sind demzufolge in der Lage, im Eintausch dieser Liganden geeignete Komplexbildner aus der Lösung zu fixieren. SIEGEL und DEGENS erschlossen dieses Verfahren an Hand einer quantitativen Ad- und Desorption und Analyse von 29 Aminosäuren aus Meerwasser.

Grundsätzlich ist bei dieser Komplexbildneranreicherung erforderlich, die im Wasser als Metallkomplexe oder in polymerer Form vorliegenden Komplexbildner für den Ligandenaustausch reaktionsbereit zu machen. Die Autoren geben einen Aufschluß mit Salzsäure, nachfolgender Neutralisation und direkter Filtration über die Kupferform des Dowex A-1 an (7)

$$\S[YCu(OH_2)_n] + n\,L \rightarrow \S[YCuL_n] + n\,H_2O\,. \qquad (7)$$

Durch starkes Ammoniak werden die derart fixierten Komplexbildner (L) wieder abgelöst (8) und nach Abdampfen des Ammoniaks der Analyse unterzogen

$$\S\,YCuL_n \xrightarrow{NH_3} \S\,YCu(NH_3)_3 + n\,L\,. \qquad (8)$$

In der Arbeit von SIEGEL und DEGENS werden umfassende Angaben über die allgemeine Anwendbarkeit dieses Verfahrens zur Adsorption jeglicher Komplexbildner aus Lösungsmitteln und Salzlösungen gemacht. Eigene Erfahrungen zeigen indes, daß die Adsorptionsbedingungen und -möglichkeiten noch eingehender Untersuchungen bedürfen, bevor hierüber allgemeinverbindliche Aussagen getroffen werden können.

Literatur

HERING, R.: Anwendung chelatbildender Ionenaustauscher in der analytischen Chemie. Z. Chem. **5** (1965a), 402

HERING, R.: Synthese und Eigenschaften eines analysenreinen Iminoessigsäurepropionsäure-Chelatharzes. Z. Chem. **5** (1965b), 194

HERING, R: Der Einfluß des Syntheseweges auf die Eigenschaften des Iminodiessigsäure-Chelatharzes. J. pr. Chem. **31** (1966), 320

HERING, R.: Chelatbildende Ionenaustauscher. Akademie-Verlag, Berlin, 1967

HERING, R.: Qualitätsanforderungen und komplexchemische Probleme bei der Anwendung chelatbildender Ionenaustauscher, Plenarvortrag auf dem Symposium „30 Jahre Kunstharz-Ionenaustauscher", Juni 1968; erscheint in einem Sammelband im Akademie-Verlag, Berlin

HERING, K., S. STEINBACH, D. NEHRING und K.-H. RHODE: Ergebnisse und Probleme der Metallionentrennung, Spureneanalyse und Salzreinigung. Vortrag auf dem Symposium „30 Jahre Kunstharz-Ionenaustauscher", Juni 1968; erscheint in einem Sammelband im Akademie-Verlag, Berlin

SIEGEL, A. und E. T. DEGENS. Concentration of Dissolved Amino Acids from Saline Waters by Ligand-Exchange Chromatography. Science **151** (1966), 1098

Anschrift des Verfassers:

Prof. Dr. rer. nat. habil. R. HERING, Pädagogisches Institut Güstrow,
26 Güstrow, Goldberger Str. 12 – DDR

D. HEMPEL, R. LIEBMANN, A. HELLWIG

Hygiene-Institut Magdeburg
Pflanzenschutzmittel-Forschung des VEB Fahlberg-List Magdeburg

Eine neue kolorimetrische Bestimmung von Toxaphen in Wasser*)

Zusammenfassung: Das bienenungefährliche Insektizid Toxaphen (Melipax) besitzt eine sehr hohe Fischtoxizität, die eine schnelle und exakte Bestimmung dieser Verbindung in Wasser notwendig macht. Die bisher beschriebenen Analysenverfahren besitzen neben einer großen Störanfälligkeit auch eine zu geringe Empfindlichkeit. In Anlehnung an eine von BURCHFIELD u. SCHULDT sowie RAGAB angegebene Bestimmungsmethode für chlorhaltige s-Triazine wird Toxaphen mit Pyridin und Alkali unter Zusatz von Cyanessigsäureäthylester kolorimetrisch bestimmt. Der dabei entstehende rotviolette Farbkomplex, dessen Absorptionsmaximum bei 550 nm liegt, erreicht nach ca. 60 min seine größte Farbintensität und wird dann spektralphotometrisch gemessen. Nach dieser Methode können noch 15 µg Toxaphen/l Wasser (= 0,015 ppm) erfaßt werden.
Die Störanfälligkeit des neuen Verfahrens durch andere chlorhaltige Pestizide wird an einigen Verbindungen überprüft.

Summary: The for bees harmless insecticide toxaphene (Melipax) has a high toxicity for fishes, which necessitates a fast and exact determination of this compound in water. The up to this time described methods of analysis have also a too small sensitivity in addition to a high susceptibility to disturbances. In connection with a method of determination of chlorine containing s-trazines which was states by BURCHFIELD, SCHULDT and RAGAB toxaphene is determinated by colorimetric measurement with pyridine and alkali with addition of ethylcyanoacetate. The resulting redviolet coloured complex which has an absorbance maximum at 550 nm obtains the highest color intensity after about 60 minutes. Than color complex is measured spectralphotometrically. By this method a detection up to 15 µg toxaphene (litre of water (= 0,015 ppm) is possible.
The susceptibility to disturbances of the new procedure by other chlorine containing pesticides is tested with some compounds.

Резюме: Безопасный для пчел инсектицид токсафен (мелипакс) в отношении рыб обладает очень высокой токсичностью, требующей быстрого и точного определения содержания этого соединения в воде. Описанные до сих пор методы анализа помимо их значительной подверженности помехам, кроме того еще малочувствительны. Исходя из метода определения хлорсодержащих с-триазинов, указанного BURCHFIELD и SCHULDT, а также RAGAB, колориметрически определяют токсафен пиридином и щелочью с добавкой цианэтилацетата. Возникающий при этом цветной красно-фиолетовый комплекс, максимум поглощения которого равняется примерно 550 ммк, достигает через 60 минут наибольшей интенсивности окраски, измеряемой затем спектрофотометрически. Этим методом могут быть еще установлены 15 г токсафена в 1 л

*) Vortrag, gehalten auf der Jahrestagung des Fachverbandes Wasserchemie der Chemischen Gesellschaft in der DDR, Leipzig, April 1969

воды (= 0,15 мг/кг). На некоторых соединениях проверяется новый метод на подверженность помехам в условиях воздействия других хлорсодержащих пестицидов.

Besonders nach dem Ende des zweiten Weltkrieges hat eine stürmische und erfolgreiche Entwicklung chemischer Pflanzenschutz- und Schädlingsbekämpfungsmittel eingesetzt, durch deren Anwendung die mit durchschnittlich 15 bis 35% angenommenen Ernteverluste — verursacht durch Schädlinge, Pflanzenkrankheiten und Unkräuter — ganz erheblich reduziert werden können. An die moderne Pestizidchemie, die zwar im Weltmaßstab innerhalb kurzer Zeit einen hohen Leistungsstand erreicht hat, sich jedoch durch Resistenzerscheinungen bei vielen Schädlingen gegenüber bisher noch wirksamen Bekämpfungsmitteln immer wieder neuen und schwierigen Problemen gegenüber sieht, werden ständig höhere Anforderungen gestellt. Sie muß chemische Verbindungen finden, welche außer einer weitgehenden Ungefährlichkeit für Menschen, Haustiere und Nutzpflanzen eine selektive Bekämpfung bestimmter Schädlinge und Unkräuter ermöglichen.

Ein solches Insektizid mit teilweiser Selektivität ist das Toxaphen. Dieser Wirkstoff besitzt nämlich die äußerst wertvolle Eigenschaft, Bienen zu schonen, und aus diesem Grunde führen Toxaphenpräparate in der Deutschen Demokratischen Republik die treffende Bezeichnung „Melipax" (d. h. Frieden für die Bienen). Dem großen Vorteil, mit diesem relativ bienenungefährlichen Wirkstoff in blühenden Kulturen während des Bienenfluges beißende Insekten bekämpfen zu können, steht eine sehr starke Toxizität für Fische gegenüber. Ebenso wie zahlreiche andere chlorierte Kohlenwasserstoffe besitzt auch Toxaphen eine hohe Persistenz, d. h. eine hohe Beständigkeit in der freien Natur und damit verbunden eine große Dauerwirkung. Überhaupt ähnelt das Toxaphen in seinem Verhalten und in seinen Eigenschaften dem bekannten Chlorkohlenwasserstoff DDT (p,p'-Dichlordiphenyltrichloräthan), der besonders im Körperfett des Menschen akkumuliert werden kann. Über eine Speicherung von Toxaphen im Fettgewebe ist bisher noch sehr wenig bekannt, sie wird nach den vorliegenden Kenntnissen jedoch als relativ gering bezeichnet.

Da Toxaphen besonders in der Deutschen Demokratischen Republik als bienenungefährliches Insektizid und als Rodentizid zur Bekämpfung von Erd- und Feldmäusen eine große Einsatzbreite findet, ist eine Kontamination der eingesetzten Präparate vor allem mit Oberflächenwässern gegeben. Aus diesen Gründen galt speziell der Analytik dieser Verbindung die besondere Aufmerksamkeit, die nicht nur äußerst schädlich für die Fischbestände selbst ist, sondern durch die auch die Nahrung der Fische, wie Pflanzen, Infusorien, Kleinkrebse und Insektenlarven, vergiftet wird.

Chemisch gesehen gehört Toxaphen zu den chlorierten Kohlenwasserstoffen. Ausgangsprodukt für seine Herstellung ist das Camphen (Abb. 1), welches zur Klasse der natürlich vorkommenden bicyclischen Terpene zählt. In einem inerten Lösungsmittel wie Tetrachlorkohlenstoff wird Camphen bei 100···140 °C unter Einwirkung von UV-Licht chloriert:

$$C_{10}H_{16} + 7\ Cl_2 \xrightarrow{h \cdot \nu} C_{10}H_{10}Cl_8 + 6\ HCl\ .$$

Die Chlorierung erfolgt über eine intramolekulare Umlagerung des Camphens nach Chlorwasserstoffaddition zu Isobornylchlorid. Das Fertigprodukt, eine braune Masse von wachsartiger Konsistenz, besitzt einen Chlorgehalt von 64···68% und stellt ein Gemisch von chlorierten bicyclischen Terpenen nicht bekannter Zusammensetzung dar. Der Wirkstoff, ein Polychlorcamphen, wird zu flüssigen und festen Präparaten formuliert, die als Stäube-, Emulsions-, Spritz- und Aero-Sprühmittel zum Einsatz kommen.

Die schon erwähnte ungewöhnlich starke Toxizität des Toxaphens für Fische macht eine schnelle und exakte Bestimmung der Verbindung in Industrieabwässern, Vorflutern und Teichen notwendig. Bisher waren im wesentlichen zwei Bestimmungsverfahren in der Literatur angegeben. Nach einer zuerst von Johnson beschriebenen und später von Nikolow u. Donew weiter entwickelten Methode bildet sich bei der Reaktion von Toxaphen mit Pyridin und Alkali in

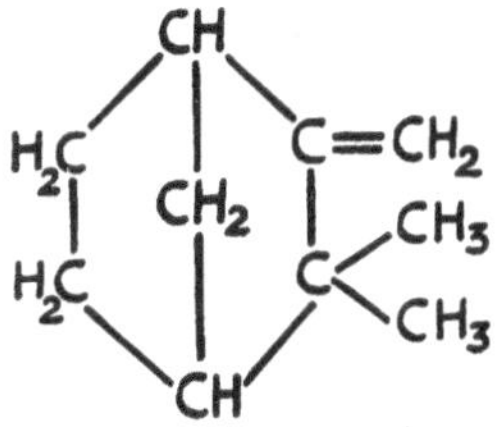

Abb. 1: Camphen

der Hitze nach Vorbehandlung des Wirkstoffes mit rauchender Salpetersäure zur Lockerung der im Molekül enthaltenen Chloratome ein roter Farbkomplex unbekannter Konstitution. In eigenen Versuchen konnten jedoch auch nach Variation der Reaktionsbedingungen keine reproduzierbaren roten Färbungen erhalten werden. Erst bei relativ hohen Wirkstoffkonzentrationen bildete sich überhaupt ein roter Farbkomplex. Zur Bestimmung sehr geringer Toxaphenmengen war somit diese Methode von vornherein ungeeignet.

Als zweites Bestimmungsverfahren beschreiben Graupner u. Dunn ebenfalls eine kolorimetrische Methode, die auf der Bildung eines blaugrünen Farbkomplexes von Toxaphen mit Diphenylamin in Gegenwart wasserfreien Zinkchlorids bei 185···205 °C beruht. Die Farbintensität des Komplexes wird bei einer Wellenlänge von 640 nm spektralphotometrisch gemessen. Erst nach Abänderung einiger Versuchsparameter und bei peinlich genauer Einhaltung der Reaktionsbedingungen — besonders der Temperatur und der Erhitzungsdauer — wurden reproduzierbare Analysenergebnisse erzielt. Voraussetzung ist allerdings der Ausschluß von Feuchtigkeit, da schon Wasserspuren die Komplexbildung empfindlich stören. Somit eignete sich auch diese Methode nicht für die Erfassung kleinster Toxaphenmengen in wäßrigen Medien.

1958 berichteten Burchfield u. Schuldt über eine quantitative Bestimmung von s-Triazinen, welche aktives Halogen enthalten, mit Pyridin und Alkali. Kurze Zeit später gelang es Ragab, den bei dieser Reaktion entstehenden unbeständigen gelben Farbkomplex durch Umsetzung mit Cyanessigsäureäthylester in einen stabilen roten Komplex umzuwandeln, dessen Absorptionsmaximum bei einer Wellenlänge von 550 nm liegt. Diese Methode sollte nun auf die Bestimmung von Toxaphen übertragen werden. Nach zahlreichen Versuchen gelang es schließlich, das Verfahren so zu modifizieren, daß es sich zur quantitativen Erfassung des Wirkstoffes in wäßrigen Medien gut eignet, da es nicht nur reproduzierbare Werte liefert, sondern auch empfindlicher und gegen Störungen unanfälliger als die bisher in der Literatur beschriebenen Analysenverfahren ist. Der Mechanismus der Reaktion könnte ähnlich dem Reaktionsablauf zwischen Pyridin und 1-Chlor-2,4-dinitrobenzol in Gegenwart von Alkali sein, bei dem nach ZINCKE, MOSHER über verschiedene Zwischenstufen unter Aufsprengung des heterocyclischen Pyridinringes eine gefärbte SCHIFF'sche Base entsteht, deren Dissoziationsgrad nicht mit der Verdünnung wächst und die damit dem BEER'schen Gesetz folgt. Eine solche Verbindung kann durch Absorptionsanalyse im sichtbaren Spektralbereich bestimmt werden.

Für die Extraktion des Toxaphens wird am besten n-Hexan eingesetzt, in dem die Verbindung sehr gut löslich ist. Zur Verhinderung von Emulsionsbildungen und zum Absetzen gut trennbarer Schichten erweist sich die Zugabe von konzentrierter Schwefelsäure zu der wäßrigen Phase im Verhältnis 1:20 als sehr günstig. Da bei der Extraktion des zu untersuchenden Wassers neben Toxaphen auch zahlreiche andere organische Wasserinhaltsstoffe in Lösung gehen, welche die nachfolgende Farbkomplexbildung stören, ist eine anschließende Reinigung der organischen Phase mit konzentrierter Schwefelsäure und Chromschwefelsäure erforderlich. Man schüttelt daher die Hexanschicht, die je nach Verschmutzungsgrad des Untersuchungswassers gelb bis braun aussieht und durch enthaltene Wassertröpfchen trübe erscheint, zunächst mehrmals mit konzentrierter Schwefelsäure und anschließend mit Chromschwefelsäure. Während Melipax gegenüber Schwefelsäure und der oxydierenden Wirkung der Chromschwefelsäure stabil ist, werden die in der Lösungsmittelphase enthaltenen organischen Verunreinigungen entfernt bzw. oxydativ zerstört. Danach wird mehrere Male mit destilliertem Wasser nachgewaschen, bis die Hexanschicht farblos ist. Die einzelnen organischen Auszüge werden nach Filtration über wasserfreies Natriumsulfat vereinigt und im Vakuum zur Trockne eingeengt. Nach Überspülen des Rückstandes mit frisch destilliertem Aceton in ein graduiertes Schliffreagenzglas dampft man das Lösungsmittel im Vakuum vollständig ab, setzt 1 m*l* 70%iges wäßriges Pyridin hinzu und erhitzt das Reaktionsgemisch 30 min lang im Wasserbad auf 100 °C. Nach dem Abkühlen auf Zimmertemperatur wird der Reagenzglasinhalt mit ca. 4 m*l* eines Gemisches Äthanol–Wasser (5:1) und 0,2 m*l* 9 N Natronlauge versetzt. Man schüttelt kräftig um und läßt dann 1 m*l* Cyanessigsäureäthylester ($NC–CH_2–COOC_2H_5$) zutropfen. Wenige Sekunden darauf entsteht eine rosafarbene bis rotviolette Lösung, die mit Äthanol–Wasser (5:1) auf 10 m*l* aufgefüllt wird. Über eine geringfügige Farbvertiefung erreicht die Färbung nach einer Stunde ihr Maximum. Nach dieser Zeit erfolgt dann auch die Messung im Spektralphotometer bei einer Wellenlänge von 550 nm in 3 cm-Küvetten gegen einen mit gleichen Reagentien behandelten Blindwert. Als Spektralphotometer wurde das VSU 1 des VEB Carl Zeiss Jena verwendet. Die so ermittelte Extinktion entspricht in linearer Abhängigkeit der in der Wasserprobe enthaltenen Toxaphenmenge. Letztere ist einer Eichkurve zu entnehmen, in der die Extinktion E gegen das eingesetzte Toxaphen in µg graphisch aufgetragen ist (Abb. 2).

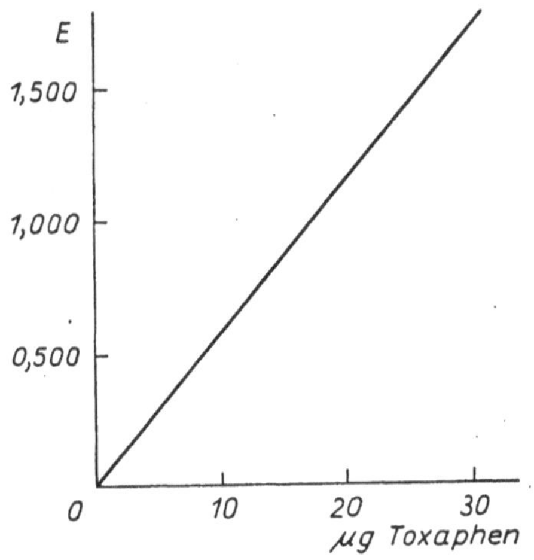

Abb. 2: Eichkurve zur Bestimmung von Toxaphen im VSU 1

Nach dieser Methode können noch 15 µg Melipax/l Wasser, d. h. 0,015 ppm, erfaßt werden. Die Wiederfindungsrate liegt in Trinkwasser zwischen 70% bei sehr kleinen Melipaxmengen und 95% bei größeren Wirkstoffgehalten. In Abwasser — für die Modellversuche wurde Elbewasser verwendet — lassen sich mit dem beschriebenen Verfahren noch 50 µg Toxaphen/l Wasser, also 0,05 ppm, quantitativ bestimmen. Die Wiederfindungsrate schwankt hier zwischen 70 und 80%. Die relativ niedrige Wiederfindungsrate läßt auf einen hydrolytischen Abbau des Toxaphens schließen, der sich besonders stark in Abwasser bemerkbar macht und daher auch in Elbewasser näher untersucht wurde. Dazu wurden in 4 l Wasser 12 mg Melipax in acetonischer Lösung gegeben und nach verschiedenen Tagen in je 100 ml des melipaxhaltigen Wassers die Wirkstoffmenge bestimmt. Aus einer graphischen Darstellung, in der die Mittelwerte mehrerer Versuchsreihen aufgetragen sind, ist die Abnahme der Melipaxkonzentration in Abhängigkeit von der Zeit ersichtlich (Abb. 3). Die Abstufungen in der Hydrolysekurve könnten so gedeutet werden, daß zunächst in dem annähernd waagerechten Verlauf der Kurve eine teilweise Lockerung des Molekülgefüges des Toxaphens erfolgt. Diese gelockerten Toxaphenmoleküle zerfallen dann ver-

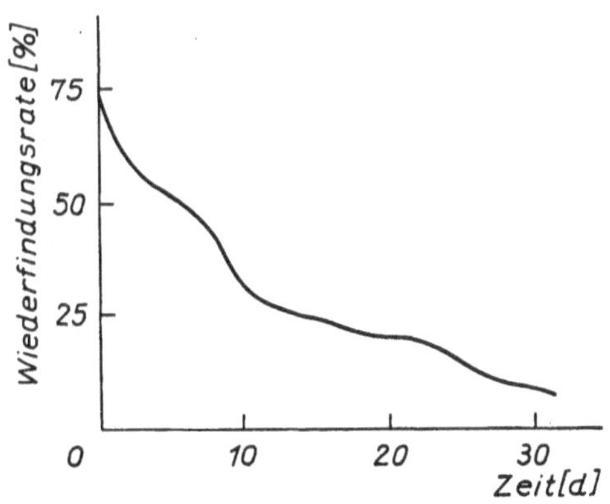

Abb. 3: Hydrolyse von Toxaphen in Elbewasser (eingesetzte Toxaphenmenge 3 mg/l)

hältnismäßig schnell und entziehen sich somit dem chemischen Nachweis, was in dem steileren Abfall der Kurve zum Ausdruck kommt. Nach mehr als dreißig Tagen ließ sich praktisch kein Melipax mehr nachweisen, d. h. das eingesetzte Melipax war nahezu vollständig abgebaut. Allerdings schwankt die Zersetzungsdauer in Wässern mit unterschiedlicher organischer Belastung.

Bei der Überprüfung der Störanfälligkeit der neuen Methode gegenüber anderen chlorierten Kohlenwasserstoffen wurden zunächst DDT und Lindan (γ-Hexachlorcyclohexan) auf ihre Reaktion mit Pyridin, Alkali und Cyanessigsäureäthylester getestet. Über die Beeinflussung der Melipaxbestimmung durch andere chlorhaltige Pestizide wird noch gearbeitet. DDT und Lindan werden bekanntlich in der Deutschen Demokratischen Republik in großen Mengen produziert und finden als die am häufigsten eingesetzten Insektizide vielseitige Verwendung. Dabei entsteht mit DDT weder eine Färbung, noch übt die Verbindung einen störenden Einfluß auf die Bestimmung von Melipax in Wasser aus. Die Äthylcyanoacetat-Methode ermöglicht somit ohne weiteres eine Bestimmung von Toxaphen neben DDT. Mit Lindan dagegen bildet sich nach diesem Verfahren ein rotvioletter Farbkomplex, welcher der bei der Melipaxanalyse entstehenden Färbung sehr ähnlich ist. Da jedoch für Lindan zuverlässige Analysenmethoden bekannt sind (kolorimetrische Bestimmung nach SCHECHTER u. HORNSTEIN, Isotopenverdünnungsanalyse, polarographische Bestimmung), läßt sich das in der zu untersuchenden Probe evt. vorhandene Lindan auf andere Weise erfassen. Aus einer Eichkurve, die für Lindan nach dem Äthylcyanoacetat-Verfahren aufgestellt wird, kann für die gefundene Lindanmenge die entsprechende Extinktion abgelesen werden. Diese ist bei der Bestimmung von Toxaphen neben Lindan in Wasser vom gemessenen Gesamtextinktionswert in Abzug zu bringen. Somit ist auch eine quantitative Erfassung von Melipax neben Lindan möglich.

Da zahlreiche Autoren, wie ADLUNG u. BODENSTEIN, MAYHEW u. a., unter den chlorierten Kohlenwasserstoffen das Toxaphen neben Dieldrin und Endrin als das gefährlichste Gift für Fische angeben, wurde in eigenen Versuchen nochmals die Fischtoxizität von Toxaphen überprüft. Wie alle Chlorkohlenwasserstoffe ist auch Melipax als Nervengift zu betrachten, das über die unverletzte Haut oder über den Verdauungstrakt in den Fisch eindringt. Als Versuchstiere dienten dreijährige Barsche (*Perca fluviatilis* L.) in Aquarien, welche einen Tag vor Versuchsbeginn mit Leitungswasser (pH-Wert 7,4) gefüllt und künstlich belüftet wurden. Die Gefäße enthielten je 10 *l* Wohnwasser, dem wechselnde Mengen einer alkoholischen Lösung des reinen Melipaxwirkstoffes zugesetzt wurden. Die Konzentrationsangabe für das Wohnwasser erfolgte in ppm (1 ppm = $= 10^{-4}\%$), die Wassertemperatur betrug während der Versuchszeit 19 °C. Um möglichst aussagekräftige Versuchsergebnisse zu erhalten, wurden Fische mit nahezu gleichen physiologischen Eigenschaften, wie Größe, Alter und Gesundheitszustand, verwendet. Die Versuche mit Toxaphen ließen erkennen, daß der Vergiftungsablauf durch verschiedene Intoxikationsstufen mit entsprechenden Symptomen gekennzeichnet ist. Diese Abstufungen gehen unmerklich ineinander über.

Tabelle 1
Toxizitätsbestimmung von Melipax an dreijährigen Barschen (Perca fluviatilis L.)

Melipaxmenge ppm	Einwirkungszeit	Verhalten der Versuchstiere	Schädigung
0,005 0,025 0,05 0,10	7 d	normal	keine
0,25	6···7 h	Erregung, unruhiges Schwimmen	leichte, anschließend erholt
0,35	4···5 h	Erregung, unruhiges Schwimmen	leichte
	6 h	Springen, Gleichgewichtsstörungen, Seitenlage, Krämpfe	schwere, irreversibel bei Umsatz in Frischwasser
	7···10 h	Seitenlage, starke Lähmungserscheinungen, Abspreizen der Kiemendeckel (Atemnot)	sehr schwere, führt zum Tod
0,50	2···3 h	Erregung, unruhiges Schwimmen	leichte
	4 h	Springen, Gleichgewichtsstörungen, Seitenlage, Krämpfe	schwere, irreversibel bei Umsatz in Frischwasser
	5···7 h	Seitenlage, starke Lähmungserscheinungen, Abspreizen der Kiemendeckel (Atemnot)	sehr schwere, führt zum Tod

In Tab. 1 sind die erhaltenen Versuchsergebnisse zusammengestellt. Daraus ist ersichtlich, daß nach den Ermittlungen die letale Dosis für Melipax bei dreijährigen Barschen zwischen 0,35 und 0,50 ppm liegt. Diese Versuche sollten noch einmal die schon erwähnte hohe Fischtoxizität von Toxaphen bestätigen. Da auch in Zukunft ein weiterer Anstieg der Produktion und des Einsatzes von Pflanzenschutz- und Schädlingsbekämpfungsmitteln und damit auch von Toxaphen erwartet werden muß, ist die ständige exakte Kontrolle des mit Insektiziden, Fungiziden und Herbiziden kontaminierten Wassers eine unumgängliche Notwendigkeit geworden. Zur Gewährleistung dieser Kontrolle soll die neue Bestimmungsmethode des Insektizids Toxaphen beitragen.

Fräulein L. Grünke, chemisch-technische Assistentin im Hygiene-Institut Magdeburg, danken wir für die besonders sorgfältige und gewissenhafte Durchführung der analytischen Arbeiten.

Literatur

Adlung, K., G. Bodenstein u. a.: Aquaristik **3** (1957), 44
Burchfield, H. P. und P. H. Schuldt: J. agr. Food Chem. **6** (1958), 106
Graupner, A. J. und C. L. Dunn: J. agr. Food Chem. **8** (1960), 286
Johnson, D. P.: J. Assoc. off. agr. Chemist **38** (1955), 153
Mayhew, J.: Proc. Iowa Acad. Sci. **62** (1955), 599

Mosher, H. S.: Heterocyclic Compounds. Wiley New York 1950
Nikolow, N. und L. Donew: Vortrag, gehalten auf dem Symposium für Pflanzenschutz- und Schädlingsbekämpfungsmittel in Magdeburg 1962
Ragab, M. T. H.: Ph. D. thesis, University of Illinois Library, Urbana III (1959)
Schechter, M. S. und I. Hornstein: Analytic, Chem. **24** (1952), 544
Zincke, Th.: Ann. **330** (1904), 361
Zincke, Th. u. a.: Ann. **333** (1904) ,296

Anschrift der Verfasser:

Dipl.-Chem. Dr. D. Hempel und Dipl.-Chem. Dr. A. Hellwig, Hygiene-Institut Magdeburg, Dipl.-Chem. Dr. R. Liebmann, Pflanzenschutzmittel-Forschung im VEB Fahlberg-List Magdeburg, DDR

II. BUCHBESPRECHUNGEN

Limnologica Band 6, Heft 2 (1968)

Akademie-Verlag GmbH., Berlin

D. Uhlmann u. E. Albrecht:

Biogeochemische Faktoren der Eutrophierung von Trinkwassertalsperren

Die Autoren erörtern, inwieweit durch Landschaftspflege im Einzugsgebiet von Talsperren eine gezielte „Oligotrophierung" möglich ist.

In erster Annäherung wird für Planktonalgen ein ideales atomares Verhältnis C:N:P von 106:16:1 zu Grunde gelegt. Mit Hilfe des Wirkungsgesetzes der Wachstumsfaktoren nach Baule-Mitscherlich versuchten die Autoren festzustellen, inwieweit sich das Wasser ausgewählter Talsperren und Seen in seiner Zusammensetzung von einer idealen Nährlösung für Planktonalgen entfernt.

In Diagrammen wird das C:N:P-Verhältnis von pflanzlicher und tierischer Biomasse, Oberflächenwässern und Bodensedimenten wiedergegeben.

Eine starke Phosphoranreicherung erfolgt offenbar in den Bodensedimenten. Das Phosphorrückhaltevermögen nimmt mit abnehmender Gewässertiefe zu.

Abschließend werden Maßnahmen zur Rückhaltung von Nährstoffen im Einzugsgebiet von Talsperren abgeleitet und für die gemeinsame Behandlung aller nährstoffreichen Zuflüsse Vorsperren empfohlen.

A. Valkanov:

Das Neuston

Der Autor beschäftigt sich in der Arbeit mit dem Neuston, das als Biocoenose von Mikroorganismen aufgefaßt wird, welche die Wasseroberfläche kleinerer Gewässer besiedelt. Als Vertreter des Epineustons werden einige Arten mit Schwimmschirmchen beschrieben; ebenfalls zum Epineuston gehört *Chromophyton rosanoffii*, eine Chrysomonade, welche das Oberflächenhäutchen durchbohrt und sich mit einem Stielchen auf der Wasseroberfläche festheftet. – Zum Hyponeuston gehören viele Bakterien, Protozoen und Protophyten, die zum großen Teil dem Benthos entstammen; Phycomyceten sind im Neuston als Saprophyten oder Parasyten vertreten. – Die Ausführungen werden mit einer Betrachtung über die Entstehung des Neustons abgeschlossen.

U. Hoffmann:

Der Einfluß der Verweilzeit des Wassers auf die Planktonentwicklung in Vorsperren

Der Einfluß der Verweilzeit auf die Phytoplanktonentwicklung an drei Vorsperren des Niederschlagsgebietes der Weißen Elster wird untersucht.

Die entnommenen Wasserproben wurden über Membranfilter filtriert, das Sestontrokkengewicht bestimmt und dessen Extinktion nach Auflösung in 90%igem Aceton bei 665 nm im „Spekol" gemessen.

Besonders bei niedrigen Verweilzeiten bis zu vier Tagen besteht eine positive Korrelation zwischen den Logarithmen der Verweilzeit und der Extinktion des Planktonextraktes. Für eine nennenswerte Entwicklung des Phytoplanktons ist eine Verweilzeit von mindestens einem Tag erforderlich.

Bei geringen Verweilzeiten riefen *Synura uvella* und *Stephanodiscus hantzschii* Vegetationsfärbungen hervor; außerdem werden *Synedra acus*, *Nitzschia acicularis*, Pandorina und Chlamydomona-Arten mit hohen Vermehrungsraten genannt.

Der an das Phytoplankton gebundene Phosphor wird bei guter Belüftung zum größten Teil dem Stoffkreislauf des Gewässers entzogen. *M. Schlüter*

R. Neeb:

Inverse Polarographie und Voltammetrie, Neuere Verfahren zur Spurenanalyse

256 S., 139 Abb., 33 Tab., 48,– DM

Verlag Chemie, Weinheim 1969

Die Polarographie hat sich in der analytischen Praxis – vorwiegend zur Bestimmung von Schwermetallen – einen festen Platz erobert. Zur Bestimmung im Spurenbereich wurde in den letzten Jahren bevorzugt die inverse Polarographie und Voltametrie – die Kombination von Anreicherungselektrolyse und Registrierung der Auflösungsstromstärke – eingesetzt, die auf Grund ihrer hohen Nachweisempfindlichkeit bis in den Bereich von 10^{-10} bis 10^{-12} m Lösungen zu einem wertvollen Hilfsmittel geworden ist. Das vorliegende Buch gibt über dieses rasch entwickelte analytische Spezialgebiet einen zusammenfassenden Überblick, wobei die praktischen Anwendungen und die Beschreibung experimenteller Einzelheiten einen breiten Raum einnehmen.

Nach einer kurzen Zusammenfassung über die Entwicklung des Verfahrens werden die Anreicherungsvorgänge, die verschiedenen Methoden der inversen Bestimmung, die verwendeten Elektroden, Elektrolysezellen, Geräte und Grundlösungen sowie die Störmöglichkeiten ausführlich und klar dargelegt. Im speziellen Teil gibt der Autor einen Überblick über das allgemeine polarographische Verhalten und die Möglichkeiten der invers-voltametrischen Bestimmung der Elemente der Haupt- und Nebengruppen sowie über die Analyse von Stoffgruppen. Eine Literaturzusammenstellung nach jedem Kapitel bietet dem Benutzer die Möglichkeit, Einzelheiten weiterverfolgen zu können.

In einem kurzen Kapitel geht der Autor auch auf die Anwendungsmöglichkeiten in der Wasseranalyse ein. Es wird dargelegt, daß sich mit der erreichbaren Empfindlichkeit von 0,5···5 $\mu g/l$ Schwermetallspuren ($10^{-7}\cdots10^{-8}\%$) unmittelbar in den Wasserproben bestimmen lassen. Zur Beseitigung der in der Wasseranalyse am häufigsten zu erwartenden Störung durch Tenside oder andere organische Stoffe wird die vorhergehende Mineralisierung angegeben.

Das Buch bietet dem Interessenten neben den Grundlagen des Verfahrens eine ausgezeichnete Zusammenfassung der Anwendungsmöglichkeiten und eine Fülle praktischer Anregungen.

Dr. Legler

„Biologie der Binnengewässer“

Informationsbulletin Nr. 2

Verlag der Akademie der Wissenschaften, Leningrad 1968

In der Information Nr. 2 wird von verschiedenen Autoren über hydrologische, hydrochemische und hydrobiologische Untersuchungsergebnisse – überwiegend an Stauseen im Wolgagebiet – berichtet.

So werden für den Kuibischewer Stausee die Temperaturverteilung und elektrische Leitfähigkeit in der oberen Schicht während der Frühjahrs- und Sommerperiode erläutert. Ferner wird über zwei verschiedene Transformationsarten der Wassermassen in Stauseen, über die Formierung der ökologischen Verhältnisse an Stauseen bei niedrigem Wasserstand im Frühjahr und charakteristische Windverhältnisse berichtet. Weitere Angaben über Strömungen in deichnahen Abschnitten eines Stausees, Stauraumverlandungen, durchschnittliche Jahresablagerungen sowie über Veränderungen der Beschaffenheit des Untergrundes schließen sich an.

Für den Weißen Nil werden hydrologische und hydrochemische Beobachtungsergebnisse mitgeteilt und hierbei die Konzentration an Kohlendioxid, Sauerstoff, Nitrat, Nitrit, Oxydierbarkeit, Härte, pH-Wert, Durchsichtigkeit zu verschiedenen Zeitpunkten erläutert.

Abschließend wird in mehreren Artikeln über eine Methode zur Voraussage des Gehaltes an organischen und biogenen Stoffen, des Gashaushaltes und der „Blüte“ in Stauseen (Muster für das Aufstellen einer Lochkarte ist angegeben), sowie über statistische hydrologische Methoden berichtet.

Den Abschluß des Bulletins bildet eine Arbeit über den Versuch der Anwendung der elektronischen Datenverarbeitung für Wasseruntersuchungen, dargestellt am Beispiel des Ruibinsker Stausees.

Bei der Vielfalt des Dargebotenen können aus der kleinen Schrift Anregungen für ähnliche Untersuchungen entnommen werden. *B. Wiemer*

Vorträge der ersten Konferenz über das Studium der Wolgastauseen

Herausgegeben von verschiedenen Institutionen

Togliatti 1968

Auf 243 Seiten werden Kurzreferate von 175 Vorträgen mitgeteilt. Die Abhandlung des Tagungsthemas erfolgte in fünf Gruppen.

1. Hydrologie, Hydrochemie und Wasserwirtschaft
2. Mikrobiologie, Phytoplankton und höhere Wasserpflanzen
3. Zooplankton und Zoobentos
4. Ichthyologie und Fischwirtschaft
5. Sanitärer Zustand und Verunreinigung.

Bei der Fülle des Dargebotenen sei hier vom Standpunkt der Chemie nur auf die erste und letzte Gruppe von Vorträgen hingewiesen.

Den Hydrochemiker interessieren in erster Linie die Referate über die chemische Zusammensetzung des Wassers und der Sedimente, wobei besonders auf die organischen Inhaltsstoffe, deren Zerfallsprodukte, den Sauerstoffhaushalt zu den verschiedenen Jahreszeiten, so auch bei Überschwemmung und Vereisung, sowie auf den Gehalt an Spurenelementen und Phosphor hingewiesen wird. Weiter wird auf die Probleme der komplexen Nutzung der Stauseen, Verdunstungsverluste eingegangen.

Im fünften Abschnitt des Buches stehen Probleme der Gewässerverunreinigung – auch aus hygienischer Sicht, sowie ihr Einfluß auf die Biozönose im Vordergrund.

Die Kurzreferate können nur die wichtigsten Fakten der Arbeitsergebnisse mitteilen. Die Ausführungen zeigen deutlich in welch großer Breite in der Sowjetunion Gewässerforschungen durchgeführt werden und zum anderen, welche große Bedeutung der Reinhaltung des Wassers beigemessen wird. Die gesammelten Erfahrungen sollten für die Bearbeitung ähnlicher Probleme in anderen Ländern ausgewertet werden. *B. Wiemer*

Schriftenreihe der Deutschen Dokumentationszentrale Wasser e. V., Düsseldorf

Erich Schmidt Verlag, Berlin–Bielefeld–München

Im Zeitraum von 1963···1968 sind 15 Hefte der Schriftenreihe erschienen.

1. – GANDENBERGER u. OEHLER:
Verölung von Oberflächenwasser und seine Aufbereitung in Wasserwerken
1963, 68 S., 5,80 DM

2. – IHSSEN u. MICHEL:
Elektronische Berechnung des stationär ungleichförmigen Abflusses in Gerinnen beliebigen Querschnitts einschließlich der Freispiegel- und Druckleistungen
1963, 60 S., 5,80 DM

3. – KNOP:
Versuche und Forschungsarbeiten der Emschergenossenschaft für die biologische Großkläranlage an der Mündung der Emscher in den Rhein
– OFFERHAUS:
Horizontalfassungsbrunnen in Theorie und Praxis
– Vorträge und Berichte der Jahresveranstaltung des DAW 1963
1964, 72 S., 7,40 DM

4. – THIELE:
Amerikanische Rückschau auf die Abwasserliteratur des Jahres 1961
1964, 241 S., 19,60 DM

5. – Gutachten über die Sammlung, Aufbereitung und Beseitigung von Sperrmüll
vergriffen

6. – NAHRGANG:
Über die Anströmung von Vertikalbrunnen mit freier Oberfläche in einförmig homogenen sowie in geschichteten Grundwasserleitern
1965, 108 S., 8,90 DM

7. – SCHMITT-TEGGE:
Kostenstrukturanalysen und Wirtschaftlichkeitsuntersuchungen bei verschiedenen Verfahren zur Beseitigung kommunaler Abfälle
– FERBER:
Auswertung ausgewählter Kapitel der Müllstatistik 1961
1965, 256 S., 25,30 DM

8. – Wasserforschung 1959···1964[1]
Teil I, 1965, 129 S., 13,20 DM
Teil II, 1967, 285 S., 21,90 DM
Teil III, 1968, 215 S., 13,20 DM

9. – BUCKSTEEG:
Schaffung geeigneter Grundlagen zur vergleichenden Bewertung organisch und mineralisch verschmutzter Abwässer
1965, 67 S., 8,50 DM

10. – Teil A – KNOP, HUNKEN, MALZ:
Die Bedeutung der automatischen Meß- und Regeleinrichtungen bei der Gewässerüberwachung und Abwasserreinigung – Probeentnahmeeinrichtungen, Messung des pH-Wertes, Messung der Leitfähigkeit
1966, 93 S., 11,20 DM
– Teil B – BUCKSTEG:
Geräte zur automatischen Sauerstoffmessung
1966, 45 S., 7,10 DM
– Teil C – KNOP, SCHMITZ, MALZ:
Messung der Trübung, Messung der Lichtverhältnisse in Binnengewässern, Messung der ungelösten Stoffe 1968, 65 S., 7,40 DM
– Teil D – AURAND, STEINECKE, HUSMANN u. KRONE, MALZ u. KRONE:
Überwachung des Wassers auf radioaktive Stoffe, Erfahrungen mit einem Gerät zur Entnahme und Dosierung von Abwasserproben, Erfahrungen mit einem Trübungsmeßgerät bei der Abwasserkontrolle, Erfahrungen mit einem Leitfähigkeitsmeßgerät 1968, 76 S., 8,70 DM

11. – HERRMANN:
Über die Wirkung einer möglichen radioaktiven Verseuchung des Rheinwassers sowie Maßnahmen für eine Dekontamination in gängigen Wasseraufbereitungsanlagen
1966, 77 S., 9,10 DM

12. – SCHÖNBORN:
Untersuchungen zur analytischen Bestimmung und zum biologischen Abbau nichtionischer Tenside im Abwasser
1966, 142 S., 16,40 DM

13. – LAUTENBACH, SCHÖNBORN, BEYER:
Untersuchungen über die Lebensbedingungen der Organismen im Tropfkörper und Belebungsbecken, die zum speziellen Abbau von chemischen Stoffen in industriellen Abwässern befähigt sind. – Cyanide, Rhodanide, Mineralöle, Phenole mit Cyaniden und Rhodaniden
1966, 341 S., 34,10 DM

14. – Palm u. Rasch:
Mindestanforderungen an die Konstruktion von Müllverbrennungsanlagen für kleinere und mittlere Gemeinden
1966, 213 S., 21,10 DM
15. – Palm u. Rasch:
Möglichkeiten der Beimischung von Klärschlamm bei der Müllverbrennung unter Berücksichtigung der Verbrennungsvorgänge und Energieausnutzung
1967, 89 S., 9,90 DM

Von den neun Heften, deren Erscheinen bereits teilweise einige Jahre zurückliegt, interessiert den Wassergütefachmann die überwiegende Anzahl der Hefte. Die Aufzählung zeigt die Vielfalt und Aktualität der erläuterten Probleme und wiedergegebenen Arbeitsergebnisse. Für die Arbeiten auf wassergütewirtschaftlichem Gebiet kann eine Reihe von Anregungen aus den Arbeiten entnommen werden, das gilt gleichermaßen für die Bewertung, die Analyse sowie die Beseitigung von Wasser und Abwasserinhaltsstoffen. Heft 8 gibt eine Übersicht der in Westdeutschland durchgeführten Forschungsarbeiten des Wassergebietes, aus der die bearbeiteten Schwerpunkte ersichtlich sind.

Die Hefte sind im Offsetverfahren hergestellt, flexibel gebunden und mit zahlreichen Abbildungen, Tabellen und graphischen Darstellungen ausgestattet. Eine Anzahl von Beiträgen stellen Forschungsergebnisse dar. Bei der Bedeutung des Wasser- und Abwasserproblems ist dieser Schriftenreihe Aufmerksamkeit zu widmen, da es im Rahmen einer Rezension aller bisher erschienen en Hefte nicht möglich ist, auf Einzelheiten einzugehen. *J. Kaeding*

„*Vom Wasser*“, Band XXXV, 1968

Ein Jahrbuch für Wasserchemie und Wasserreinigungstechnik

Herausgegeben von der Fachgruppe Wasserchemie in der Gesellschaft Deutscher Chemiker

Verantwortlich für den Text: W. Husmann

421 S., 184 Abb., 49 Tab., 46,– DM
Verlag Chemie, Weinheim/Bergstraße, 1969

Auch der XXXV. Band des bekannten Jahrbuches wurde wieder unter der bewährten Leitung von W. Husmann zusammengestellt. Er enthält zweiundzwanzig Arbeiten aus den verschiedensten Gebieten der reinen und angewandten Wasserchemie, im wesentlichen handelt es sich um die Vorträge der Jahrestagung 1968 der Fachgruppe Wasserchemie.

Im vorliegenden Band liegt der Schwerpunkt der Ausführungen bei Problemen und Ergebnissen der Erfassung und Bewertung von Wasserinhaltsstoffen, der Limnochemie und der Wasseraufbereitung. Nur drei Arbeiten beziehen sich auf das Abwassergebiet.

Im Rahmen der Rezension seien einige besonders aktuell erscheinende Arbeiten herausgestellt. Für die Bestimmung von freien und gelösten Gasen wird von Fresenius u. Schneider eine neu entwickelte Apparatur vorgestellt, u. a. werden Ergebnisse über die Selbstreinigung des Grundwassers bei Mülldeponien gegeben. Mit der Erfassung und Charakterisierung organischer Substanzen durch adsorptionskinetische Messungen setzen sich Heil u. Sontheimer auseinander und stellen ein Verfahren unter Verwendung von Aktivkohle zur Diskussion. Kroppe u. Muhle berichten zur Analytik von lipophilen Substanzen, wie sie Kohlenwasserstoffe und Kohlenwasserstoffderivate darstellen. Mit dem Pestidproblem und der Analytik der Stoffe setzen sich Quentin u. Huschebeth auseinander. Umfassend berichtet Mauz über die Entwicklung der freien Kohlensäure im Vergleich zum Sauerstoff als Kriterium für den Gütezustand des Bodensees. Verschiedene Auswerteverfahren, mit denen Salzfrachten in Abhängigkeit vom Abfluß ermittelt werden können, werden von Lüssem beschrieben. Sehr ausführlich teilen Bernhardt u. Kremling Ergebnisse zur Verminderung der Phosphatbelastung einer Talsperre durch chemische Behandlung mit. Mańczak erläutert die Auswertung von Gewässergüteuntersuchungen. Über neue Ergebnisse zum Verhalten von Chlor und oxydierend wirkenden Chlorsubstitutionsprodukten bei der Desinfektion referieren CARLSON u. HÄSSELBARTH. Weitere Arbeiten befassen sich mit der Anwendung von Oxydationsmitteln bei der Wasseraufbereitung (KÖLLE), über die Belüftung zur Entsäuerung (AXT), Auswirkung von Detergentien (MEYBIER, KOLLATSCH).

Diese Übersicht gibt nur einen Einblick in die vielfältigen abgehandelten Probleme. Aus den Ausführungen können zahlreiche Anregungen entnommen werden. *J. Kaeding*

K. IMHOFF:

Taschenbuch der Stadtentwässerung

22. verb. Auflage, 1969
386 S., 103 Abb., 12 Tab., 28,— DM
R. Oldenbourg Verlag, München

Drei Jahre nach dem Erscheinen der 21. liegt die 22. Auflage des bekannten Taschenbuches vor. Wie bereits bei der Rezension der vorletzten Auflage (Heft 7 dieser Schriftenreihe) ist nichts Grundsätzliches mehr über dieses Werk zu sagen.

Nach wie vor werden schwierige Formeln und zeitraubende Ausrechnungen vermieden und soweit als möglich Erfahrungswerte mitgeteilt. Für ein tieferes Eindringen in den Stoff werden über 1400 Literaturhinweise aufgeführt.

Der Gesamtumfang des Buches wurde um etwa zwanzig Seiten erweitert. Verbesserungen sind in allen Kapiteln vorgenommen worden. Besonders sind bei der biologischen Abwasserreinigung die Zurücknahme der Raumbelastung bei Tropfkörpern von 875 auf 700 g BSB_5 pro $m^3 \cdot d$, eine neue Darstellung über den Einfluß der Raumbelastung auf die Abbauleistung und Ablaufkonzentration bei Tropfkörpern, Richtzahlen für den Entwurf von Belüftungsbecken bei feinblasiger Belüftung und Oberflächenbelüftung, die Abhängigkeit des Schlammgehaltes im Belüftungsbecken vom Feststoffgehalt des Rücklaufschlammes und vom Rücklaufverhältnis sowie beim Abschnitt über die Schlammausfaulung und Schlammeindickung zu erwähnen. Auch werden für die Schlammbelastung und Sauerstoffzufuhr beim Belebungsverfahren geringe Werte im Vergleich zu früheren Auflagen mitgeteilt.

Somit stellt auch die neue Auflage wieder einen wertvollen Ratgeber dar.

J. Kaeding

A. WETZEL:

Technische Hydrobiologie — Trink-, Brauch- und Abwasser

1. Aufl. 1969
407 S., 97 Abb., 52 Tab., 41,— M
Akademische Verlagsgesellschaft Geest & Portig K.-G., Leipzig

Bei der Bearbeitung von Problemen des Stoffhaushaltes der Gewässer und bei der biologischen Abwasserreinigung — um nur zwei Schwerpunkte zu nennen — müssen Chemiker und Biologe eng zusammenarbeiten. Die vorliegende Technische Hydrobiologie vermittelt dem Chemiker das notwendige hydrobiologische Rüstzeug. Der bekannte und geschätzte Altmeister der Hydrobiologie hat es verstanden, in einfacher Form Aufgaben, Probleme und Ergebnisse der Hydrobiologie zu erläutertn. Der Titel des Buches „Technische Hydrobiologie" erscheint zu eng gefaßt. Um die vielfältigen Erscheinungsformen des Trink-, Brauch- und Abwassers sowie seine Beziehungen zu den Bereichen der Produktion und Konsumtion zu verstehen, hat der Verfasser die Hydrobiologie in den Kreislauf des Wassers eingeordnet. Gleichermaßen sind so Probleme der Wassermenge und Wasserbeschaffenheit mit abgehandelt worden. Bei der Fülle des Stoffes waren Begrenzungen notwendig. Diese beziehen sich im wesentlichen auf die durch Organismen bedingten Vorgänge in den Gewässern.

Zur Charakterisierung des Inhaltes seien die Überschriften der Kapitel genannt:

— Das Wasser als Nutzstoff des Menschen

– Hydrographische und hydrobiologische Grundlagen der Trink-, Brauch- und Abwasserbiologie
– Die biologische Wasseranalyse
– Die Biologie des Trinkwassers
– Die Biologie des Brauchwassers
– Die Biologie des Abwassers.

Etwa den gleichen Umfang von rd. hundert Seiten nehmen die Ausführungen über Trink- und Abwasserbiologie ein, sie stellen den Schwerpunkt der Abhandlung dar. Im Trinkwasserkapitel sind die limnologischen Probleme der Talsperrenwassernutzung, im Abwasserkapitel spezielle Ausführungen über synthetische Waschmittel und radioaktive Substanzen mit abgehandelt.

Für den auf dem wassergütewirtschaftlichen Gebiet arbeitenden Chemiker kann das Buch zur Einführung und Übersicht empfohlen werden, zumal der Verständlichkeit gegenüber einer mathematischen Fundierung der Vorzug gegeben wurde. *J. Kaeding*

F. Meinck, H. Stooff, H. Kohlschütter:

„Industrie-Abwässer“
neu bearbeitet und herausgegeben von F. Meinck

4. völlig neu bearbeitete Auflage von Nr. 6 der „Schriftenreihe des Vereins für Wasser-, Boden- und Lufthygiene, Berlin-Dahlem“
741 S., 279 Abb., 86,– DM

Gustav Fischer Verlag, Stuttgart, 1968

Seit Erscheinen der 3. Auflage (1960) hat die Bedeutung der Industrieabwasserreinigung weiter zugenommen. Neue Produktionen haben neue Abwasserarten nach sich gezogen, andererseits sind in vielen Ländern straffere gesetzliche Auflagen zur Abwasserreinigung erteilt worden, um die Ursachen der Gewässerverunreinigung besser zu beherrschen und zu bekämpfen. Diesen Trend hat mancherorts die Verbesserung und Weiterentwicklung der Abwasserbehandlungsverfahren nicht ausreichend berücksichtigt.

Der Abwasserfachmann begrüßt daher, ein Kompendium der Industrieabwasserreinigung zu Rate ziehen zu können, in dem nicht nur die verschiedenen Abwässer und ihre Reinigungsmöglichkeiten erläutert werden, sondern auch die Verbindungen zur Produktionstechnologie aufgezeigt sind.

Gegenüber der vorhergehenden Auflage ist der Umfang des Buches um 180 Seiten erweitert worden, ebenfalls die Anzahl der Abbildungen und die der Literaturhinweise.

Beibehalten wurde die bewährte Gliederung mit der straffen Einteilung der einzelnen Abschnitte im speziellen Teil über die industriellen Abwässer (Allgemeines; Entstehung, Menge, Zusammensetzung und Eigenschaften; Reinigung und Verwertung). Neu aufgenommen wurden Abschnitte über die Abwässer von

– Maschinenfabriken und mechanische Werkstätten
– Kartoffelchips-herstellenden Betrieben
– landwirtschaftlichen Betrieben
– Tetraäthylblei-Fabriken
– petrolchemischen Werken.

Die bedeutendste Erweiterung hat der Abschnitt über die technischen Gesichtspunkte für die Auswahl von Abwasserreinigungsanlagen erfahren, der jetzt über die wichtigsten angewandten Verfahren auf über 100 Seiten informiert. Ebenfalls neu aufgenommen wurde ein Auszug der westdeutschen Normalanforderungen für Abwasserreinigungsverfahren.

Bei der Neubearbeitung ist der Text straffer gefaßt worden. Kritische Stellungnahmen zu den vorgeschlagenen Methoden wurden herausgestellt, als überholt anzusehende Verfahren in der Neuauflage gestrichen.

Die Tabellen sind mit einer Überschrift, die Abbildungen mit einer Unterschrift zu versehen. Die Unterschriften der Abbildungen sind gesondert auf einem Blatt aufzuführen. Unter Abbildungen werden Bilder und graphische Darstellungen verstanden. Vorlagen für Bilder müssen auf weißem Hochglanzpapier im Mindestformat 9 × 12 cm geliefert werden. Noch vorzunehmende Beschriftungen sind auf einem auf dem Photo angebrachten Deckblatt aus durchsichtigem Material zu vermerken. Um eine gute Wiedergabequalität der Abbildungen im Druck zu erreichen, ist es ratsam, alles Nebensächliche bei Halbtonbildern wegzulassen.

Für Strichzeichnungen und graphische Darstellungen genügt eine gut lesbare Skizze.

Auf der Rückseite der Abbildungsvorlagen sind Nummer der Abbildungen und Name des Autors anzugeben.

Versuchsergebnisse sind nur in Abbildungen oder Tabellen wiederzugeben.

7. Formeln, Zeichen, Buchstaben usw., für die keine Schreibmaschinentypen vorhanden sind, müssen deutlich lesbar mit Tinte geschrieben sein.
   Fachliche Abkürzungen und Schreibweise sind einheitlich abzufassen, gegebenenfalls ist ein Verzeichnis der Abkürzungen aufzuführen.
   Die Autoren werden gebeten, sich der JUPAC-Nomenklatur zu bedienen.

8. Literaturangaben sind am Ende der Arbeit in alphabetischer Reihenfolge der Autorennamen aufzuführen. Im Text genügt es, die Autorennamen ausgeschrieben aufzuführen, gegebenenfalls unter Hinzufügung der Jahreszahl der Veröffentlichung, wenn von einem Autor mehrere Arbeiten zitiert werden. Die Literaturangaben sollen folgende Angaben enthalten:

   bei Büchern: Name, abgekürzter Vorname des Autors,
   Titel des Buches,
   Verlag, Auflage, Erscheinungsjahr,

   bei Zeitschriften: Name, abgekürzter Vorname des Autors,
   Titel der Arbeit,
   Titel der Zeitschrift (Abkürzungen nach periodica chimica),
   Bandzahl (unterstrichen), Erscheinungsjahr (in Klammern), Seite.

9. Jeder Autor erhält kostenlos 30 Sonderdrucke seiner Arbeit und ein Belegexemplar des betreffenden Heftes. Sind mehrere Autoren gemeinsam an einem Beitrag beteiligt, so erhalten sie insgesamt 30 Sonderdrucke kostenlos. Die Bestellung weiterer Sonderdrucke (maximal 30 Stck.) ist bei der Manuskripteinreichung mitzuteilen. Sie werden dem Autor in Rechnung gestellt.

Kolibri 360 GmbH
Ferdinand-Jühlke-Straße 7
99095 Erfurt, Deutschland
produktsicherheit@kolibri360.de